50대 청년, 대한민국을 걷다

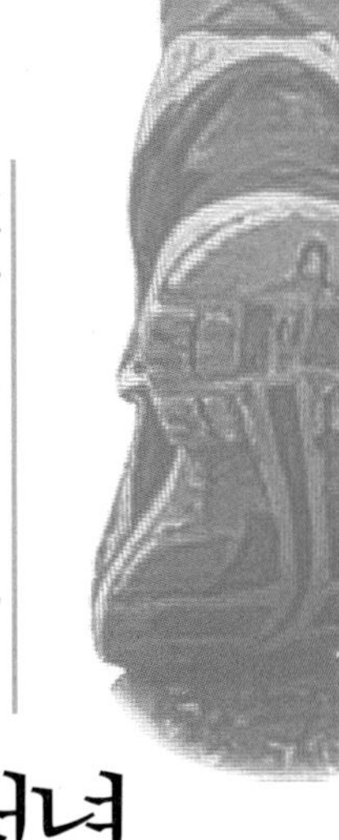

혼자가 되었던 1,000km의
걸음과 24일의 시간

50대 청년, 대한민국을 걷다

김종건 지음

책미래

프롤로그

2017년 4월 30일, 나는 30년의 직장생활을 마감했다.

그래서 2017년은 나에게 조금 우울한 한 해였다. 직장에서 성과가 그다지 나쁜 것은 아니었다. 하지만 새롭게 밀려오는 4차 혁명의 사회적 분위기와 내 나이를 '지는 세대'로 보는 시선이 느껴졌다. 어느덧 나는 나도 모르게 움츠러든 나의 모습을 보게 되었다.

나는 책장 깊숙이 꽂혀 있는 책을 꺼냈다. 오랜만에 꺼내 보는 책이었지만 그때 읽으며 했던 다짐은 아직 생생했다. 당시 나는 정신적으로 힘든 시간을 보내고 있었다. 대학 졸업 후 첫 직장에서 오래 근무했던 나는 1년 전 경쟁 회사로 이직해 신규 사업을 책임지게 되었다. 하지만 내가 맡은 신규 사업은 2년 차에도 나아질 기미가 없었다. 회사도, 나도, 이 사업을 계속해야 할지 난감한 상황이었다. 책임자인 나는 극도로 예민한 상태가 되어 피가 마를 지경이었지만, 뾰족한 수는 없었다. 회사가 나를 선택한 것은 내 능력을 믿었기 때문인데 이렇게 되니 나 스스로도 자존심이 구겨졌다. 애꿎은 저녁 술자리만 늘어났고, 이러다 반강제로 퇴직을 강요당할지도 모른다는 불안감이 늘 나를 감싸고 있었다.

어느 날 나는 답답한 마음에 점심도 거른 채 광화문 거리를 걷고 있었다. 그때 한 건물에 걸려 있던 커다란 현수막이 눈에 들어왔다. '책 속에 길이 있다'라고 쓰여 있었다. 나는 무심코 그 건물 지하의 책방으로 내려갔다. '책 속에 무슨 답이 있겠어?'라는 생각을 하며 이 책 저 책을 뒤지던 내 눈에 두꺼운 책 한 권이 눈에 띄었다. 한 노인이 터키 이스탄불에서 중국 시안까지 12,000km를 혼자 걸었다는 내용이었다. 신기한 마음에 대충 훑어보다 나는 그 책 세 권을 전부 사 들고 집으로 돌아왔다.

《나는 걷는다》는 베르나르 올리비에라는 전직 기자 출신의 프랑스인이자 61세 노인이, 터키 이스탄불에서 중국 시안까지 12,000km 실크로드를 2년간 걸어서 간 기록이었다(그 당시에는 노인이라고 느꼈었는데 지금 내 나이를 보니 노인이라고 하긴 좀 그렇다). 단숨에 읽어 버린 그 책에서 나는 직면했던 문제의 답이 아닌 내 꿈을 찾았다. 그때 나는 결심했다. 나도 언젠가는 걸을 것이며, 그 노인보다 더 먼 거리를 걷겠다고.

그 당시 나는 성실한 남편으로서, 두 딸의 아버지로서 가정에서는 아무 문제가 없었다. 자아, 인생을 논하기에 가정이라는 틀은 너무나 완고했다. 성실하게 가장의 역할을 다하면서 사는 것이 내 인생의 최종 목적지라는 생각도 했다. 그러다 보니 나 개인의 다른 세계를 꿈꾸는 것은 생각조차 해 본 적이 없었다. 어찌 보면 가정에서 나는 없었고 남편과 아버지만 있었다. 가족이란 것은 나에게 큰 행복을 가져다주었기에 그게 나쁜 건 아니었다. 행복이란 다 그런 거니까.

하지만 그 책을 보는 순간 나는 '나'라는 존재에 대해 다시 묻게 되었다. 그 답을 찾기 위해 언젠가는 아주 먼 길을 걸어 보자고 다짐했다. TV에서 본 티베트 승려들처럼 오체투지(五體投地)로 걷는 건 불가능하겠지만 현실의 모든 것을 다 내려놓고 아주 먼 길을 걷는다면 무언가 답을 찾을 수 있을 것 같다는 생각이 들었다.

지금 내 나이는 베르나르 올리비에가 걸었던 당시 나이보다 세 살이 적다. 58세. 요즘 하는 말로는 '후기 청년'이다. 장년이라는 말을 달기에는 정신적으로나 신체적으로나 아직 모든 것이 너무 젊은 나이이다. 책 속에서 그 노인을 만난 후로 한 번도 잊은 적 없었던 '언젠가는 나도 아주 멀리 걸어야겠다'는 꿈을 펼치기 좋은 나이이다.

하지만 올해 초, 꿈을 실천에 옮기기로 한 후 직면한 문제는 생각보다 많았다. 우선 가족의 동의가 필요했다. 두 번째는 어디를, 얼마 동안 걸을지 구체적인 계획을 세워야 했다. 마지막으로는 나의 신체가 아주 먼 거리를 걸을 정도의 준비가 필요했다.

적지 않은 나이에 배낭을 메고 때론 야영지에서 먹고 자는 것을 해결하며 1,000km를 혼자 걷는다고 한다면 그 누구라도 반대할 게 뻔하다. 하물며 아내는 말하나 마나다. 아내를 설득하는 것은 나의 몫이었다. 이번 국토종횡단을 어렵사리 동의해 준 아내는 내가 걷는 24일 내내 나의 든든한 응원군이 되어 주었다.

성공적인 완주를 위해서는 나의 신체를 장거리 걷기에 적합하게 단련하는 게 필요했다. 평소 불규칙한 운동으로는 1,000km를 하루 40km 이상씩 걸어 24일에 완주하는 것은 불가능했다. 그래서 짧지만 4개월간의 체계적인 훈련을 시작해 그 계획을 성실히 이행했는데 그것이 내 몸의 좋은 토양이 되었다. 절제된 생활에 체계적인 훈련을 빠뜨리지 않고 준비한 4개월은 내가 장거리 걷기에 자신 있게 도전하게 만든 원동력이 되었다.

걷기로 결심한 초반에는 국토종단으로 임진각에서 부산까지만 생각했었다. 하지만 다시 생각해 보니 나에게 언제 다시 온 국토를 걸을 기회가 올지 모르는 일이었다. 또한 두 번째로 꿈꾸고 있는 중국 동서횡단 5,600km를 위해서도 국토종횡단 1,000km를 도전하기로 마음을 먹었다. 이참에 마음껏 국토를 사랑하고 느껴 보자는 생각도 들었다. 이번 1,000km 도보여행에서 전라도 지역이 빠진 게 못내 아쉬웠다. 전라도는 해안가 도보여행 계획으로 다음을 기약했다.

이번 국토종횡단 1,000km 배낭 도보여행은 내가 오랫동안 꿈꿔 온 도전이었지만 한편으로는 상심하고 절망하는 중장년층을 위한 도전이기도 했다. 요즘 우리 사회는 40대 중반만 되어도 직장에서 밀려나기 시작해 50대가 되면 중년도 노인도 아닌 중간에 끼인 세대가 된다. 젊은 시절 온몸을 바쳐 일했던 50대는 자녀들이 성장하며 가정으로부터 소외되고 사회에서도 저물어 가는 세대로 인식되고 있다. 한국의 50대들은 자신의 꿈을 잃고 자신감도 잃었다. 하지만 그들도 분명 2, 30대에는 '뭔들 못하겠냐' 하는 자신감이 가득했었다. 다만 가정을 위해, 회사를 위해 젊음을 바쳐 우직하게 살아왔을 뿐이다. 나는 그런 사람들에게 '50대도 할 수 있다'는 자신감을 되찾아 주고 싶었다. 사람들에게 50대는 장년이 아닌 청년의 후기 시대라는 사실을 일깨워 주고 싶다.

나는 이번 도전을 하며 두 가지 원칙을 정했다.

첫째는, 어떤 경우라도 차는 타지 않는다.

둘째는, 당일 목적지는 무슨 일이 있더라도 당일에 도착한다.

이 두 가지 원칙은 24일을 걸으면서 내내 내가 지켜 낸 나와의 약속이었다.

마지막으로 무모한 도전을 반대하면서도 24일간 매일 걱정하며 전폭적으로 나를 응원해 준 사랑하는 아내와 두 딸에게 감사의 말을 전하고 싶다.

2017년 12월 어느 날

김종건

차례

| 24일간의 국토종횡단 노정(路程) |

20
韓.中友誼
임진각-서울
부산역-대구

제1장
두려운 첫걸음

■ 1일 차. 2017년 6월 4일
임진각 – 파주시 – 경기도 고양시 공릉천변 공원 (31.2km)

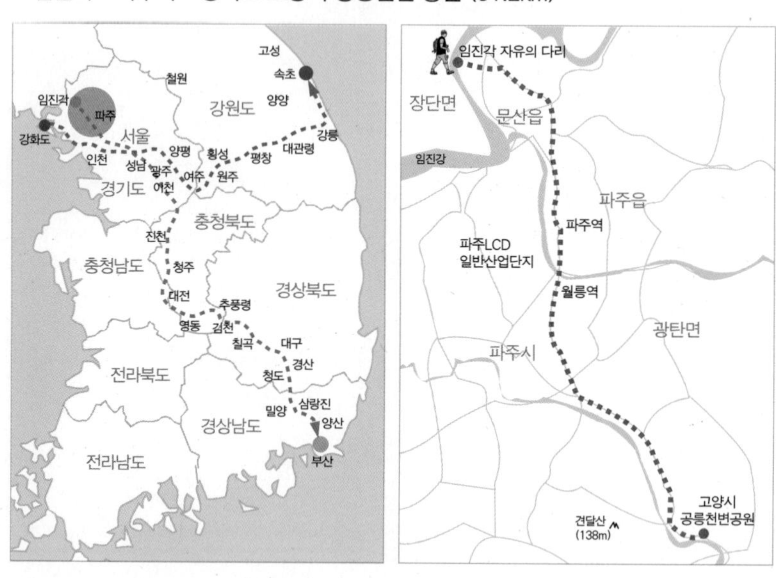

내일 아침 5시에 조용히 혼자 집을 나올 생각으로 다 꾸린 배낭을 현관 앞에 놓았다. 아내는 떠나는 전날까지도 내 나이가 젊은 나이도 아니고 꼭 가야겠냐며 다시 한번 생각해 보라고 했다. 어떤 날은 텐트 치고 밖에서 잔다고 하니 걱정을 안 할 수가 있냐며 또 한 번 일장 훈시를 했다.

좀처럼 잠이 오질 않았다. 그렇게 만류하는데도 떠나야겠다고 우기는 내가 정말 잘한 건지, 1,000km를 24일 안에 완주할 수는 있는 건지, 중간에 힘들다고 포기라도 한다면 무슨 낯으로 아내를 볼 건지 등 많은 생각이 머릿속을 맴돌아 영 잠이 안 왔다. 잠든 아내를 보고 거실로 나와 소파에 누워 이런저런 생각을 하며 뒤척이다 잠이 들었다.

달그락거리는 소리에 잠을 깼다. 아내가 아침밥을 준비하고 있었다. 무얼 하러 이렇게 일찍 일어났냐고 했더니 첫날인데 아침을 든든히 먹고 가야 한다며 사람 여러 가지로 피곤하게 만든다고 또 한 번 핀잔을 준다. 하지만 내겐 그 소리가 핀잔이 아니라 잘 다녀오라는 소리로 들려 눈물이 핑 돌았다. 아침을 차리는 아내의 뒷모습을 보니 결혼 27년간 고생만 시켰는데 그렇게 하지 말라는 일을 극구 하겠다고 하는 나 자신이 미워 보여 오늘은 아무 말도 하지 않고 떠나는 게 좋겠다는 생각이 들었다. 아내가 차려 준 된장찌개에 밥을 한 그릇 비운 후 나는 배낭을 메고 아내의 배웅을 받으며 집을 나섰다.

강변역에서 첫 전철은 05:40. 일요일 아침 전철 플랫폼은 저쪽에 아주머니 한 분, 중간쯤에 노인 한 분만 있을 뿐 썰렁했다. 전철역 의자에 앉아 첫 전철을 기다리다 보니 '이제 정말 시작이구나'라는 생각이 들며 왠지 모를 두려움이 밀려들었다. 첫 전철인데도 건대입구역을 지나면서는 꽤 많은 사람이 탔다. 나는 전철을 탄 이 사람들과는 전혀 다른 길을 가는 사람이고, 오늘부터는 철저히 혼자에 익숙해져야 한다고 다짐했다. 나는 잡념을 떨쳐 버리려고 오늘의 일정을 머릿속에 그리며 임진각에서 출발하는 나의 모습을 상상해 보았다.

시청 앞에서 문산 가는 좌석버스는 일요일 이른 시간이라 그런지 한참을 기다려야 왔다. 다행히 좌석버스는 평소보다는 훨씬 빨리 문산역에 도착했다. 문산역에서 임진각 가는 마을버스는 058번. 한 시간에 한 대 정도 다녔다. 40분 정도 또 기다려야 했다. 시간은 이미 아침 8시를 넘어가고 있었다. 정류장에는 임진각으로 가기 위해 마을버스를 기다리는 사람들이 많았다. 대개가 나이 지긋하신 분들이었다. 배낭 차림의 나를 보고 한 할아버지가 물으셨다. 국토종단을 해서 임진각에 온 거냐고. 임진각에서 오늘 출발한다고 했더니 언제 걸어 부산까지 가냐는 표정이다(내 배낭 뒤에는 국토종단 임진각~부산역이라는 글씨가 쓰여 있다).

문산에서 임진각은 그리 멀지 않은 거리라 마을버스는 20여 분 만에 임진각에 도착했다. 차에서 내려 자유의 다리로 걸어 들어가는데 만감이 교차했다. 이제 정말 시작이구나. 아침 9시를 조금 넘긴 햇살은 따사롭게 비치고 하늘은 청명하여 마치 나를 임진각 여행 온 것처럼 착각하게 했다. 관광버스 여러 대가 연이어 도착하며 관광객을 쏟아 냈다. 나는 그들과는 다른 사람임이 느껴져 왠지 관광객 무리와는 함께하고 싶지 않았다. 나는 지금 바로 걸어서 아래쪽으로 내려가야 할 사람이었다. 옷차림과 여기 온 목적, 모든 게 달랐다.

임진강에 걸쳐 있는 자유의 다리는 잠시 멈춰 서 있을 뿐 언젠가는 다시 올 기차를 기다리고 있었다. 자유의 다리는 원래가 경의선(京義線) 철교로 상하행선 두 개로 되어 있었으나 6·25 당시 폭격으로 파괴되어 다리의 기둥만 남아 있었다. 한국전쟁 후 전쟁포로들을 통과시키기 위해 서쪽 다리 기둥 위에 철교를 복구하고 그 남쪽 끝에 임시 다리를 설치해서 1953년 한국전쟁 포로 1만 2,773명이 이 다리를 건너 귀환하였기에 이렇게 명명되었다. 그 옆에는 자유의 다리를 수없이 건넜을 경의선 장단역 증기기관차 한 대가 1,020여 개의 총탄 자국과 휘어진 바퀴 그대로

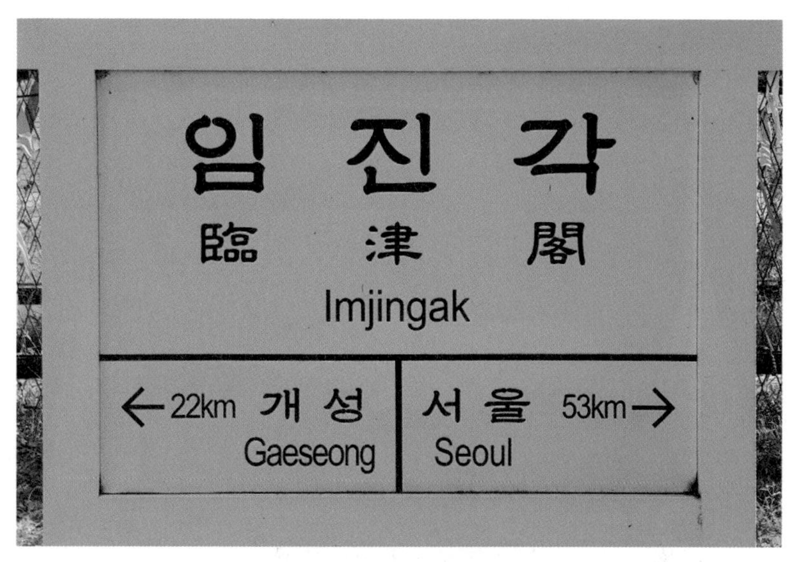

국토종단 출발지 임진각

참혹했던 6·25 전쟁 당시의 상황을 보여 주고 있었다.

나는 집에서 임진각까지 오는 시간이 있었기에 이젠 서둘러 임진각을 출발해야 한다는 조급함이 들었다. 나만의 출정식을 거행하기 위해 망배단으로 발길을 돌렸다. 수많은 실향민의 분단의 한을 위로하기 위해 서 있는 망배단에서 나의 결의를 다지는 것도 좋겠다는 생각이 들었다. 잠시 묵념하고 돌아서려는데 저쪽에 할아버지 한 분이 미동도 하지 않고 계속 서 있는 것이 보였다. 한참을 그리 서 있는 듯했다. 자세히 보니 마을버스 정류장에서 나에게 말을 걸었던 할아버지였다.

그의 고향은 임진강 너머 바로 보이는 북쪽의 장단군. 여기서 손에 잡힐 듯 가까이 있지만 갈 수 없어 고향이 그리울 땐 이렇게 임진각에 와서 살았는지도 죽었는지도 모를 누이를 그리워했다. 그는 6·25전쟁 나기 몇 달 전 38선을 넘었다. 먹을 게 궁했던 그 시절 38선이 있긴 했지만,

맘만 먹으면 몰래 넘나들 수 있었기에 어른들을 따라 남으로 내려와 미군 부대 막사 주변에서 먹는 문제를 해결하면서 지냈다. 그때 그의 나이 여덟 살. 먹는 게 해결되니 북에 있는 누이 생각은 잊고 그렇게 몇 달을 보냈다. 맘만 먹으면 넘어왔던 38선도 몰래 다시 넘어 집으로 돌아갈 수 있다고 생각했다. 그러다가 6·25전쟁이 터졌다.

전쟁이 끝난 후 어린 그는 전쟁 전과 마찬가지로 혼자 살아갈 방법을 찾아야 했다. 남의 집 가게에서 눈칫밥을 먹으며 궂은일을 마다하지 않았던 것은 기술을 익혀 돈을 벌면 북에 두고 온 하나뿐인 누이를 찾을 수 있을 거라는 생각 때문이었다. 열심히 산 덕분에 돈도 벌고 결혼도 하여 5남매를 두었고 모두 출가시켰지만, 그의 맘속에는 항상 북에 두고 온 누이가 있었다. 나이가 들수록 누이의 생각은 더욱 간절했다. 당신은 이만큼 먹고살게 되었는데 북에서 고생했을 누이를 생각하며 눈물을 훔치는 날이 많아졌다. 나이가 들수록 그보다 일곱 살 많은 누이가 이미 이 세상 사람이 아닐지도 모른다는 생각도 들었다. 적십자사 이산가족 상봉을 신청한 지는 오래됐건만 그의 나이로는 아직 기회가 오지 않았고 오래전부턴 이산가족 남북 간 교류도 끊어져서 상심한 그는 누이가 그리울 때면 이렇게 임진각 망배단을 찾아 북에 있는 누이를 불렀다.

"할아버지 누님은 아직 살아 계실 거예요."

"그럴까?"

"그럼요. 그러니까 할아버지도 건강하게 오래오래 사셔야 해요."

"고맙소. 젊은이! 근데 부산까질 어떻게 걸어가우? 암튼 몸조심하고 다니소."

할아버지와 얘기를 나누다 보니 어느덧 시간이 오전 10시를 가리키고 있었다. 오늘이 국토종단의 첫날이라 출발 시각이 좀 늦어질 것으로 예상해서 목표 거리를 31.2km로 했다지만 너무 늦게 출발하는 것 같았다. 나는 할아버지와 작별하고 돌아서서 오늘 걸어갈 아래쪽 통일로를 보며 긴 호흡을 했다.

2017년 6월 4일 오전 10시 나는 분단의 한을 뼛속 깊이 들이마시며 임진각을 출발했다. 관광버스는 계속해서 임진각 광장에 사람들을 쏟아냈고 그들 형형색색의 유희가 출발하려는 나의 맘을 산란하게 만드는 것 같기에 나는 빠른 걸음으로 임진각을 빠져나왔다.

내가 오늘 걸을 길은 통일로. 통일로로 명명된 이 도로는 아래로 뻗을 게 아니라 임진강을 건너 북으로 뻗어야 하는데 나는 지금 아래로 걷고 있다. 올해는 정전 65주년. 통일로 주변 전쟁의 상흔은 없어졌다 하지만 백 년 천 년이 지난들 전쟁의 아픔이 사라지겠는가?

요즘 젊은이들은 통일로라는 이름에 의아해할지도 모른다. 통일로를 걷다 보면 특별히 6·25전쟁을 떠오르게 하는 건 없다. 통일로 주변은 그저 한적한 여느 농촌과 크게 다를 바 없다. 문산을 지나 좌측에 통일공원이 있어 그나마 이곳이 전방 쪽이고 아직도 남북이 긴장 상태구나라고 느낌이 오는 정도였다. 하지만 통일로, 이 길을 따라 길게 늘어선 오래된 나무들은 6·25의 아픈 역사를 알고 있으리라. 나는 길에 묻고, 길가 나무들의 얘기를 들으며 통일로를 걸었다.

임진각 자유의 다리에서부터 이곳 문산 통일공원까지는 7.5km. 첫날이라 무리하지 않고 천천히 걸으며 시작했고 통일로가 비교적 넓은 차선으로 쭉 뻗어 있으며 갓길도 자전거가 다닐 정도로 넓어 여유롭게 걸을

전쟁의 상흔을 떠오르게 하는 통일로

수 있었다. 일요일이라 그런지 라이더들도 많아 손인사를 나누며 걸었다. 화창한 일요일, 라이더는 힘차게 페달을 밟으며 지나갔고 그중 몇몇은 나의 행색을 보고 장기리 도보자인 줄 아는지 파이팅을 외치며 지나갔다. 파이팅 소리를 들으면 나는 혼자가 아닌 누군가와 늘 함께 있다는 생각이 들어 더 힘이 났다.

정오를 넘기면서 햇볕이 따갑게 내리쪼여 온도를 보니 32도였다. 아스팔트 지열까지 더해 더위가 더 강렬하게 느껴졌다. 하지만 이 정도 더위는 앞으로도 매일 겪어야 하는 더위였다. 나는 선캡을 목덜미까지 내려 쓴 채 쉬지 않고 아래쪽 파주 방향으로 걸었다. 배낭 무게는 출발 4개월 전부터 익숙해지기 위해 몇 번 메고 10여 킬로미터씩 걸어 봤었기에 무겁게 느껴지지는 않았다.

내 배낭은 30L짜리로 배낭만의 무게는 1.2kg. 이번 도보여행을 위해 최적의 크기와 무게를 고려하여 새로 준비했다. 텐트는 배낭 위에 별도로 맸다. 그래서 배낭의 총무게는 10~12kg 정도. 배낭의 무게를 줄이기 위해 가장 고민했던 건 텐트였다. 1인용 텐트를 아주 가벼운 것으로 하자니 어떤 것은 바람에 날아갈 듯 허접했고, 좋은 잠자리를 위한다면 2kg이 훌쩍 넘었다. 나는 그중에서 무게 1.4kg의 초경량 텐트로 준비했다. 펴고 접기도 간편하고 높이도 낮은, 한평 넓이가 채 안 되는 텐트였다. 초경량이다 보니 한 사람만 누울 정도의 면적이었다.

무게를 줄이기 위해 배낭과 텐트 안쪽에 붙어 있는 라벨도 가위로 잘라 냈다. 침낭은 900g, 코펠 600g, 소형 가스버너 450g, 부탄가스 300g, 생수 2개 1kg, 배터리·손전등·휴대전화·충전기 등 900g, 먹을거리 1.2kg(햇반, 빵, 초코바, 사탕, 라면, 햄, 김치 등), 의류 1.6kg(긴 바지, 반바지, 속옷, 수건, 바람막이 점퍼, 비옷, 양말 등), 기타 의약품 외 800g. 줄이고 줄여도 10.5kg. 10kg을 넘기지 않으려고 했지만 아무리 줄여도 그 이하로는 힘들었다. 장거리 도보에서 배낭의 무게는 자기 몸무게의 1/10이 가장 적당하다는데 야영을 위해서는 이 정도의 배낭이 최소의 준비였다. 내 배낭의 무게는 10kg을 최소로 그때그때의 도보 환경에 따라 1~2kg은 더 늘어났다.

긴 여정의 첫날이기에 나는 중간중간 수분을 충분히 공급하고 신체 상태를 점검하면서 걸었다. 실전이 시작되었기에 나는 10km마다 나의 신체 반응을 자세히 알 필요가 있었다. 왜냐하면, 그것이 나중에 나의 도보 기준이 될 수 있기 때문이다.

파주시 조리읍을 지나서는 통일로 국도를 벗어나 파주삼릉에 들렀다. 잠시 그곳에서 답사여행의 멋을 느끼기도 했다. 도보여행 계획 시 답사지를 사전에 공부해서 많이 알아 놓으면 그곳에 머무르는 시간을 줄일 수 있어 도움이 된다. 답사지가 걷는 방향과 같다면 문제없겠지만 걷는 방향과 다르게 옆으로 들어갔다 되돌아 나오는 경우가 많으므로 도보 계획 시에도 거리나 시간을 잘 참고해야 했다. 파주삼릉은 국도에서 안쪽으로 800m를 걸어 들어가야 하고 세 개의 능(공릉, 순릉, 영릉)을 다 돌아보는 데 1.5km 정도 더 걷는 거니 왕복 약 3km를 걷는 셈이었다. 이 거리는 오늘 나의 목표 거리에 포함된 것은 아니었다. 따라서 나는 하루 목표시간과 거리를 산정할 때는 늘 답사지에서의 거리와 소요시간을 염두에 두고 움직이지 않으면 안 되었다.

나는 임진각을 출발하고 나서 한 번도 쉬지 않고 17km 지점인 파주시 봉일천리까지 걸어왔다. 집에서 아침 5시에 밥을 먹은 후 어제 배낭에 넣어 두었던 삶은 달걀 두 개밖에 먹은 게 없어 배가 고팠다. 봉일천 삼거리에 도착해서 점심으로 콩나물비빔밥을 눈 깜짝할 사이 비웠다. 비빔밥은 주문하면 빨리 나오기도 하지만 먹기도 금방 먹는다. 바삐 걸어야 하는 도보자라면 시간 절약을 위한 최고의 메뉴다. 식당에 들어갔다가 20분이 채 안 되어 일어나려니 주인이 좀 쉬었다 가라고 권했다. 하지만 오늘이 첫날이고, 목적지에 일찍 도착하여 첫날을 되돌아보며 쉬고 싶은 마음에 나는 바로 일어나 다시 걸었다.

저 멀리 북한산이 보였다. 다행히도 아직 다리가 아프거나 피곤한 기색은 느끼지 못했다. 무엇보다도 첫날을 기분 좋게 마치고 싶은 강한 정신력이 있어서 그런 것 같았다. 하지만 햇빛에 노출된 피부는 어느덧 벌겋게 익어 가고 있었다. 반바지 아래의 무릎과 종아리 그리고 반소매의 팔뚝은 눈에 띄게 피부색이 벌겋게 변해 있었다. 목과 얼굴에 선크림을 다시 발라 주었다. 평소에 선크림을 잘 사용하지 않던 나는 이번 도보여행에서는 한낮에 강한 햇빛 아래 걸어야 하기에 선크림을 충분히 준비했는데, 이건 나를 염려한 아내가 손수 챙겨 준 것이었다. 특히나 얼굴은 민감한 피부기에 장시간 도보에 더 주의해야 했다.

오후 4시가 넘어 공릉천로 벽제를 지나니 라이더들이 내 옆을 획획 스치며 오전에 왔던 길을 되돌아 서울로 빠르게 내달렸다. 나도 오래전에 이 길을 자전거로 달린 적이 있었다. 벽제 문봉에 있는 할머니 산소를 찾아가기 위해서였다. 1970년대 초, 초등학교 6학년 때 서울로 이사 온 우리 집은 서울 구석의 어느 동네에 여섯 남매가 비좁은 집에서 살았지만, 어머니 아버지는 할머니에게만은 방 하나를 별도로 내주었다. 할머니는 아침에 일어나면 늘 머리를 참빗으로 빗어 내리고 비녀를 꽂으신 단정한 모습으로 계셨다. 참빗으로 빗는 할머니 머리는 어찌나 정갈하게 선을 그리며 모여 훑어 내려지는지 마치 기계에서 국수 가락이 뽑히는 듯 반듯했다.

서울로 이사와 온종일 집에만 계시던 할머니는 무료함을 달래기 위해 화투를 꺼내 패를 맞추며 하루를 보냈다. 그러다가 심심하면 막내인 나를 불러 돈내기 민화투를 치곤 했다. 민화투가 뭔지도 모르는 내게 할머니는 일부러 져 주며 동전 몇 닢을 쥐여 주셨다. 할머니는 나와 함께 그렇게라도 시간을 보내는 것이 일과 중 하나였다. 할머니의 용돈에 맛이 들인 나는 학교를 마치고 오면 할머니에게 화투 하자고 조르기까지 했다. 그 당시 할머니는 나의 주전부리를 책임진 셈이었다.

중학교 졸업을 얼마 앞둔 어느 날 학교를 마치고 집에 갔는데 웬 사람들이 집 앞에서 웅성거리며 서 있었다. 할머니가 곧 돌아가실 거 같다는 거였다. 아버지는 형님들에게 전보 칠 곳을 얘기하고 있었다. 순간 나는 죽음이라는 단어가 떠오르며 무서워서 할머니 방을 쳐다볼 수가 없었다. 문틈으로 보니 어머니와 다른 한 분의 아주머니가 할머니 입에서 나온 거품을 닦아내고 계셨다. 막 운명을 하시는 순간이었다. 할머니를 보내던 날 나는 이제는 주전부리값이 나올 데가 없다는 것에 더 큰 슬픔을 느꼈다. 할머니의 존재는 그 후 나에게서 점점 멀어져만 갔다.

시간이 흘러 나는 대학생이 되었고 어느 방학 때 벽제 문봉의 할머니 산소에 가기 위해 지금 걷고 있는 이 길 통일로를 연신내에서 자전거를 빌려 타고 갔다. 아마도 철없던 시절에 대한 그리움에 갔는지도 모르겠다. 그 당시 자전거로 갔던 이 길을 지금 나는 배낭을 메고 걷고 있다.

공릉천로 벽제를 지나니 조금 전까지만 해도 멀리 보이던 북한산이 한눈에 들어왔다. 날씨가 쾌청하여 손에 잡힐 듯 가까이 보였다. 장거리 도보자에게 날씨는 걷는 데 매우 중요한 요소다. 날씨가 좋으면 걷는 기분도 좋아 그만큼 발걸음도 가볍다. 오늘은 국토종단의 첫날, 이런 청명한 날씨는 내가 행운의 출발을 했다고 느끼기에 충분했다.

오늘의 목적지인 고양시 공릉천변 공원 거의 다 와서 6·25참전비를 만날 수 있었다. 한미해병대참전비, 필리핀군참전기념비. 나는 6·25 때 산화한 영령들을 잠시 생각했다. 그들이 아군이든 적군이든 전쟁으로 인한 아픔은 이제는 없길 바라며. 필리핀군참전기념비를 지나 건널목을 건너 공릉천변 공원으로 내려갔다. 이곳이 오늘의 목적지였다. 오늘은 야영으로 첫날을 마무리할 계획이었다. 지금 시간은 저녁 6시 5분.

나는 오늘 4.6km/1h(식사, 쉬는 시간 제외)로 걸으며 31.2km를 무리 없이 마무리했다. 임진각에서의 출발이 오전 10시였기에 많이 쉬지 않고

늦은 오후 벽제에서 바라본 북한산

빨리 걸은 셈인데 피곤함이 별로 느껴지지 않았다. 출발 전 4개월간 충실히 훈련했던 시간이 밑거름이 된 듯했다. 하루하루 걸을수록 적응하며 더 강해질 것 같아 자신감이 생겼다. 시작이 반이라 하지 않았던가.

첫날을 무사히 마치고 잠시 쉬고 있자니 행복감이 밀려왔다. 고양시 공릉천변 공원에서 본 서쪽 하늘은 석양에 붉게 물들었고, 맞은편 들판은 석양 붉은빛으로 넘실대고 있었다. 텐트를 치고 햇반과 햄, 김치로 간단히 저녁을 해결하니 날은 어두워지고 공원에는 나 혼자뿐이었다. 순간 외로움이 밀려들었다. 이번 계획을 준비하며 내가 왜 이걸 꼭 해야 하는지, 정말 할 수 있을지 하는 두려움에서 벗어나지 못한 건 사실이었다. 무엇보다도 24일간 혼자라는 것이 두려웠다. 지금 나는 첫날 그 혼자만의 시간에 있다. 이제부턴 익숙해져야 한다고 스스로에게 다짐하고 또 다짐했다.

요즘 같은 번잡한 시대에 나만의 시간이나 공간은 별로 없다. 아마도 우린 나 자신을 잊어버리고 사는지도 모르겠다. 하지만 나는 오늘 맘껏 혼자가 되었다. 지금 이 순간 자연의 모든 것이 내게로 다가왔다. 쏟아지는 별들을 보는 건 정말 오랜만이었다. 어느덧 두려움은 사라졌다.

제2장
서울 서울 서울

■2일 차. 2017년 6월 5일
경기도 고양시 공릉천변 공원 – 광화문광장 – 서울 강변역 (35.1km)

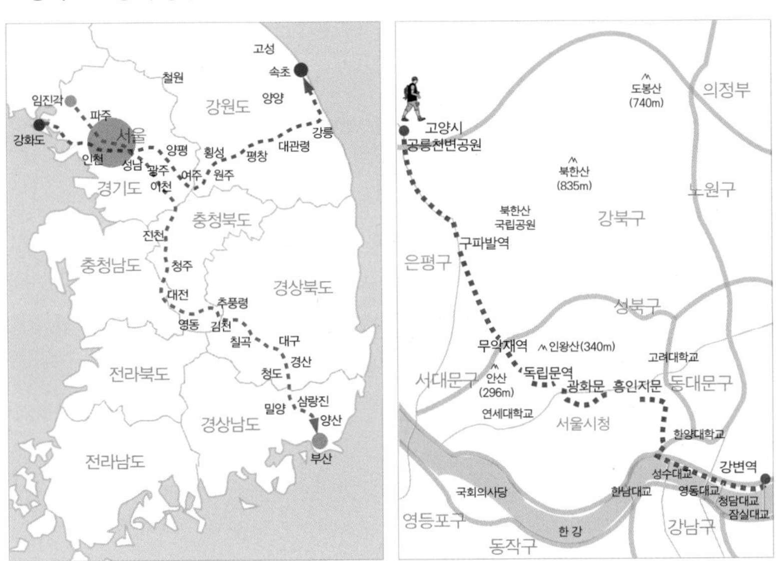

아침에 일어나 보니 간밤에 쏟아지던 별들은 온데간데없고 따사로운 햇살이 그 자리를 대신하여 대지를 환히 밝히고 있었다. 눈을 뜨자 나는 텐트 안에 누워 있던 내 모습에 익숙지 않아 텐트 밖으로 막 나왔던 참이었다. 고등학교 3학년 땐가 친구들끼리 싸구려 텐트 하나 들고 경기도 가평 강가에서 야영한 적이 있었다. 넷이서 돈 없이 객기 하나로 떠난 야

영이었기에 2~3인용 텐트에 구겨져 들어가 잤던 기억이 난다.

어제는 비록 한 평이 채 안 되는 야외의 잠자리였지만 혼자만의 공간에서 맘껏 나를 꿈꾸며 잤다. 너무나 오랜만이었던 나만의 밤이었다. 5시 반에 일어나 바라본 이곳의 아침은 마치 내가 아침 태양을 처음 보는 사람인 양 모든 게 생경하게 느껴졌다. 오늘 아침에 만난 이런 분위기가 처음엔 좀 어색했지만 이내 나는 감사한 맘으로 자연에 다가갈 수 있었다. 순간 내가 그간 너무나 많은 것을 잊고 산 게 아닌가 하는 생각이 들었다.

이번 국토종횡단 도보여행에서 나는 두 가지 원칙만은 철저히 지키기로 나 자신에게 약속했다. 첫째는 어떤 경우라도 차는 타지 않는다는 것이고, 둘째는 당일의 목적지는 무슨 일이 있더라도 당일에 도착한다는 것이었다. 두 번째의 약속을 지키기 위해서는 아침 7시 전에는 출발하는 것이 좋다. 당일 목적지를 당일에 도착하는 것은 다음 날의 순조로운 일정을 위한 것이고, 그러기 위해서는 아침 일찍 출발하는 게 필요했다.

장거리 도보에서는 아무리 급해도 아침에 뭔가는 먹어 줘야 한다. 내가 잤던 이곳은 식수가 없었다. 나는 어제 먹다 남은 물로 고양이 세수를 하고 이를 닦은 후 남는 물로 라면 하나를 끓였다. 오늘 아침은 대충 먹고 대충 씻어도 된다. 왜냐하면, 서울 시내를 걸어서 관통할 것이기에 점심 먹을 데는 천지일 테고 오늘 저녁은 집에서 묵을 예정이기 때문이다.

배낭을 꾸리니 6시 30분, 나는 고양시 공릉천변 공원을 나와 어제 걸었던 통일로로 다시 걷기 시작했다. 2일 차 걷기가 시작되었다. 어제 하루 학습이 되었는지 발걸음도 가볍고 배낭도 제법 한 몸처럼 익숙해졌다. 무엇보다도 오늘은 국토종단 14일 중 유일하게 하루 집에서 묵는 날이기에 하루만의 귀가인데도 무척이나 들뜬 기분이었다. 아내와 두 딸이 버선발로 나와 반겨 줄 걸 생각하니 마음은 벌써 집에 도착한 듯했다.

통일로의 아침은 상쾌했고 출근하는 차들이 분주하게 서울 방향으로 내달렸다. 흔히들 벽제화장터로 알고 있는 서울시립승화원을 지나니 새로운 신도시가 앞에 나타났다. 삼송신도시. 이렇게 많은 아파트가 들어섰다는 것은 서울이 가까워졌다는 얘기일 게다. 하지만 늘어나는 아파트 숲이 왠지 건조한 현대인의 삶을 얘기하는 것 같아 반갑지만은 않았다. 이건 도보 환경이 자연을 벗어나 건조한 도시 속으로 들어간다는 걸 의미했다.

조금 걸으니 숫돌고개다. 고개라고 할 정도는 아니고 긴 언덕이라는 표현이 맞을 듯하다. 예전엔 이 고개 정상에 숫돌이 많이 난다고 해서 붙여진 이름일 텐데 지금은 숫돌의 그림자조차도 찾을 수가 없었다. 숫돌 하면 어린 시절 동네를 돌며 외치던 칼 가는 아저씨의 목소리가 생생하다. "칼이나 가위 갈아요~~ 금이빨 팔아요~~." 숫돌이란 게 지금은 가정에서 거의 쓰이질 않지만, 예전엔 부엌의 필수품이었고 농사의 필수품이었다. 벼나 풀을 베기 전 어르신들은 안마당에 앉아 두 무릎을 곧추세워 숫돌 받침목을 두 발로 누르고 낫을 갈았는데, 이때 부엌의 아낙들은 '가는 김에 칼도 같이 갈아 주쇼' 하고 부엌의 칼도 내오곤 했다. 어르신이 낫을 간다는 것은 논이나 들로 곧 일 나간다는 예고이기도 해서 일하기 싫은 눈치 빠른 집안 사내놈들은 미리 뒷문으로 줄행랑을 치곤 했다.

중국의 천재 시인 이태백이 유랑하던 시절 쇠절구의 쇠공이를 열심히 숫돌에 갈고 있는 노인을 발견하고 뭐 하러 그걸 그렇게 열심히 갈고 있냐고 물었더니 바늘을 만들려고 한다는 말에 깨달음을 얻었다는 얘기가 있다. 숫돌은 우리네 삶에서 충직과 노력을 비유하는 말로 많이 사용됐다. 나는 지금 충직하게 숫돌고개를 걷고 있다.

숫돌고개를 넘으니 서울이 성큼 눈앞에 다가왔다. 북한산의 아침 경치가 한눈에 펼쳐졌다. 서울 경계선을 넘어 얼마 안 가 구파발에 도착했다. 상쾌한 아침 공기를 마시며 8.3km를 걸어왔다. 아침의 발걸음은 늘 가볍다. 그래서 몸 상태가 좋은 오전에는 속도를 내어 걷는 게 필요하다. 아침 8시 좀 넘은 시간이라 연신내, 불광동 방향으로 가는 도로는 출근 차량으로 꽉 막혀 있었다. 가다 서기를 반복하는 차를 앞서거니 뒤서거니 하며 걸었다. 한참을 걷다 보면 앞서가던 차들이 서 있고 나는 그 차를 다시 앞질러 걷고. 어떤 땐 걷는 내가 더 빠르니 나보다 뒤처져 서 있는 차들을 보면서 희열이 느껴졌다. 출근 시간은 다가오는데 도로가 꽉 막혀 오도 가도 못 하고 속만 태우던 때가 생각났다. 젊은 시절에는 정말로 옆은 안 보고 앞만 보고 달렸다. 하지만 지금 나는 차 밖에 있다. 옆도 보고 뒤돌아도 본다. 차도에 줄지어 서 있는 차들을 보며 걸으니 순간 해방감이 밀려왔다.

난 서울에 오래 살아 서울이 익숙한 듯하면서도 익숙하지 않다. 지금 걷고 있는 통일로에서 이어진 이 길, '의주로'의 이름은 더욱 낯설다. 옛날 경성을 거쳐 신의주까지 가는 길에서 유래했다는데 걷기 전 조사를 통해 이 도로명도 알게 되었다. 모르고 걸을 때와 신의주로 통하는 길이라는 걸 알고 걸을 때의 느낌은 차이가 컸다. 분단의 인식이 없어지고 마치 맘만 먹으면 지금이라도 신의주까지 걸어갈 수 있을 것 같은 느낌이었다. 누가 그랬던가! 꽃의 이름을 알면 그 꽃을 더 사랑하게 된다고.

연신내 지나서 불광동으로 가는 도로는 이제 출근 시간이 지나서 눈에 띄게 차량이 줄어들었다. 서울이란 데는 본래 바쁘게 사는 사람들이 모인 곳이니 아무도 나의 행색을 보고 쳐다보거나 묻지 않았다. 월요일 아침 시간에 이리 다니니 실업자 아니면 팔자가 좋아 평일에도 산에 다니는 사람인가 보다 그렇게 생각하겠지. 남의 시선을 의식하지 않는 게 걷기엔 편하다. 서울 접어들어 느낄 수 있는 것은 모든 게 바쁘다는 것이었다. 길을 걷는 사람들의 발걸음이나 차량 등 모든 게 휙휙 지나가는 느낌이고 왠지 모르게 분주하다는 느낌이다. 하긴 나도 그 안에 있었을 땐 그렇게 살았다.

홍은동 사거리를 지나니 배가 고파지기 시작했다. 아침 6시에 먹은 라면 한 개가 전부니 그럴 만도 했다. 오전 11시도 안 되었는데 지금 밥을 먹는다면 오후는? 하지만 오늘은 저녁을 집에서 먹을 계획이기에 좀 일찍 점심을 먹는다고 한들 큰 문제는 없겠다 싶었다. 나는 오늘 집 도착을 오후 5시 반으로 잡고 있던 참이었다. 마침 길가 콩나물해장국집이 있어 들어갔다. 어제 점심도 콩나물비빔밥이었는데 이틀 연속 점심은 콩나물인 셈이었다. 콩나물이 간 해독에 좋고 혈액순환에도 좋다고 하니 오래 걸어야 할 나에겐 몸보신도 좋겠지 싶어 콩나물해장국 한 그릇을 국물째 다 비웠다.

재(岾), 현(峴), 령(嶺) 하면 무슨 고갯길이 연상된다. 나는 이번 도보여행에서 무수히 많은 고개를 걸어서 넘었다. 그 고갯길들은 지금도 여전히 많은 이야기를 만들어 내고 있었다. 무악재는 안산과 인왕산 사이에 있는 고개인데 조선 초기에 도읍을 정하면서 풍수지리설의 영향을 받아 삼각산의 인수봉이 어린아이를 업고 나가는 모양이라고 하여 이것을 막기 위한 방편으로 안산을 어머니의 산으로 삼아 무악(毋岳)이라 하였고 이 고개를 무악재라고 하였다고 한다. 무악재를 넘다 보면 이 고개가 무악재인지 모르고 그냥 지나치게 된다. 그만큼 평범한 고개이기 때문이다. 무악재 정상에 다다르니 우측 안산 밑에 이 고개가 무악재임을 알리는 표지석이 있었다. 무심코 지나치기에 십상인데 나에겐 무척이나 감동으로 다가왔다.

요즘 서울 사람 중 이 고개를 걸어 넘는 사람이 얼마나 될 것이며 무악재 사연을 알고 있는 사람이 얼마나 되겠는가? 서울의 많은 지명을 들어 본 적은 있지만 요즘 서울 사람들은 지하철 역명을 통해 그 지명에 더 익숙하고 지하철을 타느라 거의 땅속으로만 다니기에 그저 지하철역 밖의 옛 모습을 상상해 볼 뿐이었다. 무악재 표지석은 한쪽에 무척이나 외롭게 서 있었다. 산비탈 아래 마치 버려진 듯 서 있는 표지석도 군중 속의 고독을 느끼는지 혼자 걷는 내 처지와 같다는 생각이 들어 동병상련의 정이 느껴졌다.

산비탈 아래 버려진 듯 서 있는 무악재 표지석

무악재를 넘으니 오른쪽 저 멀리 서대문독립공원이 보였다. 나는 오늘 이 공원에서 한 시간 정도 쉴 계획이다. 출발지 경기도 고양시 공릉천변 공원에서부터 서울 서대문독립공원까지는 17.5km. 지금 시간은 오전 11시 50분. 나는 대략 한 시간에 4km의 속도로 걸어왔다. 서울에 진입해서는 건널목이나 지하보도를 건너야 하는 등 도보 환경이 좋지 않아 빠르게 걸을 수가 없었다. 그만큼 걷는 재미가 덜하다는 의미도 되겠다. 오늘은 이곳 서대문독립공원을 비롯하여 서울 시내를 관통하면서 들러 볼 곳들이 많아 오후에는 그런 시간도 충분히 고려해서 일정을 짰다.

서대문독립공원은 옛 서대문형무소가 있던 자리를 그대로 보존하고 있었다. 나는 오랫동안 서울에 살면서도 이곳을 보기 위해 와 본 적이 없다. 가끔 버스 타고 독립문을 지나치며 멀찍이서 서대문형무소의 붉은 벽돌 건물을 본 것이 전부였다. 그러다가 두 달 전 나는 이번 1,000km 국토종횡단을 준비하며 훈련으로 참석한 100km 울트라마라톤대회에서 이곳을 지나간 적이 있다. 이곳은 최종 목적지 종로 조계사를 3km 앞둔 97km 지점이었다. 전날 오후 5시에 출발하여 밤새 달려 오전 10시까지 조계사에 도착해야 하는 코스에서 아침 7시 반쯤 이곳을 지나던 나의 몸은 걷기도 힘들 정도의 극심한 한계점에 달해 신체 시스템이 거의 작동을 멈춘 상태나 마찬가지였다. 남은 3km를 기다시피 하여 걸었던 기억이 지금도 생생하다. 그때 서대문독립공원의 독립문을 바로 옆에 두고 뛰었는데도 독립문이 있었는지조차 기억이 안 날 정도로 나는 온몸의 에너지가 방전된 상태였다. 그래도 어찌해서 완주는 했으니 지금은 그때의 힘들었던 기억은 잊고 뿌듯함만 기억이 난다.

서대문형무소는 아쉽게도 월요일이라 휴관이었다. 나는 서대문형무소

소개 글을 천천히 읽으며 잠시 아픈 역사의 순간으로 되돌아가 보았다. 뭔가 모를 뭉클함이 올라왔다. 분노. 우리가 모두 잊지 말아야 할 역사이기에 서대문형무소 앞의 소개 글을 일부만 옮겨 본다.

"옛 서울 서대문형무소는 1907년 일제가 한국의 애국지사들을 투옥하기 위해 만든 감옥이다. 처음 이름은 경성감옥이었는데 서대문감옥, 서대문형무소, 경성형무소, 서울형무소, 서울교도소 등으로 바뀌다가 1967년에는 서울구치소가 되었다. 일제 강점기에는 독립운동가를 비롯하여 애국시민, 학생들이 투옥되었고 광복 후에는 반민족 행위자와 친일 세력들이 대거 수용되었다. 이후 군사정권 시기를 거치면서 많은 시국사범이 수감되었다."

일제 강점기의 형무소가 해방 후에도 그대로 남아 있으며 정권의 도구로 이용되었다는 게 나를 더욱 슬프게 만들었다. 붉은 담벼락에 귀를 대보니 윙윙거리는 바람 소리가 마치 그 당시 고문에 울부짖는 신음처럼 들렸다.

언젠가 중국 하얼빈 외곽의 일본 731부대 전시관을 간 적이 있다. 731부대 건물을 그대로 사용하여 내부에 전시한 일본의 만행들은 인간으로서는 상상하기 힘든 처참함을 그대로 보여 주고 있었다. 서대문형무소와 731부대, 이곳과 하얼빈에서의 기억이 중복되며 나는 잠시 치를 떨었다. 이런 역사는 잊혀서는 안 된다. 그런데 나는 서울에 살면서 오늘에야 이곳에 와 봤으니 선열들께 왠지 죄지은 것 같은 생각이 들었다.

서대문형무소 붉은 담벼락을 천천히 돌아 걷다가 아래로 몇 걸음 걸어 내려와 독립문 앞에 섰다. 독립문의 웅장함을 보니 맘이 한결 가벼워졌다. 감옥, 독립이라는 두 개의 대비되는 장면을 마주하며 아픈 역사를 극복하고 좋은 결말로 마무리되는 한편의 짧은 영화를 본 것 같은 느낌이 들었다.

독립문 옆의 나무 그늘의 잔디에 앉아 휴식을 취했다. 아침 6시 반에 걷기 시작하여 이른 점심을 먹기 위해 잠시 식당에 앉은 시간을 빼고는 처음 갖는 편안한 휴식이었다. 배낭은 물론 운동화, 양말도 벗고 다리를 쭉 뻗고 잔디에 앉았다. 독립문사거리 도로에는 무수히 많은 차가 오가고 있었다. 바로 그 대로변 안쪽 공원에서 한낮에 이런 휴식을 취한다는 게 꿈만 같았다. 공원 안의 나와 공원 밖의 사람들. 난 잠시 도시 안의 틀을 깨고 밖으로 나와 도시 안에 갇힌 사람들을 보았다. 도시 밖 다른 세계에서 한 시간의 달콤한 휴식을 마친 나는 다시 도시 안의 세계로 들어가기 위해 사직터널을 지나 광화문으로 걷기 시작했다.

서대문독립공원에서 한 시간 정도 쉴 땐 몰랐는데 사직터널을 지나 서울 중심 한복판으로 들어오니 빌딩 숲이라는 말에 어울리게 열섬현상으로 한낮이 훨씬 뜨겁게 느껴졌다. 오늘 서울 도심의 한낮 온도는 33도를 넘나들고 있었다. 한낮의 광화문광장은 외국인 관광객 몇명을 빼곤 거의 사람이 없었다. 하긴 이 땡볕에 허허벌판의 광화문광장에 서 있는 사람이 정신 나간 사람인 게지. 나는 그 정신 나간 한 사람이 되어 광화문광장의 한복판에 섰다. 그 순간 나는 착각에 빠져들었다. 내가 지금 왜 여기 서 있는 거지? 그만큼 광화문의 한낮은 보통 사람들에게는 낯선 곳이었다.

나는 주변 사람들을 아랑곳하지 않고 나만의 존재를 확인하려는 듯 '야호~' 하고 소리를 질러 봤다. 빌딩에 반사되는 울림은 없다. 그저 오가는 차 소리에 그 소리마저 금방 묻혀 버렸다. 태양이 나를 빙빙 돌리고 나는 태양을 따라 돌며 사위를 둘러보았다. 광화문, 미국 대사관, 교보빌딩, 세종문화회관 다시 광화문 그 뒤의 청와대 기와. 나는 돌며 보다가 어지러움에 쓰러질 뻔했다. 이건 어쩌면 어지러움이 아닌 도심 한복판에서 느끼는 고독인지도 모른다. 나는 이런 분위기에 혼자라는 게 싫어 이곳을 빨리 탈출하고 싶어졌다. 더위에 더 오래 광화문광장에 서 있을 수도 없었다.

광화문까지 걸어와 오늘 걸을 거리 35.1km의 반을 이미 넘겼다. 매일 바쁘게 걷던 서울 시내 한복판을 오늘 나는 전혀 다른 옷차림과 전혀 다른 생각으로 걷고 있었다. 종각, 시청, 명동…… 군중 속에서의 나의 행색은 마치 배낭여행 온 여느 외국인처럼 보였다. 한국 사람이 야영 배낭을 메고 서울 도심 한복판을 다니는 경우는 흔치 않은 모습이었다. 서울에 살고 있지만 지금만큼은 서울 속의 이방인이었다. 나는 개의치 않고 나만의 시간을 즐기며 걸었다. 서울 도심 한복판에 나의 행색이 좀 남다르다 할지라도 나에게 관심 두는 사람은 아무도 없었다. 그저 나 혼사 생각하여 '누가 날 쳐다보지는 않나' 싶었다. 남을 의식하는 나 자신만이 있을 뿐이었다. 슬프게도 우린 너무나 남을 의식하며 살고 있고 때로는 그게 우리 자신을 불행하게 만들기도 한다.

나는 번잡한 명동 한복판을 지나 명동성당으로 발걸음을 옮겼다. 이곳은 내가 직장 생활하며 머리가 복잡하여 쉬고 싶을 때 가끔 들렀던 곳이었다. 고딕식 건물의 웅장함이나 종교적 경건함도 그 이유긴 하지만 그보다는 성당 한쪽에 심어진 나무 때문이었다. 그 나무는 김용택 시인 생가 마당에 있던 단풍나무를 명동성당 한편에 옮겨 심어 놓은 것이었다. 나는 다시 그 단풍나무가 보고 싶었다.

우리 반 여름이

가을에도 여름이

겨울에도 여름이

봄이 와도 여름이

우리 반 여름이

여름 내내 여름이

-김용택 시집에서

오랜만에 나무를 보며 김용택 선생님과 그 반 아이들을 생각했다. 이 시는 우리 두 딸이 초등학교 시절 김용택 시집에서 재밌게 읽었던 시다. 나는 이 시를 어린 두 딸보다도 더 좋아했던 것 같다. 순수한 어린 시절

어린 시절을 생각나게 하는 명동성당 단풍나무

을 동경했던 중년의 남자는 여름이를 읊조리며 그 시절을 그리워했을지도 모른다. 회사에서 머리가 복잡하고 생각이 많아질 때 가끔 이곳에 와서 내 마음속의 순수, 여름이를 만나곤 했다.

나는 서울 시내를 관통한 후 청계천을 따라 걷기로 했다. 도심 한복판에서 냇가를 따라 걷는다는 건 한껏 다른 정취를 느끼게 했다. 한낮이지만 청계천에는 시원한 물을 찾아 잠시 쉬는 넥타이 차림의 회사원, 여유롭게 산책하는 사람, 외국인 관광객 등 사람들이 꽤 많았다. 나는 청계천을 따라 동대문 방향으로 계속 걸었다. 서울 시내 한복판에 이런 시원스러운 냇가가 있다는 건 대단한 즐거움이다. 시멘트로 덮여 있던 청계천이 다시 그 모습을 드러낸 건 2005년 10월이었다. 당시 서울시장이 서울시 정책사업의 하나로 추진했던 것이었는데 집권을 위한 수단으로 이용했다는 등 말이 많았다. 암튼 복원된 청계천이 시멘트 도시 이미지를 벗겨 내고 자연의 이미지를 가져온 것은 틀림없는 것 같다. 덕분에 나도 지금 이렇게 도심 속 자연을 걸을 수 있고.

청계천을 걷던 나는 동대문운동장 전철역 방향으로 걸어 나와 다시 좌회전하여 왕십리 방향으로 걸었다. 명동에서도 많이 보이지 않던 중국인 관광객들이 동대문 이곳에도 많이 없으니 사드로 촉발된 한·중관계가 쉽게 해결될 것 같지 않다는 생각이 들었다. 계속 걸어 도착한 왕십리는 완전히 새로운 모습의 뉴타운 아파트 단지로 탈바꿈하여 예전의 허름한 동네 모습은 찾아볼 수가 없었다. 중앙시장 안쪽으로 돌아 들어가 보니 그나마 왕십리곱창집 간판의 식당들이 아직도 성업 중이라 이곳이 왕십리라는 걸 알 수 있었다.

왕십리는 본래 무학 대사가 도읍을 정하려고 이곳에 와서 도선대사의 변신인 늙은 농부로부터 도읍을 찾으려면 여기서 10리를 더 가라는 가르침을 받았다는 데서 유래했다고 한다. 오랫동안 도심 속 낙후된 지역으로 있다가 지금은 대단지 아파트로 변해 있는데 본래 여기 살던 토박이들은 새 아파트에 입주할 형편이 못되어 상당수 사람이 딱지를 팔고 다른 데로 이사 갔다고 하니 개발의 목적이 없는 사람 살리는 게 아니라 돈 있는 사람들 돈벌이 수단이구나 싶어 씁쓸한 생각이 들었다. 원체 요즘 세상살이가 다 그러니 한편으로는 이해가 되기도 했다.

나는 왕십리를 지나 무학여고 방향으로 쭉 걷다가 응봉교 밑에서 자전거 다리를 건너 반대편 한강 자전거 길로 걸어갈 계획이었다. 퇴근 때 가끔 뛰어 퇴근하던 자전거 길이었다. 무학여고 앞을 지나며 이미 26km를 걸어왔고 이제 9km만 더 걸으면 된다고 생각하니 다시 기운이 솟았다. 서울 시내를 걸으며 한 길로 걷기만 한 게 아니라 여기도 보고 저기도 보며 들어갔다 나왔다 했더니 정해진 길을 쭉 걷는 것보다 훨씬 더 많이 걸었고 시간도 더 많이 걸렸다. 그래도 호기심은 어쩔 수 없어 무학여고를 지나며 왕십리 유래의 무학대사와 연관 있나 싶어 검색해 보았다. 무학대사의 무학은 무학(無學)이니 혹시나 무학여고가 이 한자의 무학이라면 어찌 된 셈인가 했는데 호기심일 뿐이었다. 무학(舞鶴)여고였다. 학이 춤춘다는 이름에 걸맞게 교정이 아름다웠다.

뚝섬 서울숲 앞 한강 자전거 길에 접어들었을 때는 햇볕이 아직도 쨍쨍하게 내리쪼이는 오후 3시, 서쪽 편의 해를 그대로 받으며 걷는 길은 내가 자주 걷고 뛰었던 길이지만 한낮 그늘도 없는 한강변 길이다. 오고 가는 사람도 거의 없는 지금은 자칫 지루해질 수도 있다. 서울숲 한강변에서부터 강변역까지는 7km, 지금 걷는 한강변 이 길은 그늘 쉼터가 많

맑은 날씨의 서울숲 한강변

지 않아 쉴 곳이 마땅치 않은 데다가 오후 강렬한 햇빛이 한강에 반사되어 눈에 어른거리는 게 나른함마저 주었다. 혼자 걸을 때 이겨내야 하는 어려움 중 하나는 고독만이 아닌 시루함도 있다. 나는 알사탕 하나를 꺼내 물었다. 단맛이 뇌를 자극하여 금방 엔도르핀이 분비되는지 기분이 좋아졌다. 오후의 피로감이나 걸으며 지루함을 느낄 때 이겨내기 위해 나는 항상 배낭에 초코바와 사탕을 넣어 두었다. 그래도 오늘은 집에서 저녁을 먹고 편히 잘 수 있다고 생각하니 힘들다는 생각은 안 들었다.

서편으로 지는 태양이 오른쪽 볼을 강타하고 팔뚝과 다리도 강한 자외선이 느껴질 정도로 햇빛이 강했다. 그늘이 전혀 없는 길이다 보니 교각이 있는 그늘을 찾아 빨리 걸었다. 4km 정도를 더 걸으니 강 건너편에 잠실운동장이 보이고 저 멀리 우뚝 솟은 잠실 롯데월드타워가 눈에 들어왔다. 나는 평소 뛰면서 익숙했던 이곳 뚝섬유원지 교각 밑에서 잠시 쉬었다. 방금 걸어온 뒤편 저 멀리에는 남산타워가 보였다. 평소 뛰면서 봤던 느낌과 지금은 전혀 다른 느낌이었다. 지금의 모든 풍경은 1,000km 긴 여정 중의 한 점이다. 평소 익숙했던 이곳의 모든 것이 한 점 한 점 내 머릿속에 기억되었다.

거의 다 와 잠실대교를 지나며 나는 아내에게 전화했다. 어디쯤이냐고 반색하며 전화를 받는 아내에게 나는 장난기가 발동하였다. 아직 멀었다고 둘러대고 집 바로 앞까지 아내와 전화로 수다를 떨며 갔다. "딩동!" 벨을 누르자 아내가 깜짝 놀라며 뛰어나왔다.

나는 오늘 경기도 고양시 공릉천변 공원을 출발하여 서울을 관통하여 걸어 2호선 전철 강변역 앞 집에 오후 5시 11분에 도착했다. 오늘은 35.1km, 3.8km/1h(식사, 쉬는 시간 제외)로 걸었다. 두 발로 처음 서울 시내를 여기저기 둘러보다 보니 느림보 서울 유람이 되었다. 오늘은 서울을 몸소 체험했던 소중한 하루였다.

몇 시간 전 전화통화를 통해 나의 도착 시각을 짐작하고 있던 아내가 이른 저녁을 준비해 놨다. 돼지보쌈. 내가 출장 등으로 멀리 갔다 집에 돌아올 때마다 아내는 내가 제일 좋아하는 보쌈을 삶아 놓곤 했다. 아내는 현관문을 들어서 바로 식탁에 앉으려던 나를 냄새 난다며 홀딱 벗겨 목욕탕으로 밀어 넣었다. 어제 하루 씻지도 못한 데다가 땀에 절은 옷이며 이틀 만에 돌아온 내 모습이 반 거지처럼 보였는지 그러게 왜 그런 생고생을 하느냐고 또 잔소리를 늘어놨다. 이른 시간이라 두 딸은 아직이고 아내와 단둘이 먼저 저녁 식사를 했다. 이틀만의 귀가인데도 무척이나 오랜만에 집에 온 것 같아 두리번거렸더니 아내가 못 올 데 온 것처럼 왜 그러냐며 퉁명스럽게 면박을 줬다. 그러면서 슬쩍 나를 떠보며 한

마디 던졌다.

"여보! 당신 지금 사람 꼴이 말이 아니에요. 이틀 걸어 봤으니 이제 그만하지 그래요? 내가 이 정도에서 당신의 열정은 다 인정해 줄 테니까."

"고마워. 하지만 난 괜찮아요."

나는 괜찮다고 대답했지만, 아내의 깊은 사랑이 느껴져 눈물이 핑 돌았다. 하지만 그러면서도 나의 머릿속은 벌써 내일의 출발을 그리고 있었다.

제3장
다시 집을 떠나며

■ 3일 차. 2017년 6월 6일
서울 강변역 – 성남시 – 경기도 광주시 곤지암읍 (41.7km)

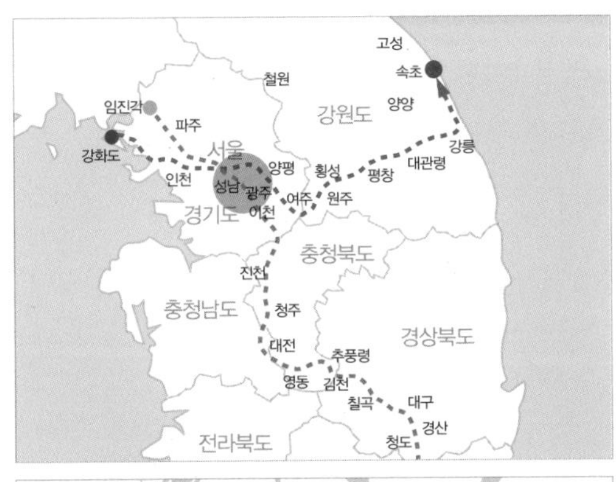

오늘 떠나면 12일 뒤에나 집에 돌아온다. 왠지 긴 이별을 하는 느낌이 들어 오늘은 좀 늦더라도 아내, 두 딸과 함께 아침을 같이 하며 좀 더 있

고 싶었다. 그러니 당연히 출발이 늦어질 수밖에. 아내는 평소와 같이 아침을 준비했다. 식탁 너머 창가를 통해 따사로운 햇살이 비치고 우리 넷은 아침 식사를 하며 짧은 시간의 대화를 나눴다. 나는 식사 중에도 되도록 걷는 얘기는 하지 않았다. 괜히 또 아내가 걱정하는 표정을 지을 것 같고 그런 표정을 보고 떠나는 내 맘도 편치 않기 때문이다. 화제를 돌려 이런저런 얘기를 했지만, 식탁에서의 아침 대화는 길지 않았다. 나는 눈을 들어 식탁 너머 창가에 비치는 햇살이 오늘 나를 괴롭힐 정도로 따가울 것인가를 생각해 봤다. 오늘 아침 우리 넷은 별말이 없었지만, 우리 가족은 충분히 대화했다. 마음으로. 우리 집의 일상이었다.

오늘은 현충일이라 나를 제외한 셋은 여유로운 아침이다. 내가 먼저 집을 나섰다. 아침 7시 반, 계획보다는 한 시간 늦은 출발이었기에 나는 바쁘게 걸음을 옮겼다. 잠실철교를 지나 잠실사거리를 거쳐 성남 방향으로 걸어갈 계획이다. 잠실철교에 서니 잠실 롯데월드타워가 위용을 뽐내듯이 하늘로 솟아 있었다. 매일 보던 것도 생각이 다르면 달리 보이나 보다. 평소에는 아무렇지도 않게 보이던 555m의 높이가 하늘을 뚫을 듯 더 높아 보였고 오늘따라 유난히 솟구쳐 보여 그 하늘의 끝을 보며 걷는 나는 비장한 각오마저 들었다.

오늘 오후부터 날씨가 흐려져 곳에 따라 비도 뿌리고 내일은 중부 지방에 꽤 많은 비가 온다니 걱정이 앞섰다. 이번 도보여행에서 비를 피하고자 일정을 결정했지만, 완전히 비를 피할 수는 없는 모양이다. 내일은 비를 맞고 걸어야 하는 첫 번째 날이 될 거 같았다. 하지만 미리 걱정하느니 오늘의 목적지에 조금이라도 일찍 도착하는 게 낫겠지 싶었다.

집에서 아침밥도 든든히 먹었겠다 나는 빠른 걸음으로 잠실사거리 방

잠실철교에서 바라본 롯데월드타워

향으로 걸었다. 평소에 붐비던 잠실사거리는 현충일 아침이라 차량도 적고 사람도 거의 눈에 띄지 않았다. 잠실사거리를 지나 석촌호수 방향으로 걸었다. 아침 출발이 좀 늦었기에 그냥 지나쳐 가야 했지만, 발걸음은 어느덧 석촌호수를 걷고 있었다. 인공호수인 석촌호수는 롯데월드 와서 놀고 쇼핑만 하다 가는 사람들은 잘 모르겠지만 도심 속 쉼터로 호젓하게 걷고 쉬기에 아주 좋은 곳이다. 롯데월드나 롯데월드타워와는 한길 두고 인접해 있다. 바쁘게 걷다 몇 발짝 걸어 석촌호수에 발을 디디는 순간 누구나 자연스레 발걸음은 느려지게 된다.

석촌호수는 아내와 연애 시절 많이 왔던 단골 데이트 코스였다. 두 딸이 어렸을 때는 롯데월드에 놀이기구 타러 왔다가 석촌호수에서 집에서 싸 온 김밥을 먹곤 했다. 오래된 추억이지만 가족이란 늘 내 맘속에 가장 큰 기쁨이고 희망이다. 오늘 아침 떠나는 나의 뒷모습을 보고 작은딸이 "아빠 사랑해."라고 속삭이는데 눈물이 날 뻔해서 돌아다보지도 않고 "응, 나도." 하고 그냥 계단을 내려왔다.

아침 운동 나온 사람들에 섞여 추억을 더듬으며 석촌호수를 한 바퀴 돌고 나오던 나는 석촌호수 한쪽에 있는 삼전도비를 유심히 바라다봤다. 삼전도비는 병자호란 때 인조가 남한산성에서 내려와 청 태종 앞에서 무릎을 꿇고 절하며 항복한 것을 기념하기 위해 청 태종이 세운 비석으로 굴욕의 역사를 담고 있었다. 나는 오늘 인조가 걸어왔던 그 길을 반대로 걸어 남한산성 방향으로 갈 예정이다. 이곳 석촌호수에서 인조가 피신하여 47일간 머물렀던 남한산성 행궁까지는 대략 15km 정도. 청 태종에게 항복하며 이 길을 걸어왔던 인조는 무슨 생각을 했을까? 그 옛날 패배의 길이 지금 나에게는 도전의 길이다.

잠실 석촌호숫가에 있는 삼전도비

잠실에서 성남으로 이어지는 길에 몇백 년 전의 기억은 없었다. 그저 차량만 많고 번잡한 도로일 뿐이었다. 나는 빨리 걸어 빠져나가고 싶은 맘에 가끔은 신호등도 무시하고 계속 빠르게 앞으로만 걸어갔다. 이 도로는 딱히 어디 볼 것도 없는 여느 도심 속 도로와 다름없는 평범한 자동차 도로였다. 성남시 복정동사거리에 이르러 계속 직진하면 지금까지 걸어왔던 길의 연속으로 모란시장, 분당 방향이 된다. 하지만 이 길은 재미없게 계속 걸어왔던 길의 연장이었기에 나는 좌측으로 돌아 남한산성 방향으로 걸었다. 이 길은 예전엔 산성로라 하여 차량도 뜸하고 걷기도 좋았는데 지금은 좌측에 위례 신도시가 조성되면서 갓길 도로가 파헤쳐져 있고 차량 통행도 잦아 걷기에는 매우 불편했다.

복정 전철역을 지나 좌측의 위례 신도시를 끼고 걸으니 남한산성 방향으로 올라가는 지루한 오르막이 이어졌다. 산성 전철역 삼거리에서 우측으로 가면 성남 시가지이고 좌회전을 하면 남한산을 끼고 성남시를 외곽으로 도는 도로다. 나는 남한산성 가는 길로 걸었다. 여기서부터 성남시를 병풍처럼 둘러싸고 있는 남한산 풍경이 펼쳐졌다. 서울을 벗어나 남한산 초입인 성남시 이곳까지 12km를 아침길로 단숨에 내달아 걸어온 것이다.

남한산을 끼고 도는 성남의 외곽도로는 걸어도 되는 길인지 헷갈릴 정도로 걷는 사람이 없었다. 오래전 남한산성 놀러 갔다가 잘못 내려와 한번 걸었던 기억이 있어 오늘도 그냥 무식하게 걷는데, 성남시 산성동 황송터널 지나서는 갓길도 없고 매우 위험해서 특히 주의를 필요로 했다. 나는 속도보다는 안전을 생각하며 5, 6km의 이런 길을 천천히 걸었다. 차량 통행이 잦지 않은 게 그나마 다행이었다.

안전하게 걸어 성남 외곽도로를 빠져나왔다. 좌측으로 걸어 갈마터널을 지나면 경기도 광주시다. 광주시로 접어들기 전 우측 저 멀리 산속에 화장터가 보였다. 그곳은 아직도 내 기억 속에 지워지지 않는 곳이다. 성남시 화장장 영생관리사업소. 54세에 세상을 등진 나의 큰 형님. 지금의 나보다 어린 나이에 세상을 떠났다. 젊어서부터 세상을 비관하며 살았기에 늘 얼굴이 어두웠던 큰 형님, 내 어머니는 어렵사리 결혼한 큰형의 생계를 어머니의 빚으로 메꿔 주었고 그 빚으로 인해 형보다 더 큰 고통을 안아야 했다. 우리 사회에서 혈육이란 그랬다. 넉넉지 않은 집에서 한 사람의 불행은 때때로 온 가족을 고통으로 내모는 악성 전염병과도 같다. 10년 전 그날 밤 11시경 큰형님이 돌아가셨다는 연락을 받고 나는 새벽 1시경 이곳에 와서 화장시간을 예약하며(그 당시 이곳은 인터넷 예약이 시행되지 않았다) 이제야 혈육으로 맺어진 고통이 끝나는구나 하고 안도의 숨을 쉬었다. 나는 그때 혈육이라는 것도 죽음 앞에서는 어쩔 수 없다는 걸 느끼며 삶과 죽음이 이렇게 현실에 가까이 있다는 사실에 새삼 놀랐다.

성남 외곽도로를 걸으면서는 인도라곤 딱히 없는 길이다 보니 먹을 곳도 마땅하질 않았다. 배낭에 있는 초코바로 우선 끼니를 대신했지만, 시간은 어느덧 오후 1시를 넘기고 있었다. 갈마터널을 지나서부터는 경기도 광주시. 우측 도로변에 식당들이 가끔 보였다. 나는 점심으로 갑자기 짜장면을 먹고 싶은 생각이 들었다. 걷다 보면 갑자기 어떤 음식이 먹고 싶을 때가 있다. 삼시 세끼 집밥과 때맞춰 먹어야 하는 식사시간에서 해방되어 아무 때나, 아무거나 먹고 싶은 자유를 느끼고 싶어서인지는 모르겠다. 아무튼 우리 세대는 짜장면에 대한 기억이 많다. 우리 어린 시절 짜

점심도 거른 채 걷는 경충국도 갓길 도로

장면은 생일날에나 먹는 귀한 음식이었다. 짜장면과 그 많은 추억들……. 그래서 지금도 나는 가끔 가족들과 함께 중국음식점에 갈 기회가 있으면 탕수육이나 깐풍기 같은 요리보다는 짜장면 잘하는 집인가를 먼저 알아보고 간다.

맛있는 짜장면을 머릿속에 그리다 보니 배고픔은 참을 수 있었다. 나는 두리번거리며 짜장면 간판을 찾아 계속 광주 방향으로 걸었다. 가끔 차를 타고 도시 외곽을 가다 보면 수타면, 짜장, 짬뽕이라는 큰 간판이 보였고 지금 걷고 있는 경충국도 도로변 어딘가에서 본 듯했다. 곱빼기 짜장면이 눈앞에 아른거리니 다른 식당은 눈에도 안 들어왔다. 짜장면을 먹기 위해 점심을 거른 채 얼마를 더 걸었는지 25km는 족히 걸어온 듯했다. 배고픔에 그냥 아무거나 먹을까 하다가도 '여기까지 배고픔을 참았는데 그럴 순 없지' 하며 또 걸었다. 드디어 커다란 입간판이 보였다. 짬뽕 전문점. 그럼 짜장면은? 다행히 짜장면도 있었다. 시간은 오후 3시가 다 되어 가고 있었다. 짜장면 하나 먹으려고 주린 배를 움켜쥐고 1시간 반을 더 걸었던 것이다. 지금 어떤 짜장면인들 맛이 없겠는가? 짜장면 곱빼기를 폭풍 흡입하고 잠시 숨을 고르며 여기가 어딘가 검색을 해보았다. 서울 강변역으로부터 27km를 걸어온 경기도 광주시 초입의 삼동이라는 지역이었다. 한 시간에 4.3km를 걸었으니 꽤 빠른 걸음으로 걸어온 셈이다.

아무리 아침을 집에서 든든히 먹고 출발했다지만 오후 3시까지 먹지도 쉬지도 않고 27km를 걸은 것은 무리한 걷기였다. 오늘 걸어야 할 거리는 지난 이틀 걸었던 거리보다 많은 41.7km, 하루에 40km 이상을 걷는 도전의 첫날이었다. 오늘 걸어야 할 먼 거리에 대한 정신적 압박이 나도 모르게 빠른 걸음걸이를 재촉했다. 아직 목적지 광주시 곤지암읍까지는 15km가 더 남았다. 짜장면집에서 오래 앉아 쉴 수가 없었다. 시간이 이미 3시 반을 넘고 있었기 때문이다.

일기예보가 맞는다는 듯 날씨가 잔뜩 흐려 금방이라도 비를 뿌릴 것 같았다. 날씨까지 그러니 맘은 더욱 급해졌다. 서둘러 배낭을 메고 일어서려는데 순간 다리가 펴지질 않았다. 근육이 뭉쳤는지 종아리에 경련이 일어났다. 조심스럽게 무릎 굽히기를 몇 번 하고 일어서긴 했는데 종아리의 뻐근함은 남아 있었다. 게다가 흐린 날씨에 혹시나 비가 오면 어쩌나 하는 걱정까지 더하니 맘만 급해졌다.

'국토종횡단 58살 청년의 도전은 이제부터구나'라고 생각하고 나는 다시 걷기 시작했다. 조금 걸으니까 뭉쳤던 종아리 근육이 풀렸는지 다행히 자연스럽게 걷게 되었다. 혼자서 걷는 것이 고독한 여정이지만 걸을 때는 오히려 고독감이 덜하다. 두 다리는 계속해서 디뎌야 하고 눈과 뇌는 주변 환경과 자기 신체에 수시로 반응해야 하기 때문이다. 어떻게 보면 걷는 과정은 내 맘속에서 끊임없이 대화가 이뤄지는 과정이다. 그래서 고독은 오히려 쉴 때 더 밀려온다. 그러니 지금은 계속 걸어야 했다.

예정된 답사지나 걷다가 우연히 보게 되는 문화유적지 등이 걷는 방향에 있으면 왠지 횡재한 느낌이 든다. 멀리 갔다 다시 돌아 나와야 한다는 것은 장거리 도보여행자에게는 그것이 아무리 가치 있는 보물이라 하더라도 가는 방향과 다른 길로 더 걸어야 한다는 사실만으로도 거기 가는 걸 주저하게 한다. 정충묘(精忠廟)는 지금 내가 걷고 있는 3번 국도인 경충국도 길가에 바로 있지만 그냥 지나치기 쉬울 정도로 눈에 띄지 않았다. 나도 차를 운전하며 갔다면 발견하지 못하고 그냥 지나쳤으리라.

광주시 초월읍 대쌍령리 도로 옆 몇 미터 위 산기슭에 있는 작은 사당인 정충묘는 병자호란 당시 남한산성에 갇혀 있던 인조를 구하기 위해 군사를 이끌고 올라와 이곳 쌍령에서 청나라 군사들과 맞서 싸우다가 전사한 경상좌도 병마절도사 허완 등 충신 4명의 위패를 봉안하고 있는 사당이다. 나는 오늘 서울 잠실 석촌호수 삼전도에서 남한산성을 거쳐 이곳 쌍령리로 이어지는 병자호란 역사의 길을 걸어왔다. 지금 내가 걷고 있는 이 길이 약 380여 년 전 위기에 처한 왕을 구하기 위해 자기 몸을 던졌던 충절의 아픈 역사를 간직하고 있다는 사실에 가던 발걸음을 잠시 멈추고 한참 동안 길을 뚫어져라 쳐다보았다. 광주문화원과 대쌍령리 주민들이 협력하여 매년 음력 초사흗날에 이들의 충절을 기리는 '정충묘 제례'를 올린다니 그나마 죽은 원혼에 대한 후손들의 예의 아닌가 싶었다.

나는 요란한 것보다는 소박한 것을 좋아하는 성격이기에 이야기가 숨겨져 있는 그런 곳을 보면 더욱 정이 느껴지곤 한다. 하지만 대개 그런 곳은 누구의 관심도 없이 관리나 보존이 허술하여 팽개쳐져 있는 곳이 많다. 그런 곳을 보며 삶의 깊이를 깨닫고 하는 건 아마도 드러내며 살고 싶어 하지 않는 나의 성격 탓도 있으리라. 그래서 나는 어딜 걷다가 켜켜이 돌이 쌓여 있는 이름 없는 성벽을 만나거나 허허벌판에 그냥 자연스레 흩어져 있는 강화도 고인돌을 봤을 때도 그들에게서 숨소리를 들을 수 있었고 마치 오래된 친구의 정을 느낄 수 있었다.

고인돌은 강화도에만 있는 건 아니었다. 정충묘에서 3번 국도를 따라 조금 더 걸어 내려가다 보면 광주시 초월읍 산이리 아파트 단지 들어가는 길 입구에 청동기시대의 지석묘가 있었다. 국도 바로 옆에 있기에 그냥 지나치기 십상이다. 설마 이런 곳에 이런 게 있을까 싶을 정도의 자리에 있으니까. 나도 이 지석묘를 바로 옆에 두고 그냥 지나쳐 아파트 안쪽으로 한참을 걸어 들어가 산속을 헤매다 다시 돌아 나왔던 참이었다. 본래는 아파트 안쪽 산에 있던 것인데 아파트 단지를 조성하며 이곳 길가로 옮겨 놨다는 설명이 쓰여 있었다. 덮개돌 크기도 엄청나고 무게가 28톤에 달한다고 하니 청동기시대 사람들은 이걸 어떻게 옮겼을까 하는 궁금증부터 생겼다. 그리고 오래전에 강화도에서 본 고인돌이 생각나긴 했는데 청동기시대의 경기도 광주와 강화도를 내가 아무리 연결 지어 보려 해도 짧은 지식에 연결이 되질 않았다. 그렇지만 고인돌이라는 어감이 주는 오랜 역사의 무게감 때문인지 남들에겐 무덤덤하게 보이는 이 커다란 돌이 나에게는 남다른 감회로 다가왔다.

이 지석묘는 이곳 사람들에겐 천덕꾸러기인지 지석묘 주변이나 받침

경기도 광주시 초월읍 길가에 있는 산이리 지석묘

돌 위에 올려진 덮개돌 사이의 납작하고 널찍한 땅바닥 공간에는 쓰레기가 널려 있어 나의 마음을 아프게 했다. 하지만 이 지석묘는 국토횡단의 강화도를 더욱 기다리게 했다. 나는 지금의 국토종단이 끝나고 곧바로 이어질 국토횡단을 강화도에서 시작할 계획이다. 그때 강화도 고인돌을 답사하며 먼 두 지역 경기도 광주와 강화도를 현실에서 연결해 보며 맘껏 상상하고 지금 본 산이리 지석묘 기억도 떠올려 볼 것이다.

역사 공부는 이 정도에서 멈추고 오늘 목적지 곤지암읍을 향해 다시 걷기 시작했다. 오늘이 출발 3일 차, 광주시 초월읍 산이리 지석묘가 있는 이곳이 출발지 임진각으로부터 100km 되는 지점이다. 국토종단 거리 560km 중에서 100km 왔다. 누구는 고작 그만큼이라 할 테고, 누구는 벌써 그만큼이라 할 텐데 나는 후자에 가깝다. 100이라는 숫자에 스스로 감동하여 여기가 종착점인 양 산에 대고 혼자서 소리를 질러 봤다.

'100km를 걸어서 나 여기에 와 있다'고.

이제 목적지 곤지암읍까지는 5km 남았다. 아침 7시 반에 집을 나와 36km를 걸어왔다. 1.5km 정도 더 걸으니 우측에 곤지암도자공원이 보였다. 곤지암은 이천, 광주와 함께 2001년 세계 도자기엑스포가 열렸던 3대 지역 중 한 곳이다. 도자공원은 길가에서 조금만 걸어 들어가면 있기에 잠시 구경할 겸 공원 안으로 들어가 봤다. 날씨가 흐리고 저녁 시간이 다 되어 그런지 공원에는 사람이 거의 없었다. 토야(TOYA)라는 귀엽게 생긴 엑스포 마스코트가 나를 보고 반갑게 맞아 주었다. 토야는 땅위의 생물은 모두 흙으로부터 나와 흙으로 돌아간다는 우주의 원리를 담아 흙토(土)와 장난감의 영문(TOY)을 합성해서 만든 이름이라는데 왠지 모르게 어색하다는 느낌이 들었다. 하지만 토야의 표정만큼은 해맑아서 보는 사람의 맘을 따뜻하게 해 줬다.

공원을 한 바퀴 돌고 나오니 날씨가 흐려 아직 해가 넘어갈 시간은 아닌데도 사위가 어두컴컴해지고 있었다. 때마침 가랑비도 흩뿌리기 시작했다. 목적지를 코앞에 두고 걷는 속도는 눈에 띄게 느려졌다. 배낭의 무게가 점점 어깨를 짓눌렀다. 하지만 계속 걷는 것 말고는 다른 방법이 없었다. 그리고 걸을 바에는 빨리 걸어 목적지 곤지암읍에 도착해서 쉬는 게 낫다고 생각했다. 두 다리가 힘에 부쳤지만 한발 한발 앞으로 내디뎠다.

해가 지고 밤이 되면 당연히 신체는 쉬고 싶어 한다. 지금은 가랑비도 뿌리고 잔뜩 찌푸린 날씨 탓에 어둠도 더 빨리 찾아오니 내 몸도 쉬고 싶은 것 같았다. 이런 신체 상태에서는 두 다리의 반응은 당연히 느리다. 머리는 빨리 걸으라고 재촉하지만 두 다리는 '천천히'를 외쳤다. 목적지까지 3km밖에 안 남았는데 지난 이틀간에 느끼지 못했던 피로감이 느껴졌다. '다 왔어 다 왔어'라고 중얼거리며 걸어 곤지암읍에 도착하니 시간은 어느덧 저녁 7시. 가랑비만 흩뿌렸지 큰비가 오지 않은 게 그나마 다행이었다. 오늘 41.7km를 4.2km/1h(식사, 쉬는 시간 제외)로 걸었다. 40km 이상을 처음 걸으며 나를 테스트했던 오늘, 몇 킬로미터 안 남기고 피로감이 몰려왔지만, 목적지에 무사히 도착했다.

곤지암읍은 경기도 광주시에 속한 작은 읍이다. 나는 사전 조사로 알게 된 읍내의 사우나에 묵을 계획이었다. 곤지암의 이름이 특이하여 도보여행 전 찾아봤었다. 곤지암터미널 바로 뒤에 곤지바위가 보였다. 이 바위를 뚫고 400년 된 향나무가 자라고 있어 신비감을 더해 주는데 이 바위에는 선조 때 장군 신립에 대한 전설이 얽혀 있고 곤지암의 지명도 이 곤지바위에서 유래되었다고 한다. 곤지암 하면 소머리국밥만 떠오르는 나의 무지가 창피했다. 읍내는 온통 소머리국밥집 천지였다. 소머리국밥으로 저녁을 먹고 오늘의 숙박지인 인근 사우나로 갔다.

이곳 사우나는 한마디로 시골 게스트하우스였다. 목욕탕으로는 낮에만 영업하고 밤에는 월 단위로 묵는 사람들이 마치 고시촌처럼 이용하며 잠만 자는 곳이었다. 밤 8시 넘어 들어갔더니 주인이 욕탕은 물을 다 빼고 청소해 놔서 세면대에서 씻어야만 했다. 내일 아침도 8시 넘어야 된다니 나는 사우나에 왔지만 씻는 건 포기해야 했다. 세면대에서 대충 세수하고 짐을 챙겨 한쪽에 두고 쉬고 있는데 일을 마치고 돌아오는지 게스트하우스 사람들이 한둘씩 들어왔다. 그들은 오래 묵어 그런지 서로들 친한 사이였다. 그중에는 젊은 외국인도 한 명 보였다. 옆 사람에게 물어보니 러시아 사람이었다. 모두 무슨 사연이 있어 여기서 이렇게 사나 궁금했지만 고단한 삶이 느껴지는 그들에게 묻는 건 예의가 아닌 것 같아 나는 먼저 들어가 잠자리 매트를 폈다.

누워서 오늘 걸어왔던 길을 생각해 봤다. 잠실, 성남, 광주, 곤지암……. 조선 인조, 청 태종, 삼전도, 남한산성, 정충묘의 41.7km 길. 그리고 내일은 55.4km. 내일의 일기예보에 장거리를 생각하니 부담이 확 밀려왔다. 내일 제발 큰비나 오지 말았으면 하는 바람을 하며 내일은 평소보다 일찍 출발해야 하기에 서둘러 잠을 청했다.

사우나에서 잘 때 가장 난감한 것은 코 고는 소리다. 잠깐 잠이 들었나 싶은데 술 냄새를 확 풍기며 들어온 사내가 심하게 코를 골기 시작했다. 코 고는 소리가 화통을 삶아 먹은 듯이 큰 데도 다른 사람들은 그 소리에 익숙한지 다들 잘들 잤다. 나는 도저히 잠을 잘 수가 없어 뒤척이다가 자정이 넘어서야 잠이 들었다. 엊그제 출발 첫날 고양시 공릉천변 공원에서 풀벌레 소리 들으며 잤던 기억과는 너무나 대조되는 불면의 밤이었다. 하지만 24일간의 국토종횡단에서는 어떤 돌발 상황이, 언제라도 발생할 수 있는 것. 불편한 잠자리에서 익숙하게 자는 방법을 터득해야 하는 것도 내가 찾아야 할 답이었다.

제4장
첫 번째 시련

■ 4일 차. 2017년 6월 7일
경기도 광주시 곤지암읍 – 이천시 – 충북 광혜원면 (55.4km)

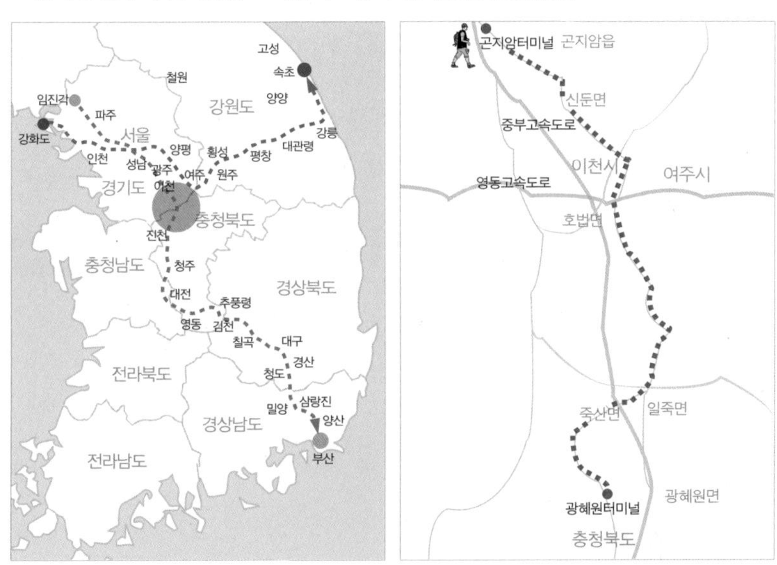

어제는 처음으로 40km를 넘게 걸으며 늦은 오후부터는 피로감이 밀려왔고 사우나에서는 코 고는 소리에 잠까지 설쳤다. 늦게 잠이 들었지만, 어차피 오늘 걸어야 할 거리가 55.4km로 꽤 먼 거리기에 아침 일찍 일어나야 했다. 아침 5시에 일어나니 어젯밤 잠깐 봤던 나이 좀 들어 보이는 남자가 주섬주섬 옷을 입고 있었다. 어젯밤과는 달리 그가 먼저 나

에게 말을 걸어오며 잘 잤냐고 인사를 건넸다. 그는 고향이 청주인데 여기서 이렇게 생활한 지는 일 년 정도 되었다고 했다. "가족은 어딨냐." "왜 이런 생활을 하냐."라고 물었더니 그가 말하길 주저하는데 순간 괜한 질문을 했구나 싶어서 이내 말머리를 돌려 "어디로 일 나가냐."라고 했더니 대중없단다. 일단 나가봐야 안다는데 하루 벌어 사는 게 무척이나 고단해 보였다. 나이는 60대 중반쯤 되어 보였는데 돈을 벌어야 하기에 어쩔 수 없다며 힘없이 말했다. 가족에 대한 그리움인지 순간 그의 눈가에 눈물이 맺혔다. 그는 "형씨! 국토종단 완주 잘 하셔." 하면서 문을 열고 나갔다. 욕탕은 아침 8시 넘어야 물을 채운다니 나는 할 수 없이 세면대에서 간단히 씻고 사우나를 나왔다. 사우나에서 목욕 한번 해 보지도 못하고 나온 셈이었다. 하지만 밤새 비가 내렸기에 비를 피한 잠자리만으로도 족했다.

오늘은 아침을 든든히 먹어야 한다. 55.4km의 만만치 않은 거리 때문이었다. 오늘 같은 먼 거리는 오전 오후 체력 안배와 시간에 맞춰 잘 챙겨 먹는 것이 중요하다. 아침 5시 반, 당연히 식당은 모두 문이 닫혀 있었다. 나는 인근 편의점으로 갔다. 편의점에서 아침을 해결하고 걸어가며 먹을 간식도 챙겼다. 김밥과 초코바, 빵, 사탕, 생수. 비가 오기에 야영을 위한 먹을거리는 보충하지 않았다. 이렇게 담고 보면 배낭 무게가 1~2kg은 족히 늘어나는데 아침이라 그런지 그다지 무겁게 느껴지진 않았다. 배낭의 짐을 줄이기 위해서는 빨리 걷고 빨리 먹어 치우는 게 답이다.

빠르게 걷겠다고 생각했지만, 오늘의 날씨는 아침부터 부담스럽게 다가왔다. 간밤에 세차게 내렸던 비는 잠시 그쳤지만 하늘은 다시 또 쏟아부을 듯 온통 먹구름이 드리워져 있었다. 비가 쏟아지기 전에 빨리 출발해야겠기에 나는 서둘러 발걸음을 옮겼다. 아니나 다를까 몇백 미터도 못 가 비가 내리기 시작했다. 나는 우비를 꺼내 입고 우산도 썼다. 하지만 점점 거세지는 비바람에 우산이 날아갈 듯해서 우산은 접어 배낭에 다시 넣었다. 내가 걷는 길가는 점점 물이 고이기 시작했고 운동화는 지나가는 차들이 튀기는 물로 더 흥건히 젖었다. 처음 맞아 보는 악조건의 도보가 시작된 것이다.

장마를 피해 국토종횡단 일정을 잡았지만 한두 번은 비를 만날 거라 예상했는데 하필이면 이렇게 먼 거리를 걸어야 하는 오늘 세찬 비를 만나니 출발부터 당혹스러웠다. 오늘 이렇게 먼 거리를 걷기로 계획한 것은 걷는 도중 소읍에는 사우나가 없고 목적지인 충북 광혜원면에만 사우나가 있기 때문이었다. 또 하나 이유는 내일은 청주 친구 집이 숙박 장소이기에 이틀의 거리를 그렇게 맞췄기 때문이었다. 그래서 오늘내일 이틀간 109km를 걷는 만만치 않은 일정이었다.

비를 예상해서 젖은 운동화를 신고 연습해 보는 사람은 없을 것이다. 그만큼 젖은 운동화를 신고 걷는 것은 누구에게나 익숙지 않다. 운동화와 양말이 젖은 상태에서 오래 걷는 것은 운동화 속에서 발이 미끄러져 걷기에 불편함은 물론 발이 부르트고 테이핑한 것이 떨어지면 물집이 잡힐 수도 있다. 그만큼 속도를 내서 걷기가 어렵다는 얘기다.

곤지암읍에서 동원대학교를 향해 걸어 올라가는 6km는 3번 국도인 경충국도로 완만한 경사가 길게 이어져 있어 윗길로부터 빗물이 흘러내려 젖은 운동화를 더욱 흥건하게 만들었다. 비는 점점 세차게 내렸다. 이제 출발해서 몇 킬로미터밖에 못 왔는데 이대로 계속 걸어야 하나, 일정을 하루 미뤄 쉬었다 가야 하나, 괜히 이틀을 너무 무리한 목표로 잡은

아침부터 비가 내리는 출발지 곤지암 3번 국도

건 아닌가 등 복잡한 생각이 밀려왔다. 이런 생각 와중에도 나의 발걸음은 앞으로 내딛고 있었다. 세차게 쏟아지는 비는 그칠 줄 모르고 내렸다. 운동화는 이미 물이 흥건하여 장화를 신고 걷는 듯 빨리 걸을 수도 없었다. 동원대학교를 지나 고개를 넘어서는 내리막이라 길가에 고인 물은 없어 그나마 다행이었다. 곤지암읍에서 출발하여 동원대학교를 지나 이천시 초입까지의 8km, 길가에는 가게나 마땅히 쉴 곳이 없어 쏟아지는 비를 그대로 맞으며 마냥 걸을 수밖에 없었다.

비옷이 얼굴이나 상체는 비를 막아 준다고는 하나 눅눅함에 땀이 차고 끈적끈적하니 걷기에는 최악이었다. 운동화는 질펀하고 옷은 속으로 젖어 눅눅하고 비는 계속 내리니 걷는데 영 기분이 나질 않았다. 나에게 뭔가 전환점이 필요했다. 쉬고 싶었다. 시골에서나 봄직한 간이 정류장이 보여 비를 피하며 배낭을 풀고 초코바를 하나 꺼내 물었다. 그리고 나는 스스로에게 말했다. '어차피 걸어야 하는 거 아닌가?' '한 번쯤 이런 악조건 경험해 보는 것도 나쁘진 않지?' 하면서 자기 최면을 걸었다. '아직 청년이라고 자처하며 시작한 내가 이것도 못 하면서 1,000km를 어떻게 걸을 수 있겠어?'

'거봐 내가 하지 말랬지?' 아내의 음성이 들리는 듯했다. 나는 다시 배낭을 짊어지고 걷기 시작했다. 방금까지도 세차게 내리던 비가 조금은 약해졌다.

어느새 도자기의 고장 이천이었다. 이천하면 도자기 장인으로 도암 지순탁과 해강 유근형이 유명하다. 지금은 두 분 다 고인이 된 지 20여 년이 넘었지만 이천, 광주의 현존하는 도공들 대부분은 두 분의 제자라는 말을 들었다.

나는 비도 피할 겸 도암 지순탁요에 들렀다. 도암요에 한 시간 넘게 머무르며 그곳을 지키고 있는 도암의 먼 친척인 다송 선생에게 도암 작품과 집안 이야기를 들었다. 이건 순전히 비 때문에 얻은 행운이었다. 본래 나는 오늘은 갈 길이 멀기에 도암요는 안 들르고 그냥 지나갈 생각이었다.

도암은 청자, 백자, 분청자기에 모두 능했지만, 특히 백자 공예에 탁월했다고 한다. 1970~1990년 일본 각지에서 많은 개인전을 치르면서 일본에 우리 도자기의 아름다움과 우수성을 널리 알리는 데 크게 공헌하였는데, 특히 그 당시에 일본 사람들이 도암 작품을 많이 사 갔다고 한다. 1988년 12월 경기도 무형문화재 제4호 기능보유자로 선정되었으며 1993년 9월 사망한뒤 1994년에 일본 도쿄에서 그를 추모하는 유작 전시회가 열리기도 했다.

불 꺼진 지 20년이 넘었다는 도암요 가마

이른 시간이었지만 다송 선생의 안내로 전시된 작품들을 다 볼 수 있었다. 도암 선생의 삶과 도자기의 깊은 맛이 다송 선생이 내온 차에서도 우러나오는 것 같았다. 빗줄기는 좀 가늘어졌다지만 밖은 계속 비가 내렸고 나는 우선 큰비는 피할 겸 좀 더 앉아 얘기를 나눴다. 하지만 비가 그치길 기다렸다가는 한도 끝도 없을 거 같아 비가 좀 약해지는 것을 보고 고맙다는 인사를 하고 그곳을 나왔다. 나오며 본 가마는 불 꺼진 지가 20년이 넘었다고 하는데 요즘 도자기산업의 쇠퇴를 그대로 보여 주는 것 같아 안타까웠다.

이제 겨우 8km 걸었고 도암요에서 한 시간 반을 있다 보니 시간은 어느덧 9시 반이 훌쩍 넘었다. 빗속을 걸었으니 제대로 빨리 걸었을 리가 없고 비 피한다는 핑계로 여기서 한 시간 반을 있었으니 맘이 급해졌다. 다행히 세찼던 비는 부슬비로 바뀌었다. 나는 젖은 양말을 갈아 신고 빠른 걸음으로 이천 시내 방향을 향해 걸었다. 이천시는 도시 콘셉트가 도자기였다. 도시의 모든 디자인을 도자기에서 따온 듯했다. 가로등도 도자기 모양의 등이었다. 또한 누구나가 싼 가격에 사들일 수 있는 생활도자기 상점도 많아 친근감을 느끼게 했다.

오늘 걸을 거리를 다시 계산해 보니 이천 시내를 들어갔다 나오는 건 무리가 많아 보였다. 나는 이천 시내를 옆에 두고 그냥 지나쳐 복하교차로에서 우회전을 해서 70번 국도를 타고 아래로 걸었다. 여기서부터는 완전히 시골길, 농촌 풍경이 펼쳐졌다. 좌우로 논밭 시골 풍경을 보며 길을 걷는 기분은 방금까지 빗속에서 걸으며 지루하고 무료했던 느낌과는 전혀 다른 신선함이었다. 때마침 비도 그쳤다. 콧노래가 절로 나왔다. 어쨌든 여기까지 나는 15km를 걸어왔다. 비가 멈추니 아침에 세찬 빗속에서 힘들었던 기억들은 온데간데없다. 나는 이대로 계속 걸으면 된다.

고난을 겪으면 더 강해진다고 한다. 날씨가 개니 덩달아 나의 발걸음도 가볍고 빨라졌다. 점심도 제때 챙겨 먹으며 오후에 내달릴 생각으로 길가 식당에서 갈비탕 한 그릇을 다 비웠다. 가끔 비치는 태양에 옷은 말랐지만 신발은 아직도 축축했다. 옷도 눅눅하게 마르니 내 몸에서 쉰내가 나는지 계산하던 주인이 내 몰골을 아래위로 한번 훑어보고 얼굴을 찌푸렸다. 순간 나는 기분이 나빠져 더는 이 식당에 있고 싶지가 않아졌다. 처음 만나는 곳에서 따뜻한 맘을 바라진 않지만 인상을 찌푸리는 불친절에 빨리 이곳을 나가고 싶어졌다. 나는 불편한 감정을 감추며 계산을 한 후 식당을 바로 나와 다시 아래로 걷기 시작했다. 사실 내가 그 식당 주인 때문에 나의 기분을 망칠 것까진 없다. 나는 조금 전의 불쾌했던 감정을 털어 버리고 원래의 도보자로 다시 돌아가기로 했다.

이천 시내를 벗어나 진상미로를 계속 걸어 삼거리에 도착했다. 나는 죽산 방향 우측으로 가지 않고 직진하여 모가면 방향으로 걸었다. 시골 정취를 더 느끼고 싶어서였다. 죽산까지는 돌아가는 길이기에 6~7km는 족히 더 걷는 길이었다. 그래서 오늘 거리도 55.4km가 된 것이고.

한적한 시골 도로는 차도 뜸하여 주변 들판이나 산 모든 자연이 내 벗인 양 살갑게 다가왔다. 가다 들른 시골 구판장은 내 어린 시절 모습 그대로였다. 주전부리 과자 몇 종류와 라면 몇 개만이 선반에 덩그러니 놓여 있었다. 시원한 콜라를 먹고 싶었지만 냉장고조차 보이지 않았다.

어린 시절 시골 구판장은 어른, 아이 할 거 없이 하루에 한두 번은 들르는 동네의 사랑방이었다. 본래 구판장의 의미가 조합이 구매하고 판매하는 곳이라는 뜻인데 조그만 시골 가게를 운영하는데 뭔 조합이 필요하겠는가. 동네 이장이 이문을 남기기보다는 동네 주민들의 편의를 위해

요즘 보기 드문 한적한 시골 구판장

그때그때 필요한 물건을 읍내에서 떼다가 갖다 놓는 것이지. 여기서 빼놓을 수 없는 물건은 라면과 주전부리과자, 막걸리였다. 그래서 구판장은 대개가 동네 한가운데 있는 노인정 건물 한쪽을 빌려 물건을 놓곤 했다. 노인정 한쪽이 아이들에게는 좋은 동네 슈퍼인 셈이었다. 지금 시골은 구판장에도 노인정에도 사람이 없다. 집집마다 차량이 있으니 필요하면 읍내로 나가 직접 물건을 사고 또 더 필요한 상품은 택배를 이용하니 구판장이 필요할 리가 없다. 그 많던 노인들로 북적이던 시골 노인정도 줄어드는 인구수를 반영하듯 그저 몇 명의 노인들만이 한가로이 낮잠을 즐기고 있을 뿐이었다.

나는 보이는 것 그대로 맘으로 느끼며 때론 어린 시절을 회상하며 한적한 329번 시골 국도를 20km 정도 걸었다. 아무 생각 없이 걷는다는 건 어찌 보면 걷는 자에게는 최고의 찬사다. 그건 곧 자연에 순응하며 걷는다는 의미다. 아무 생각 없이 329번 국도를 계속 걸어 닿은 좌측의 이천호국원, 이곳은 출발지 곤지암읍으로부터 34.5km의 지점이다. 엄청 걸은 거 같은데 갈 길이 먼 오늘이다 보니 아직도 21km나 남았다. 시계를 보니 오후 4시 8분. 오후 4시간 동안은 한 시간에 거의 4.7km를 걸은 셈이었다. 시골 정취를 느끼면서 무념무상의 진정한 도보자가 되니 발걸음도 빨라진 듯했다. 옷은 이미 다 말랐고 운동화 속 양말도 발과의 마찰열로 거의 다 말랐다. 장거리 도보의 이치란 자연에 순응하면 모든 건 원래대로 돌아온다는 것인가 보다.

남은 거리가 만만치 않으니 나는 다시 시간과 거리를 셈하지 않을 수 없었다. 오전 세찬 비로 인해 비를 피하며 도암요에 오래 머물렀던 시간이 아까웠지만 그래도 얻은 것도 많았다. 본래는 오늘 죽산의 죽주산성을 들를 계획이었다. 죽주산성은 죽산면으로 가는 방향과 다른 길로 3km를 산으로 걸어 올라가야 했다. 그럼 왕복 6km 그것도 산길. 지금 셈으로는 도저히 엄두가 안 났다. 만약 거기 산길을 갔다 돌아내려 온다면 오늘 목적지인 충북 광혜원면에는 밤 11시는 넘어야 겨우 도착할 것 같았다.

나는 유난히 성벽을 좋아한다. 투박하게 쌓여 있는 성벽에는 민초들의 땀과 눈물이 담겨 있다. 그래서 나는 중국의 만리장성과 같은 웅장한 성벽보다는 우리나라 곳곳에 남아 있는 자그마한 성벽들을 좋아하고 그 속에서 우리 조상들의 숨결을 느끼곤 한다. 죽주산성의 이름은 죽산의 옛 이름 죽주에서 유래하였다. 신라 후기 진성여왕 때 견훤이 이 성에 진을 치고 세력을 키웠다고 하며 고려 시대 몽골군의 제3차 침입 당시에는 송문주 장군이 성안에 피난해 있던 백성들과 합세, 몽골군과 싸워 이긴 전적지라는데 아쉽지만 죽주산성 답사는 이번엔 포기해야 했다.

충북 일죽읍에서 안성시 죽산면까지는 약 6km 정도 되는 거리인데, 나는 이 거리를 걸어가면서 두 다리가 쳐지기 시작했고 배낭도 자꾸 등에서 흘러 내렸다. 죽산 면내를 앞에 두고는 이미 40km를 넘게 걸어왔기에 몸은 파김치가 되어 있었다. 보통의 일정이라면 이 정도 걸어왔다면 거의 다 온 셈인데 오늘은 아직도 갈 길이 멀었다. 나는 우측 멀리 죽주산성의 죽주산을 보며 죽산 면내로 걸어 들어갔다.

이미 43.5km를 걸어왔지만 오늘 목적지인 광혜원 면내까지는 아직도 12km를 더 걸어야 한다. 나는 죽산 면내에서 저녁을 먹어야 했다. 목적지 광혜원 면내 도착해서 먹겠다고 저녁을 참았다가는 힘이 부쳐 가다가 굶어 죽을지도 모를 정도로 나의 몸은 에너지 고갈 상태였다. 시간은 이미 저녁 6시 반을 지나고 있었다. 오늘 먼 거리에 대한 부담으로 비가 그친 오후 너덧 시간을 빠르게 걸은 것도 피곤을 가중한 요인이었다. 배는 고픈데 입맛은 없었다.

죽산 면내 식당에 들어가 주문한 백반은 반찬이 열 가지도 넘었다. 나는 밥을 물에 말아 억지로 들이켜고 반찬 한두 개만 집어먹고 식당을 나왔다. 어둠이 지기 시작하여 맘은 급하고 식당에 더 오래 앉아 쉴 수도 없었다. 어쨌든 오늘 안으로는 광혜원 면내에 도착해야 했다. 이번 국토종횡단에서 나의 두 번째 철칙은 당일 목적지는 무슨 일이 있더라도 당일에 도착한다는 것. 걸어야겠는데 두 발이 지남철처럼 땅바닥에 딱 붙었는지 떨어지질 않았다. '드디어 나의 첫 시련이 시작되는구나'라는 생각이 들었다. 오늘 힘든 하루를 예상하지 않은 건 아니었지만 오전의 세찬 비와 먼 거리에 대한 심적 부담감이 종일 나의 몸을 지배하고 있었던 건 사실이었다.

걷는데 배낭을 누군가가 뒤에서 낚아채는 것 같았다. 두 발은 앞으로 내딛는데 몸은 뒤로 젖혀지는 느낌. 하지만 나는 걸어야 했다. 배낭이 돌덩이처럼 느껴졌다. 그래서 장거리 도보 여행에서는 배낭은 가벼울수록 좋다고 하나 보다. 하지만 야영을 해야 하는 나는 야영 장비로 인해 배낭을 가볍게만 꾸릴 수는 없었다. 그래서 나는 배낭 무게를 이겨낼 강한 정신력이 더 필요했다.

안성시 죽산면에서 충북 광혜원면 가는 길은 이미 사방이 컴컴해져 배낭 뒤에 매달은 작은 경광등 하나에 의지해 걸어야 했다. 차량 통행은 잦지 않았지만 밤길 시골 도로 갓길은 매우 위험하기에 주의하며 천천히 걸을 수밖에 없었다. 지루한 걸음걸이였다. 그렇다고 지금 이 한밤중 시골길 한가운데서 멈출 수도 없고, 죽산 면내로 되돌아갈 수는 더더욱 없는 노릇이었다. 그럼 그냥 걸을 수밖에.

어떻게 걸어서 왔는지도 모르겠다. 거의 흐느적거리며 걸어왔던 것 같다. 지나가는 차량도 뜸하다 보니 이곳이 길인지 산인지도 모를 정도로 길바닥만 보고 걸어왔다. 오늘 묵을 곳 광혜원 면내 사우나에 도착하니 밤 10시 49분. 오전 몸 상태 좋았을 때면 3시간이면 천천히 걸어가고도 남을 거리인 12km를 무려 4시간이나 걸려 걸어온 셈이었다.

사우나에서 배낭을 내려놓자마자 나는 잠시 넋이 나간 사람처럼 바닥에 그대로 누워 버렸다. 아니, 몸이 움직이지 않는다는 표현이 맞을 것이다. 오늘 어느 정도 시련은 예상하고 맘의 준비도 했었지만 비까지 만나니 이 정도로 힘들 줄은 몰랐다. 하지만 중요한 건 내가 오늘 55.4km를, 10kg 넘는 배낭을 메고, 혼자 걸어, 목적지에 와 있다는 사실이었다. 나는 내 두 다리를 훑어봤다. 검게 그을린 두 발이 개선장군의 발처럼 보였다.

아침 6시 20분에 광주시 곤지암읍을 출발한 나는 밤 10시 49분에야 목적지 충북 광혜원면에 도착했다. 오전의 세찬 비바람, 오후의 빠른 걸음, 밤길의 흐느적거림. 나는 오늘 55.4km를 4.0km/1h(식사, 쉬는 시간 제외)로 걸어 목적지에 왔다. 무척이나 긴 하루였다. 하지만 해냈다는 뿌듯함에 나는 오늘 힘들었던 모든 걸 바로 다 잊었다.

제5장
반가운 동행

■ 5일 차. 2017년 6월 8일
충북 광혜원면 – 충북 진천읍 – 청주시 상당구 용암동 (53.6km)

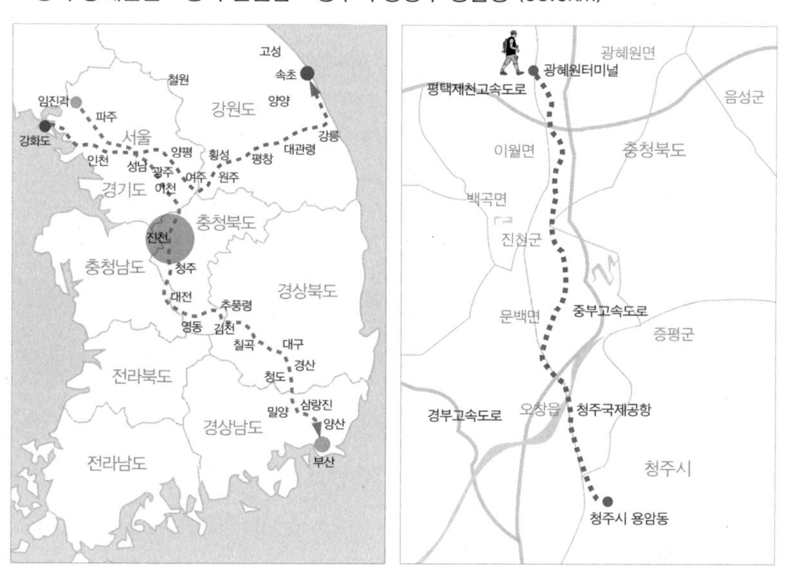

어젯밤 광혜원 면내 사우나에서 피로에 찌든 몸을 뜨거운 욕탕에 담그고 풀어 준 덕분인지 편안한 잠을 잤다. 아침 6시에 일어났는데 어제의 극심했던 피로감이 완전히 없어진 건 아니지만 크게 피곤을 느낄 정도는 아니었다. 어젯밤 사우나에는 사람들도 제법 많았는데 코 고는 사람이 있었는지도 모를 정도로 나는 바로 곯아떨어졌다. 이틀 전 곤지암

사우나에서 씻지도 못하고 코 고는 소리에 잠을 설쳤던 것에 비하면 어젯밤은 천국 같은 하룻밤이었다. 애초 계획을 세울 때 어제같이 먼 거리를 걷는데 거기다 늦은 밤에 야영까지 하는 건 무리라고 생각했기에 이곳 사우나에서 휴식을 취하도록 일정을 잡은 건데 이렇게 계획을 세운 게 무척이나 다행스러웠다. 특히나 오늘도 53.6km, 어제만큼이나 먼 거리를 걸어야 하므로 어제의 피로가 오늘로 이어진다면 앞으로의 일정에서 내 몸이 감당하지 못할 수도 있다. 어젯밤의 목욕과 숙면은 일시적이나마 나의 신체 상태를 회복하는 데 큰 도움이 되었다

야영하다가 사우나에서 하루 묵을 때에는 뜨거운 욕탕에 몸을 담그고 피로를 풀기 때문에 더없이 좋다. 하지만 두 발에 한 테이핑을 떼어내고 욕탕에 들어가야 해서 다음 날 출발 전 다시 테이핑해야 하는 게 여간 번거로운 게 아니다(이 말은 곧 야영할 때는 고양이 세수만 하고 발을 씻지 않는다는 얘기다). 특히 신발 속 마찰이 심한 발 부위는 자칫하면 물집이 잡히기 쉬우므로 일회용 밴드와 함께 섬세하게 테이핑을 해야 했다. 두 발을 스포츠용 테이프로 섬세하게 동여매는 데 30분 정도의 시간이 소요된다. 24일간을 걸으면서는 두 발이 재산이니 철저히 두 발을 보호하는 게 무엇보다 중요하다. 덕분에 나는 1,000km를 24일간 걸으며 발에 물집이 생기는 고생을 하지는 않았다.

아침 식사는 인근 터미널 분식집에서 간단히 해결했다. 아침 7시 좀 넘어 진천 방향으로 걸으며 5일 차의 도보를 시작했다. 광혜원 면내를 출발하여 진천으로 가는 길은 직선 길의 17번 국도가 있으나 이 길은 가로수도 없고 뻥 뚫린 국도로서 차들도 많이 다니기에 걷는 재미가 덜할 거 같아 광혜원면 월성리, 신월리, 송두리를 지나는 한적한 시골길로 걸

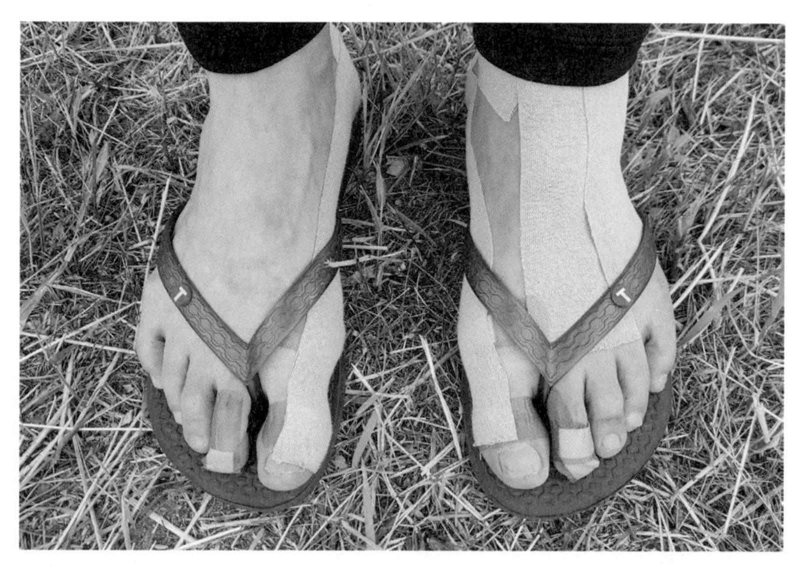

걷기에 적합하게 테이핑한 나의 두 발

었다. 이곳 길은 충청북도 농촌의 전형적인 시골길이었다. 나는 이 길을 걸으며 우리의 할아버지, 할머니들의 질박한 삶의 모습을 가까이서 보고 싶기도 했다.

오늘 날씨는 좋으나 햇볕이 따갑고 한낮에는 온도도 꽤 올라가 더울 거라는 일기예보가 있었다. 어젯밤 죽산면에서 광혜원면까지 걸으며 힘들었던 기억은 어디 가고 해냈다는 성취감이 남아 있어 아침 기분은 하늘을 날듯 좋았다. 사실 어제의 비는 가뭄이 심한 농촌에는 단비와 같은 비였다. 몇 달째 가뭄으로 온 국토가 말라가는데 나 걷기 좋으라고 비를 탓하는 건 너무나 이기적이다. 하지만 어제 오전을 생각하면 앞으로 다시는 만나고 싶지 않은 그런 날씨였던 건 확실했다.

어제 오전에 억수같이 비가 쏟아졌지만, 이번 비로 농작물이 완전히 해갈된 것은 아니었다. 걸어 내려가며 보는 농촌 들녘은 그나마 오랜만에 뿌린 비였기에 논에 물을 대랴, 밭작물을 손질하랴 분주했다. 거북이 등처럼 갈라졌던 논에 물이 차니 메말랐던 벼 이삭들이 등을 세우고 그 모습을 보는 할아버지의 얼굴에 미소가 배였다. 논밭에 일 나온 분들의 대부분은 할아버지, 할머니들이었다. 농촌을 깊숙이 들어가 걸으면 걸을수록 느껴지는 적막감은 농촌에 아기 울음소리가 들린 지 오래됐다는 얘기가 실감이 날 정도였다. 인적도 드물고 젊은 사람들은 더더욱 보기 힘들었다.

물이 찬 논을 흐뭇하게 바라보는 할아버지에게 요즘 농사짓는 게 어떠냐고 물었더니 마지못해 농사 진다며 요즘은 유기농 벼를 해야 그나마 쌀도 팔아먹고 돈벌이도 조금 된단다. 할아버지는 물 찬 논에 우렁이를 뿌리는 중이었다. 무농약 우렁이논. 요즘 사람들은 쌀을 안 먹으니 쌀이 남아돌아 벼농사를 지어도 걱정이라며 앞으로 언제까지 이 농사를 지어야 할지 모르겠다고 한숨을 쉬는데 나라고 달리 할 말이 없었다.

무농약 논에 우렁이를 뿌리는 할아버지

6, 70년대만 하더라도 쌀이 주식이었고 흉작으로 쌀이 부족하여 혼식, 분식장려라는 핑계로 쌀밥에 20~30%의 잡곡을 섞어 먹도록 강제했던 시절이 있었다. 이 시기에 미국의 잉여농산물 밀이 대대적으로 수입되며 정부는 밀가루 소비를 위해 밀이 몸에 좋다는 홍보도 많이 했다. 지금의 분식집이라는 말은 아마도 그때 분식장려정책에서 생겨난 게 아닌지……. 학교에서는 선생님이 점심때마다 도시락을 검사하여 흰쌀밥만 싸 온 도시락은 압수했고 잡곡이 너무 적게 들어갔느니 하며 재어 보는 촌극도 벌어졌다. 하지만 가정 형편이 어려운 학생들은 집 안에서 쌀밥 구경하는 게 쉽지 않았으니 도시락 검사를 걱정할 필요가 없었다. 더 가난한 학생들은 그런 잡곡밥도 못 싸 오는 지경이었으니 말하나 마나였다. 지금은 쌀이 남아돌아 처치 곤란이다. 지금 생각하면 정권이란 게 국민들 먹는 것으로도 이렇게 이용하는 것 같아 씁쓸하기 짝이 없다. 그 시절 밀가루가 쌀보다 몸에 좋다는 말이 뇌리에 박혀서 그런지 나는 아직도 쌀이 영양가가 별로인 곡식으로 자꾸 생각하게 된다.

하늘은 높고 청명한 하늘에는 맑은 구름이 새털처럼 흩어져 한 폭의 그림을 그리고 있었다. 그늘 한 점 없는 시골길을 걷는 한낮 더위는 한여름을 방불케 했다. 어떤 밭은 어제 비는 흔적도 없고 작물들이 메말라 줄기가 땅바닥에 늘어져 있었다. 그런 밭작물을 보며 걷는 나의 맘도 안타까웠다. 이번 도보여행 기간에 비가 또 온다면 이제는 비를 원망하지 않고 기꺼이 맞으며 걸으리라고 다짐했다.

광혜원 면내를 출발하여 진천읍으로 가는 이 길은 충청북도의 위에서 아래 방향으로 걸어 내려가는 길로, 걷는 길 주변은 어머니의 편안한 치맛자락처럼 야트막한 산과 평지의 논밭이 이어져 있다. 그래서 시야가 좋다. 한눈에 사위를 다 보며 걷는다는 것은 그만큼 생각이나 느낌의 크기도 넓게 만들었다. 나는 어제의 장거리 도전이 어느덧 내 몸에 받아들여졌다는 듯이 먼 산을 눈에 넣으며 가벼운 발걸음으로 걸었다. 걷는 발걸음에 흥이 있으니 몸도 덩달아 반응을 하는지 전체적으로 몸이 가볍게 느껴졌다. 지금의 나는 배낭의 무게조차도 잊었다. 이젠 내 몸엔 아무것도 없다. 나는 그저 시골 한적한 길을 걷는 그림자가 되었다. 나는 오늘도 걸으면서 꿈을 꿀 것이며, 자연과 얘기할 것이며, 나의 미래를 얘기할 것이다. 도보여행의 답은 없다. 결국, 걸으며 스스로 답을 찾는 것이다.

처음 밟아 본 진천읍은 진천군청이 있는 소재지지만 그다지 크지도 않고 읍내 전체도 차분한 느낌을 주었다. 마침 시골장이 서는지 한쪽에는 천막이 쳐 있고 좌판이 깔렸는데 북적대는 모습이 영락없는 시골장터 풍경이었다. 나에겐 이런 모습이 더 정겹게 다가왔다. 이곳저곳 기웃대며 구경도 하고 살 거도 아니면서 괜히 얼마냐고 물어본다. 당연히 점심은 이런 곳에서 먹어야 했다. 읍내를 이리저리 왔다 갔다 하다가 콩국수 간판이 달린 허름한 식당이 보여 점심으로 콩국수를 먹었다. 손수 맷돌로 콩을 가는 주인 할머니 모습을 상상하긴 했지만 맛은 그에 못지않았다. 오늘 한낮의 날씨가 34도를 넘고 있으니 더위를 식히기에는 콩국수가 제격이었다. 17km를 걸어 여기까지 왔고 시간도 밥때인 오후 한 시니 배도 고프던 차에 바닥에 남은 국물 한 방울까지 다 마셨다.

읍내의 한적함과 여유로움이 나의 발걸음조차 느리게 하니 이곳에 좀 더 있고 싶은 생각이 들었다. 나는 식당을 나와 읍내 이곳저곳을 걸었다. 오랜만에 보는 다방이라는 간판이 마치 시간을 거꾸로 거슬러 올라가 몇십 년 전의 어느 소도시로 착각하게 했다. 다방 맞은편에는 대형 현대식 커피숍이 마주하고 있었다. 길 하나 사이에 둔 그곳 영어 간판이 다방이라는 한글 간판과 몇십 년의 시차를 말해 주는 듯했다.

다방이라는 단어에서 오는 지하층, 눅눅한 소파, 흐드러지게 웃는 레지의 얼굴(레지는 영어 레이디의 일본식 발음이 잘못 전해져 그리 불렸는데 이 동네 저 동네 떠도는 레지들의 인생은 산업화 시기 힘들게 살던 사회의 한 어두운 면을 상징하는 단어이기도 했다)……. 나는 갑자기 눈앞에 보이는 다방에 들어가 보고 싶은 충동을 느꼈다. 하지만 그건 예전의 기억일 뿐. 나는 다시 현실로 돌아와 진천 읍내를 빠져나와 청주시 오창읍 방향으로 걸었다.

진천 읍내를 빠져나오면서 오창읍까지는 13km가 남아 있다. 논밭을 끼고 굽이굽이 이어진 시골길 도로를 걸어 고갯길인 파재고개를 넘어 파재로로 계속 걸었다. 걷다가 무료하면 시골 정자에서 쉬기도 하며 이 길을 맘껏 혼자서 누렸다.

시골 정자에서의 휴식

이런 시골길에는 당연히 주유소가 없다. 주유소는 이번 도보여행에서 내가 가장 많은 신세를 진 곳이었다. 야영하고 씻지 못한 날은 다음 날 아침에 만나는 주유소에서 간단히 씻으며 생리현상도 해결했고, 먹는 물이 떨어져 물을 구하지 못할 때 주유소에서는 기꺼이 내게 물을 내주곤 했다. 나는 지금 먹는 물이 필요한데 주유소는 눈에 보이지 않았다. 농가도 물을 얻기에 괜찮다. 인심이 그 정도로 사납진 않으니까. 하지만 일을 나갔는지 집들이 비어 있는 경우가 많고 사람을 찾아 들어가려면 기르는 개들이 달려들어 무턱대고 들어가기가 무섭다.

나는 오창읍으로 들어가기 위해 파재로를 계속 걸은 후 진천군 문백면 옥성 교차로에서 진천 오창의 직선도로인 17번 국도로 올라탔다. 먹는 물을 찾던 나는 오창읍 거의 다 와서 주유소를 만날 수 있었다. 주유소에서 일하는 분들은 대개 나이 드신 아저씨들로 나의 행색을 보면 쉬어가기를 권했다. 그래서 잠시 쉬어가려면 그들은 나에게 '왜 걷느냐' '어디서부터 걸어왔냐' '힘들지 않냐' 등 질문을 쏟아 낸다. 그럼 나는 대충 얼버무리는데 사실 나도 왜 걷는지 딱히 대답할 말이 없기도 했다.

오창읍 주유소에서 생수를 보충하고 가려는데 일하는 아저씨가 냉커피를 내왔다. 나는 이번 도보여행에서 수많은 정을 만났다. 만나고 헤어지는 몇 분의 시간 속에서 아무것도 바라지 않고 건네는 그들의 순수에 이기적인 나를 반성하곤 했다. 한낮을 걸어와 땀이 흥건하던 차였기에 아저씨가 건넨 냉커피를 단숨에 들이켰다. 믹스커피는 주유소에서 일하는 나이 든 아저씨들이 즐겨 마시는 음료였다. 힘들게 일하시는 아저씨들은 달짝지근하고 고소한 커피 맛이 입에 맞을지도 모른다. 당을 보충하며 커피 맛도 느낄 수 있으니까. 건강에 좋다 나쁘다는 차치하고 누구나가 간단히 마시기에 적절히 배합한 믹스커피에서 중용이라는 단어를 떠올린 건 너무 과한 상상인가? 따뜻한 정을 안고 주유소를 떠나니 발걸음도 흥에 겨워 달짝지근했다.

나는 되도록 걸으며 자연에 순응하려 했다. 순응한다는 것은 걷는 환경을 긍정적으로 받아들인다는 뜻과 같다. 비와 바람도, 보이는 풍경도 그리고 오늘 한낮의 뜨거운 태양도, 지금 걷고 있는 나조차도 자연의 일부분이다. 비가 와서 불편하다고, 태양이 내리쬐어 덥다고 불평한들 자연은 내 불평을 들어주진 않는다. 걸으며 자연에 감사한 걸 찾는 게 더 현명하다.

청주시 오창읍에 도착하니 오후 3시 18분. 걸어온 거리는 29km. 아직 24km가 남았다. 대부분의 날에서 오후의 신체 상태는 오전과 차이가 크다. 오늘 나는 오전 신체 상태가 그다지 나쁜 편은 아니어서 크게 걱정하진 않았다. 하지만 오후 들어 어제의 피로가 완전히 가신 게 아닌지 서서히 피로감이 느껴졌다. 그래도 오늘은 청주 친구 집에서 하루 신세를 지기로 되어 있어 피로에 대한 부담은 적었다. 친구 집에서 충분히 쉬면서 피로를 풀 수 있다는 것이 맘의 위안이 되었다.

친구와는 미리 연락해 놨기에 청주 무심천에서 만나 같이 걸어 집까지 가기로 했다. 동행이 있다는 건 외롭지 않아 좋다. 힘들 때 서로 도움이 되기도 한다. 하지만 혼자만의 시간을 갖기가 어렵고 어떤 상황이 닥쳤을 때 의견 차이가 있을 수도 있다. 무엇보다도 둘의 체력 조건이 맞지 않는다면 오랜 시간 같이 보조를 맞춰 걷기가 어렵다는 단점이 있다. 그래서 나는 혼자 걷기를 좋아한다. 힘들 때 걷는다는 것은 나에게는 사색을 의미하고 그 시간은 나를 성숙하게 만든다고 믿는다.

곧 만나게 될 내 친구는 어린 시절부터 이웃에 살면서 함께한 죽마고우다. 나보다는 키도 크고 덩치도 커서 우리 둘이 다닐 때는 남들이 그를 형으로 알곤 했다. 그 친구는 워낙 심성이 착해서 남을 해코지하거나 험담하는 소리를 들어본 적이 없다. 옳고 그른 것에 대해서도 너무나 반듯하여 고등학교 때는 선생과도 마찰이 있었다. 그래서 그는 힘든 고교시절을 보냈다. 그냥 타협하면 될 텐데 내 친구는 그런 걸 못했다. 선생은 높은 수준의 도덕성을 갖춰야 한다며 어떤 선생에게는 절대로 자기 뜻을 굽히질 않았다. 중학교 때까지는 그가 나를 동생처럼 끼고 다녔다면 고등학교 시절에는 덩치 큰 그를 내가 끼고 다녔다. 철없던 나였지만 그가 학교로부터 멀어지는 것을 보는 게 안타까웠기 때문이었다. 아직도 내 친구는 착한 심성으로 고등학교 때의 생각과 별반 다르지 않게 살아가고 있다. 그래서 자식들도 모두 반듯하게 잘 큰 거 같다.

50년 지기인 우리 둘 사이에 무슨 허물이 있겠는가? 처음 도보 계획을 세울 때 친구는 자신이 저녁 만찬을 준비하고 기다리겠노라고 집에 꼭 들르는 일정으로 짜라고 신신당부했다.

너무 늦은 시간에 친구 집에 들어가는 것도 결례인 거 같아 나는 빠른 걸음으로 걷기 시작했다. 오창읍을 통과하여 청주 시내로 진입해서는 좀 더 빠르게 걸었다. 대략 시간당 4~5km 속도로. 미호천을 건너면 청주시 중심가로 진입하게 된다. 나는 팔달교를 지나 청주대학교 방향으로 걸었다. 곧 만나게 될 친구를 생각하니 걸음걸이가 급해졌다. 10여 km를 이렇게 걸으며 청주 시내 깊숙이 들어왔다. 청주는 그전에도 몇 번 와 봤기에 설지는 않았다. 무엇보다도 시내 중심가에 높은 빌딩이 없는 게 좋았다. 하지만 지금은 많이 변했고 시내 중심가를 감싸고는 고층아파트가 우후죽순으로 생겨나 예전의 도시미관은 간데없다.

나는 충북도청에서 우측으로 돌아 무심천으로 향했다. 이곳은 출발지 광혜원 면내로부터 45km 지점이다. 오창읍을 지나면서 피로감이 있었으나 곧 친구와 만날 거라는 기대감에 견딜 만했다. 하지만 두 다리가 무겁고 특히 왼쪽 발목이 시큰거리는 느낌은 은근히 내일을 걱정하게 했다. 어쨌든 어제에 이어 꽤 먼 거리였던 오늘도 어느덧 8.6km만 남겨 놨다. 좋은 날씨와 쾌적한 시골길 도로는 어제 오전 빗속의 악천후와는 달리 기분 좋게 걷는 하루를 만들어 주었다. 게다가 오늘 저녁을 친구와 함께 한다니 발걸음이 어찌 무겁게만 느껴지겠는가?

친구는 이미 30분 전에 무심천에 도착해서 나를 기다리고 있었다. 가끔은 보던 친구였지만 이런 행색으로 나를 보니 더 정겨웠나 보다. 친구가 배낭을 낚아채 대신 멨다. 그제야 나는 배낭의 무게가 느껴졌다. 어깨가 날아갈 듯 가벼웠다. 45km 내내 느끼지 못했던 배낭의 무게를 벗고 나서야 느끼다니. 역시 자신을 극한으로 내모는 정신력이 중요했다. 시간은 어느덧 저녁 6시 41분, 무심천엔 어둠이 깔리기 시작했고 저녁 산책 나온 사람들도 많이 보였다. 친구와 나는 사람들 사이에 묻혀 이런 얘기 저런 얘기를 발걸음에 담으며 집으로 향했다.

8.6km를 친구와 얘기하며 걷다 보니 빠르게 걸은 건 아닌데도 금방 걸어온 느낌이었다. 친구 집에 도착하니 저녁 8시 27분. 나는 오늘 53.6km를 4.3km/1h(식사, 쉬는 시간 제외)로 걸어 친구 집인 청주시 상당구 용암동에 도착했다.

친구 집에 도착해서는 피곤함을 느낄 새가 없었다. 현관문 밖으로 새어 나오는 삼겹살 굽는 냄새가 나의 모든 피로를 바로 잊게 했다. 삼겹살에 소주 두세 잔을 걸치니 그제야 몸이 반응하는지 온몸이 매운탕 속 푹 끓인 생선살처럼 풀리듯 노곤함이 몰려왔다. 아내들이란 다 똑같은가 보다. 친구 아내도 내가 걱정되는지 힘들면 다른 사람들 신경 쓸 거 없이 중간에라도 그만두란다. 친구는 나의 자존심을 세워 주려는 듯 나보고는 한 귀로 흘리라고 하고. 우리는 지난 얘기로 시간 가는 줄 모르고 오랜 시간 저녁상을 마주했다. 늦은 시간이 되어 우리 둘만이 마주 앉은 자리에서 그는 나에게 절대 무리하지 말라며 즐기는 도전이 되길 바란다고 몇 차례나 당부했다. '즐기는 도전' 나는 이날 밤 친구의 깊은 우정을 또 한 번 가슴속에 새겼다.

이틀간 나는 109km를 걸었다. 내일은 그나마 지난 이틀보다 짧은 43.5km다. 나의 체력이 이젠 이 정도 거리는 걸을 수 있다는 자신감을 얻은 게 이틀간 내가 얻은 가장 큰 소득이었다. 나는 이틀간 109km를 걸음으로써 힘든 산을 넘었다. 출발 5일간 총 217km를 걸으면서 나의 몸이 1,000km의 국토종횡단을 위한 기본적인 적응을 마친 것 같아 기뻤다. 비로소 5일 차에 1,000이라는 숫자에 대한 부담에서 해방되었다.

나와 친구는 시간 가는 줄도 모르고 얘기를 나눴다. 사실 나의 일정으로 보면 너무 늦은 시간까지 친구와 이렇게 있었다. 이렇게 늦은 시간인데도 같이 하고 싶은 친구, 그래서 나의 좋은 친구인가 보다. 난 내일도 걸어야 한다는 사실을 잠시 잊은 채 늦은 밤을 친구와 함께하다가 밤 12시가 넘어서야 잠자리에 들었다.

제6장
부어오른 왼쪽 발목

■ 6일 차. 2017년 6월 9일
청주시 상당구 용암동 – 대청호 – 대전시 둔산대교 갑천공원 (43.5km)

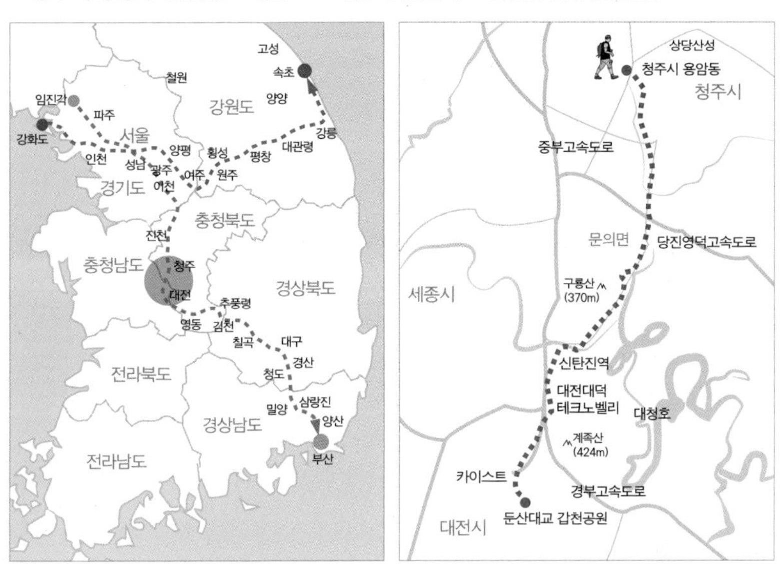

이틀간의 109km 도보 강행군은 사실 정신력으로 걸은 것이기도 했다. 어제 오후부터 왼쪽 발목이 조금씩 아픈 것 같았지만 걸을 만은 했기에 참고 걸었는데 자고 일어나 보니 꽤 많이 부어올랐다. 엊그제 빗속에서 강행한 것이 다리에 무리가 간 원인 같았다. 하지만 그렇다고 안 걸을 수도 없으니 아침에 고민하고 말 것도 없었다. 다만 나는 왼쪽 발목에

더 무리가 가지 않게 신경 쓰며 걸어야 했다. 걸으며 낫기를 바랄 뿐이었다. 왼쪽 발목이 한눈에 봐도 알아볼 만큼 부어올라 친구에게 말하면 괜히 걱정할 거 같아 몰래 방에 들어가 발목 위와 종아리까지 테이핑을 하고 출발 준비를 마쳤다.

친구 아내가 아침 일찍 일어나 김밥을 하고 있었다. 내가 6시 반 전에는 출발해야 한다고 했더니 새벽에 일어났나 보다. 친구 아내는 점심으로 도시락김밥까지 손수 싸 주었다. 나는 넉살 좋게 얻어먹는 김에 쌀과 반찬도 좀 달라 해서 배낭에 넣었다. 나는 오늘부터 내리 4일간은 야영이기 때문에 저녁 먹을거리를 점검했다. 야영할 때는 되도록 저녁 6시 반 전에는 도착해서 적당한 장소를 물색하고 텐트를 치고 식사 준비를 해야 하기에 시간 안배와 준비물에 더 철저해야 했다. 이른 시간에 도착할수록 야영의 흥취를 맘껏 느끼며 자연 속에서 낭만의 밤을 보낼 수 있기 때문이다.

아침 6시 반에 아쉬운 작별을 하고 친구 집을 나왔다. 어제 친구와 같이 걸어왔던 낙가천이라는 실개천을 따라 1.5km 걸어 내려가 다시 청주 시내 중심을 흐르는 무심천에 닿았다. '無心', 얼마나 좋은 말인가. 무심천은 고려 시대에 심천(沁川)이라고 불리었고, 조선 시대에는 석교천, 대교천으로 바뀌었다가 1920년대부터 무심천으로 불리었다고 하는데 불교의 무심에서 유래되었다는 얘기도 있다. 요즘 같은 세상에서 無心(무심)하게 살면 아무 생각 없이 산다고 욕먹기에 십상이지만 有心(유심)한 사람들이 너무 많아 세상이 이렇게 혼탁한 것 아닌가 하는 생각도 들었다.

무심하게 무심천을 걷자니 마치 수도승이 된 듯한 느낌이 들었다. 아침에 상쾌한 맘으로 걸으며 잠시 불가의 의미를 되새기는 것도 나쁘진 않

무심(無心)한 마음으로 출발하는 무심천의 아침 길

으리라. 나는 이번 도보여행에서 무엇을 얻고자 하는가? 나는 과연 내 맘속에 있는 탐욕을 버릴 수 있는가? 답을 구할 순 없지만 지금 이 순간은 불자가 되어 무심천을 걸었다. 무심천을 6km 정도 걸으니 둑 위로 길이 연결되었고 그 길을 따라 우측 논밭에는 전형적인 농촌 풍경이 펼쳐졌다. 이른 아침 시간인데 일하는 할아버지, 할머니들의 손길이 바쁘다. 요즘은 낮에는 더워서 일을 못 하고 아침 5시에 나와 일하고 한낮이 되기 전에 마친단다. 비가 왔지만 병아리 오줌만도 못하다고 가뭄 때문에 작물이 다 말라 죽겠다고 하는데 엊그제 비를 원망하며 걸었던 내가 다시 부끄럽게 느껴졌다.

무심천이 끝나 대청호 방향으로 우회전해서 국도와 만나는 고은삼거리까지는 출발지인 청주 상당구 친구 집에서부터 8.7km. 부어오른 발목이 계속 신경이 쓰여 걸음걸이가 자연스레 더뎌졌다. 나는 부어오른 왼쪽 발목도 쉬어 줄 겸 그늘에 앉아 잠시 쉬었다. 부은 데는 얼음찜질이 최고인데 지금 걷는 길에서는 얼음을 구할 수도 없거니와 구한들 뜨거운 날씨에 얼음이 바로 녹아 찜질이 잠깐뿐일 것이다. 자세히 발목을 살펴보니 부은 정도가 생각보다는 심각하여 여간 신경 쓰이는 게 아니었다. 오늘 목적지 대전까지는 아직 삼 분의 일도 못 왔는데…….

왼쪽 발목이 계속 신경 쓰이니 걸으며 온통 아픈 발목 생각뿐이었다. 만약에 증상이 더 심각하여 걷는 걸 포기하는 상황까지 가는 건 아닌지. 이건 상상하기도 싫은 가정이었다. 나는 일부러 아픈 발목을 머릿속에서 지워 버리고 싶어 주변 경치에 더 관심을 쏟으며 걸었다. 이렇게 6km 정도를 걸어 대청호가 보이는 문의삼거리에 도착했다. 디딜 때마다 왼쪽 발목의 통증이 느껴져 디딤을 가볍게 하려다 보니 내 신체의 균형이 약간

한눈에 보기에도 잔뜩 부어오른 왼쪽 발목

오른쪽으로 쏠린 듯하게 걷게 되었다. 영락없는 짝다리 보행이었다.

아름다운 호수의 경치는 약만큼이나 효과가 있었다. 문의삼거리에서 시작한 대청호반로는 대청호를 왼쪽에 두고 아름답게 펼쳐졌다. 대청호 전망대까지 8km의 이 길을 걸으며 신기하게도 왼쪽 발목이 아픈지도 모르고 걸었다. 아프지 않은 게 아니라 대청호 경치에 압도당해 잊은 거겠지. 대청호를 끼고 걷는 대청호반로는 말 그대로 환상적인 걷기였다. 좌측의 대청호를 보며 숲이 우거진 산길 도로를 걷는 것은 쌓인 피로를 날려 주기에 충분했다. 차량도 뜸하여 사이클 연습하기에 좋은 도로인지 코레일 유니폼을 입은 선수들이 빠르게 내 옆을 스쳐 지나갔다. 어찌나 길이 아름답게 펼쳐졌는지 멀찍이 보이는 사이클 선수들은 영화 속 배우들이었다.

대청호는 인공 호수로 호수 길이가 자그마치 80km나 된다. 대전광역시와 청주시, 옥천군, 보은군에 걸쳐 흐르는데 나는 지금 청주시의 대청호를 호수 유람하듯이 걷는 중이다. 완만한 오르막길을 한참 걸어 대청댐 전망대에 오르니 대청호가 한눈에 내려다보였다. 이곳에서 본 대청호는 한 폭의 그림이었다.

여기까지 걸어온 거리가 21km, 배가 출출하여 시간을 보니 12시가 넘었다. 아침에 친구 아내가 손수 만든 김밥을 건네며 요즘 낮엔 더우니 늦지 않게 먹으라고 했던 말이 생각나 혹시나 하고 꺼내 냄새를 맡아 보니 김밥은 그대로였다. 친구 아내는 걸으면 얼마나 배가 고픈지 안다는 듯 꽤 많은 김밥을 싸 주었다. 나는 그 많은 김밥을 남기지 않고 다 먹었다. 내가 걸으면서 깨달은 것 중 하나는 소화는 금방 되니 아무리 먹어도 체할 일은 없다는 거였다.

대청댐 전망대에서 바라본 대청호 전경

배가 꽉 차니 졸음이 밀려왔다. 양말을 벗고 부은 왼쪽 발목을 보니 괜히 봤다 싶었다. 오른쪽 발목과 비교하니 부은 게 확연히 차이가 났다. 부은 발을 애써 외면하며 다리도 쉬게 할 겸 나는 대청댐 전망대 정자에 누웠다. 평일이라 전망대에는 나 한 사람뿐이라 정자에 누운 날 보고 뭐라 할 사람도 없었다. 혼자만의 여행에서 느낄 수 있는 행복감이란 게 이런 거지. 누웠지만 잠은 안 왔다. 대청댐 전망대는 주말에는 사람들이 많이 오는가 보다. 편의점이 있는 걸 보니 그렇다.

편의점에서 냉커피용 얼음을 사서 잔뜩 부어오른 왼쪽 발목에 대고 살살 문지르면서 한참을 쉬었다. 조금 나아지는 느낌이었다. 한 시간을 이렇게 쉬었다. 이렇게 오래 쉬다 보면 좋긴 하지만 출발할 때 다시 발을 떼기가 쉽지 않다. 계속 쉬고 싶은 유혹이 출발하려는 나를 붙잡기 때문이다. 그래서 나는 식사시간을 제외한 쉬는 시간은 가능하면 10분을 넘기지 않았다.

외로움이나 고독은 결국 다시 본래의 도보 목적으로 돌아가서 두 다리에 신체적 고통이 가해질 때 저절로 해결된다. 하지만 지금은 부은 발목 얼음찜질도 해야 해서 한 시간을 넘게 쉴 수밖에 없었다.

대청댐 전망대는 고갯길 정상에 있어 대청호와 금강이 만나는 오가삼거리까지는 내리막길이었다. 평상시 내리막은 좀 빠르게 걸어 시간을 절약할 수 있었지만, 지금은 왼쪽 발목이 아프니 내리막이 더 조심스러웠다. 아무래도 안 아픈 오른발에 내딛는 힘이 더 들어갔다. 나는 절뚝거리며 내리막길을 걸어 내려갔다.

천천히 걸으니 길가의 풍경들이 더 자세히 눈에 들어왔다. 한적한 도로변에 버려진 묘지들. 묘지가 크다고 그 부모가 천당 가는 건 아닐 텐데 길가 버려진 묘지 하나는 예전엔 꽤 잘 살았겠다 싶을 정도로 묫자리가 크고 비석에 갓도 씌워져 있었다. 지금은 잡풀만 무성하고 산등성이 올라가는 길조차 없어진 걸 보니 아무도 돌보지 않는 것 같았다. 조상도 자기가 먹고살 만해야 돌보는가 보다. 효심이란 것도 결국 내가 먼저인가 싶다. 내 어머니 돌아가신 지 20여 년이 지났는데 철원 어머니 묘에 요즘은 일 년에 기껏 두세 번 찾아가는 나를 보니 그런 것 같다.

2.5km의 경사진 내리막길을 천천히 걸어 내려와 오가삼거리에서 우측으로 금강을 끼고 나란히 달리는 노산하석로로 접어들었다. 나는 그 길 옆으로 흐르는 금강 위에 놓인 구름다리를 걸었다. 강 위에 드리워진 구름다리 길은 나무 그늘이 있고 금강의 선선한 바람까지 더해서 마치 신선이 구름 위를 걷는 기분이었다. 아쉽게도 금강 위 구름다리는 끝까지

이어지지는 않아 한참을 걷다가 다시 햇볕이 내리쬐이는 금강 옆 국도 길을 걸어야 했다. 한낮 대지가 태양에 그대로 노출된 도로를 걸으려니 강한 자외선이 피부를 찌르는 듯했다. 나는 선캡을 고쳐 쓰고 최대한 직사광선을 피하며 걸었다.

대전으로 가는 길은 두 길이 있다. 신탄진 시내를 통과하는 길과 금강변을 따라 걷는 길. 나는 신탄진 시내를 관통하는 지름길을 택했다. 오늘은 대전 갑천공원에서 야영으로 일박을 할 계획이기에 저녁 일찍 도착하여 야영 준비를 해야 했다. 금강 경치 따라 걷겠다고 금강을 따라 걸어 대전 갑천으로 진입한다면 5~6km는 더 걷는 우회하는 길이라 아픈 왼쪽 발목 때문에 자신이 없었다.

금강을 벗어나 신탄진으로 진입하는 도로에 이르니 도시의 번잡함이 느껴지고 호수 유람의 기분은 사라졌다. 자연에서 인공으로 시야의 환경이 바뀌니 뇌는 바로 왼쪽 발목의 통증을 인지하는 거 같았다. 또 통증이 느껴졌다. 그래도 신탄진은 대도시는 아니라서 곳곳에 시골의 정취가 남아 있었다. 신탄진역에 도착하니 한낮의 더위를 피해 역전 버스정류장 한쪽에 한 무리의 할머니들이 금강에서 채취해 온 다슬기며 뽕나무에서 딴 오디 등을 가져와 팔고 있었다. 광주리를 뒤집어 놓고 그 위에 좌판을 벌이고 손님을 맞는 모습이 애잔해 보였다. 지금 시간이 오후 2시 47분, 할머니들이 오늘 다 팔고 갈 수는 있을지 오지랖 넓게 괜한 걱정이 앞섰다. 청주 친구 집을 떠나 신탄진역까지 나는 31km를 걸었다.

왼쪽 발목은 걸을 때는 참고 걷겠는데 쉬다가 걸으면 오히려 발을 디디기 어려울 정도로 아팠다. 그러다가 계속 걸으면 서서히 또 통증이 그냥 묻히고. 그래서 나는 계속 걸을 수밖에 없었다.

대전시를 관통하여 흐르는 갑천으로 들어가기 위해 17번 국도를 따라 대전 방향으로 걸어 내려갔다. 이 도로는 보행로는 있으나 도로 좌우에 가게나 집도 없고 보행하는 사람도 거의 없다. 검색해 보니 이 길이 갑천으로 가는 직선도로이기에 나는 계속 앞으로 걸어갔다. 한참을 걷다 보니 나는 결국 경부고속도로를 밑에 두고 걸쳐져 있는 고가를 걷는 꼴이 되었다. 17번 국도는 이렇게 연결되어 차들은 이 고가를 지나 경상도 방향이다 전라도 방향이다 이곳저곳으로 잘도 달리는데 내가 딛고 있는 이곳 고가도로에서부터는 도로 갓길도 없었다. 분명 나는 17번 국도라고 한길로만 계속 걸어온 거 같은데 귀신이 곡할 노릇이었다. 오도 가도 못하는 상황이라 조심스럽게 앞으로 걸으며 빠져나갈 길이 있는지 살펴보았다. 고가 밑으로는 여전히 경부고속도로 상하행선 차들이 쌩쌩 달리고 있었다. 나처럼 걸어서 이곳에 서 있을 사람은 앞으로도 영원히 없을 그런 길이었다. 위험하지만 기념으로 고가도로 중앙에서 아래쪽 경부고속도로 사진을 재빨리 한 장 찍고 멀리 보이는 갑천을 보면서 조심스럽게 걸었다.

길을 잘못 들은 건지 도로표지가 잘못된 건지 고가도로를 내려왔는데도 빠져나가는 인도가 안 보였다. 이제 보니 이 길은 자동차만 다니는 길이 분명한 듯했다. 난감해하며 200여 미터를 더 걸으니 낮은 도로 방호벽이 나왔고 나는 무단으로 그걸 넘어서야 혼돈의 도로를 빠져나올 수 있었다. 다시 한적한 둑길을 하나 넘으니 갑천으로 걸어 내려가는 길이 나왔다. 어찌 됐건 나는 2km 정도를 매우 위험한 도로로 걸었던 것이었다.

이제 갑천을 따라 걸으면 된다. 조금 전 혼돈의 도로 위에서 당황해하던 나는 넓고 안전한 갑천 강변길을 걸으며 우선 안도감부터 들었다. 방금까지의 긴장감에서 해방되고 보니 갑자기 또 왼쪽 발목이 아프기 시작했다. 배낭도 무겁게 느껴지면서 여기저기 피로가 몰려왔다. 긴장할 땐 모르지만 긴장이 풀리면 그런가 보다. 온몸이 힘들다고 아우성치는 듯했다. 지금까지 걸어온 거리는 37km. 왼쪽 발목의 통증을 때론 참으며, 때론 쉬며, 때론 아픈 사실을 일부러 잊으며 걸어왔다. 오늘의 야영지 둔산대교 밑 갑천공원까지는 6km밖에 안 남았는데 엄청난 피로감에 나는 더 걸을 수가 없었다. 가끔 지나가는 라이더들의 파이팅 소리조차도 귀찮게 들렸다.

도보여행자는 몸의 신호를 잘 읽을 줄 알아야 한다. 어떤 땐 하루 50km를 걸어도 거뜬한데 어떤 땐 20km에서도 피로감을 느끼기도 한다. 이럴 땐 자만하지 말고 신체의 신호를 따라야 한다. 마라톤에서 32~35km 지점을 지날 때 신체의 탄수화물 에너지원이 고갈되기 시작하며 지방을 분해해서 근육에 에너지를 공급하는데 이때 신체 내의 밑바닥을 긁어내는 듯한 고통이 온다. 그게 경련으로 나타나는 것은 탄수화물이 고갈되어 지방을 분해하면서 발생하는 신체적 반응이다. 지금 내 몸의 상태가 몸속 마지막 남은 에너지를 긁어내면서 걷는다는 느낌이었다. 신체의 경고음을 무시하고 걷다가 더 큰 문제를 만날 수도 있는데…….

지금 나는 쉬어야 했다. 1,000km 국토종횡단에서 나의 신체를 돌볼 사람은 오직 나 한 사람일 뿐이다. 하지만 나는 또 걸었다. 아니, 목적지까지는 걸어야 했다. 갑천 원촌교 교각 밑까지 걸어갔을 때 나는 거의 탈진 상태가 되었다. 다리만이 아닌 온몸이 쑤셨다. 왼쪽 발목을 신경 쓰며 자연스러운 보행을 하지 않고 짝다리 발 디딤을 한 것이 피로를 가중한 듯했다. 갑자기 배낭을 벗어 던지고 싶어졌다. 나는 교각 밑 벤치에 앉아 배낭을 벗어 제꼈다. 어깨가 날아갈 듯 가벼워졌다. 배낭을 버리고 이대로 걷고 싶었다.

나는 배낭 속 물건을 하나하나 꺼내 버리기 시작했다. 우선 우산을 꺼내 버렸다. 그리고 500ml 생수 2개를 꺼내 한 모금만 마신 후 다 쏟아 버렸다. 입맛이 없었지만 남은 초코바 2개는 에너지 보충 겸해서 억지로 입에 쑤셔 넣었다. 그것도 배낭 가벼움에 일조할 듯이. 신발, 양말을 벗고 벤치에 누워 아픈 왼쪽 발목을 벤치 등받이에 걸쳐 올려놓고 한참을 쉬었다. 30분 정도 쉬고 나니 좀 나아진 느낌이 들었다. 목적지는 코앞이었다. 나는 다시 걸어야 했다. 오후 늦은 시간이라지만 지는 태양의 햇볕도 따가웠다. 저 멀리 태양이 대전 시내 빌딩 너머로 기울고 있었다.

둔산대교 밑의 갑천공원은 수많은 사람이 금요일 저녁 시간을 즐기기 위해 나와 있었다. 산책하는 사람들, 운동하는 사람들, 데이트하는 사람들……. 그렇게 사람이 많은 곳은 나만의 시간이 훼방받는 것 같아 나는 좌측으로 1.5km 더 걸어 공원 한적한 곳에 짐을 풀었다. 나만의 안락한 휴식을 위해서 어쩔 수 없이 힘든 몸을 이끌고 더 걸었는데 다행히 내일 걸을 방향과 같은 방향이었다. 텐트를 치고 야영 준비를 마치니 저녁 6시 반, 43km를 4.0km/1h(쉬는 시간 제외)로 걸어서 6일 차 도보를 힘들게 마무리했다.

방금 걸어 지나온 둔산대교 밑 사람이 많았던 곳에는 공중화장실이 있었는데 이곳은 아무것도 없었다. 나는 텐트 안에 배낭을 밀어 넣고 인근 아파트 상가로 가서 물과 먹을거리를 샀다. 다행히 상가 옆에 초등학교가 있어 운동장 수돗가에서 간단히 세수를 하고 쌀을 불려 밥을 했

대전 갑천변의 1평이 채 안 되는 나의 집

다. 야영지에서 해 먹는 밥은 반찬이 필요 없는 꿀밥이다. 첫날 공릉천변에서 야영하고 오늘이 두 번째 야영이다.

35km 이후부터 가다 쉬다를 반복하며 걸었던 하루였다. 부은 왼쪽 발목도 걱정이지만 오늘부터 4일간 야영 계획이기에 매일 저녁 피로를 풀어 줄 방법이 없다는 게 더 걱정이었다. 전신을 씻고 자는 것은 포기해야 했다. 4일간은 목욕은 고사하고 고양이 세수라도 할 방법을 찾아야 했다. 하지만 지금 내일을 걱정한들 무엇하랴. 현실을 받아들이고 자연에 순응하는 게 나으리라.

1평도 안 되는 텐트는 욕심을 부릴 수도 없는 아주 작은 공간이다. 그저 누울 수만 있으면 된다. 작고 낮은 1인용 텐트다 보니 누우면 마치 내가 관 속에 있는 것 같은 느낌이 들었다. 텐트 높이가 1m, 누워 있으면 좌우로 움직일 공간이 거의 없으니 텐트 면적이 관보다 조금 클 뿐이다. 이번 도보여행 중 텐트 속에서 잘 때마다 나는 관 속에 누워 있는 나를 상상하며 내가 지금 이렇게 건강하게 걷고 있다는 것에 감사함을 느꼈다.

대전 도심 속 갑천공원은 쏟아지는 별들과 함께 가로등이 반사되어 더욱 화려한 야경을 뽐내고 있었다. 나는 텐트 안에서 오늘 하루의 일들을 정리했다. 혼자만의 시간 속에서, 혼자만의 글을 쓰며, 오늘의 피로를 잊고 잠시 58세의 청년을 생각했다. 그사이 나는 수첩을 베개 삼아 나도 모르게 잠이 들어 버렸다.

제7장

시인의 마을을 찾아

■ 7일 차. 2017년 6월 10일

대전시 둔산대교 갑천공원 – 옥천읍 – 옥천군 이원면 학생야영장 (37.5km)

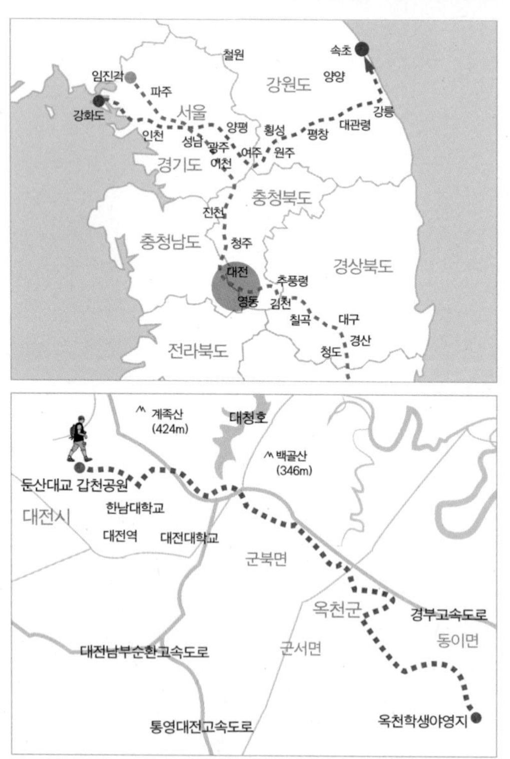

어젯밤 나는 꿀잠을 잤다. 극도의 피곤함이 나를 깊은 잠에 들게 했다. 자연과 가까이 있다는 건 수면에도 절대적인 안정감을 준다. 아침 6시에

일어나 보니 날은 이미 훤하게 밝았고 아침 햇살이 살갑게 나를 반겼다. 방금 일어났던 텐트가 나의 잠자리가 아닌 듯 쳐다보며 잠시 멍하니 있었다. 그만큼 0.8평 텐트 안의 내 모습과 밖으로 나온 나는 다른 사람이었다.

공원 너머 저 멀리 자동차들의 출근길 모습이 보였다. 나도 출근해야 한다. 그들은 차를 타고 가지만 지금의 나는 걸으며 매일 출근한다.

어제 저녁 먹다 남은 밥에 김 싸서 먹고 출발 준비를 마쳤다. 야영에서 아침에 남은 것을 먹어 치우는 건 배낭의 무게를 줄일 뿐만 아니라 때론 간단한 아침 대용으로 유용하다. 야영에서는 모든 걸 간단히 처리하는 게 좋다. 장거리 도보여행에서 간단하다는 것은 불편한 것이 아니라 일상생활에서 너무나 많은 것을 가지려는 욕심을 버리는 것이라 생각하면 된다.

대전에서 옥천으로 가는 길은 여러 갈래가 있는 듯했다. 대전 시내 지도를 검색해 보면 대전 시내를 어떻게 빠져나가든지 길은 다 있었다. 하지만 내가 정한 길은 대전 IC 앞을 지나 비래공원 고개를 넘는 코스였다. 갑천공원 야영장을 나와서부터 길을 물어보는데 사람마다 말이 다 다르다. 대개는 내가 걸어서 옥천으로 간다는 사실을 모르고 차편을 가르쳐 주었다. 그래서 걸어갈 거라고 하면 그제야 다시 한번 나를 쳐다보고 어이없다는 표정을 지었다. 어떤 사람은 의아해서 되묻기까지 했다. 못 믿겠다는 듯이 진짜 걸어갈 거냐고. 이미 임진각에서부터 여기까지 걸어왔다고 말하면 그제야 믿는 눈치였다. 지금은 대부분의 사람이 가까운 거리도 자동차로 이동하니 그런 반응도 이해는 되었다.

내가 걸어서 갈 거라고 말하면 그때부터 사람들은 자기들이 더 당황해서 어떻게 길을 가르쳐 줘야 할지 머뭇거렸다. 하긴 그들도 대전에서 옥천까지를 걸어서 가 본 적이 한 번도 없었을 테니까……. 몇 번을 묻고 물어 걷다 보니 대전 시내를 갈지(之)자로 걸어 온 듯했다.

번잡한 대전 시내를 벗어나 경부고속도로 밑 가양비래공원 산 고갯길을 올라 정상에 닿으니 대전터널이었다. 경부고속도로가 개통되기 전에는 이 터널로 무수히 많은 차가 다녔다는 게 믿기지 않을 정도로 차량도 적고 터널 안은 곳곳에 도로가 파이고 터널 벽은 페인트가 벗겨져 지저분했다. 하긴 이곳을 누가 걸으면서 보고 이렇다 저렇다 얘기하겠는가. 터널은 차량이 다니기에는 아직 아무 문제가 없었다. 걷는 내가 보기에 좀 지저분해 보일 뿐이었다. 터널 안은 매우 시원했다. 오래된 터널에서 느끼는 서늘함이라고나 할까. 도보여행자는 이런 느낌이 더 좋다.

터널을 빠져나와서는 4차선의 넓은 도로가 계속 이어졌다. 내리막길이

40년을 넘게 그 자리를 지키는 대전비래공원 경부고속도로 교각

라 가끔 다니는 화물차들은 시속 80km 규정 속도를 초과해서 무척이나 빨리 달렸다. 어떤 차들은 길가로 걸어가는 나를 보고 자기 영역을 침범하지 말라는 맹수의 포효처럼 경적을 울려 대곤 했다. 지금 내가 걷고 있는 이 길은 갓길이 충분히 확보되어 있는데도 갑자기 뒤에서 울리는 화물차 경적은 나를 깜짝 놀라게 해 불쾌하기 짝이 없었다. 하지만 그런 것에 너무 신경 쓸 건 없었다. 나만 손해니까. 나는 걸으며 나쁜 기분을 되도록이면 빨리 떨쳐 버리려고 노력했다.

운전하면서는 보이지 않던 광경을 걸으면서 만나는 것 중 좋은 것만 있는 건 아니었다. 한적한 도로인데 웬 쓰레기가 이렇게 많은지. 도심 한복판에서는 보기 힘들었던 갓길 쓰레기들이 제 발로 걸어 여기까지 오지 않은 바에는 아마도 운전자들이 창밖으로 버린 거겠지. 보이지 않는 곳에서 양심을 지키는 게 진정한 의미의 양심일 텐데 길가에 버려진 양심을 내가 다 주워 담을 수도 없고 이런 쓰레기는 오랫동안 이곳에 나뒹굴 것이라 생각하니 더욱 씁쓸했다.

14km를 걸었을 때 신상교차로가 나왔다. 여기서 나는 우회전해서 옥천로로 걷기로 했다. 대전터널을 지나서 옥천로로 이어지는 도로는 왕복 4차선 도로로 걷는 재미는 덜했다. 신상교차로 도착 전 길가 가게에서 물어봤더니 신상교차로에서 옥천로로 가지 말고 직진하여 꼬부라지면 구(舊) 길이 나온다고 했다. 하지만 검색을 해 보니 길이 나오질 않았다. 예전 길이 걷기는 훨씬 낫다는 생각은 들지만 혹시 길을 잘못 들어 헤매기라도 할까 봐 조심스러웠다. 하룻밤의 휴식으로 부은 왼쪽 발목의 통증이 완전히 가신 게 아니기에 오늘 목표 거리 내에서 최대한 안정적으로 걸음을 해야 했다. 지금 나는 국토종횡단 목표인 1,000km의 1/3도

못 왔기 때문에 계속 걸으며 2~3일 내에 부어오른 왼쪽 발목을 자연 치유해야 해야 했다. 그래야 남은 일정도 문제없을 테고.

옥천로 왕복 4차선의 넓은 도로는 곧게 시원스레 뻗은 길이라 걷기에는 좋으나 마땅히 쉴 곳이 없어 뜨거운 태양을 그대로 받으며 걸어야 했다. 갓길이 넓게 확보되어 있어 걷기에는 안전한 것이 그나마 다행이었다. 몇 킬로미터를 더 걸어가자 간이 휴게소 매점이 있어 백반으로 점심을 해결하고 먹는 물도 더 샀다. 본래 이 길은 예전에는 오래된 가로수가 있는 아름다운 길이였는데 확장하면서 구부러진 길이 일자가 되고 이렇게 넓어졌다며 차들은 좋을지 모르지만 걷는 데는 재미가 없을 거라는 간이 휴게소 주인의 말인데 딱 맞는 말이었다. 그래도 지금 나의 신체 상태로는 모르는 길로 들어 헤매는 것보다는 아는 길로 똑바로 옥천 방향으로 걸어가야 했다. 특히 오늘도 야영이기에 부은 발목이 더 심해져서 야영지에 도착한다면 어찌할 방법이 없기도 했다.

옥천역에 도착하니 오후 2시 반이 넘고 있었다. 오늘 계획에서 정지용 생가는 꼭 들러야 하는 곳이었다. 나는 옥천로 4번 국도를 잠시 벗어나 옆길로 걸어 옥천 읍내로 들어갔다. 정지용 생가까지는 2.5km. 그러니 다시 돌아 제자리로 온다면 왕복 5km를 걷는 것이었다. 하지만 정지용 생가는 꼭 답사할 지역으로 이미 일정에 포함되어 있었다. 옥천읍은 시인의 마을처럼 내게 다가왔다.

정지용 시인은 납북, 월북, 피폭 등의 여러 설 속에서 이 땅에서는 잊힌 시인이었다. 그러던 중 1988년 정부로부터 그의 작품이 해금되었고 뒤이어 가수와 성악가가 그의 시 '향수'에 곡을 붙여 듀엣으로 불러 유명해지면서 정지용 시인은 드디어 세상 밖으로 나오게 되었다. 해방 40년

시인의 마을 옥천읍 하계리 정지용 생가

만에 그의 시 세계가 우리들에게 돌아왔고 그것도 대중음악을 통해 많은 사람에게 가깝게 다가왔다는 것은 이데올로기의 희생양이었던 그였기에 역사의 아이러니가 아닐 수 없다.

충북 옥천군 옥천읍 하계리 정지용 생가 인근에는 옥주 사마소, 춘추민속관 등 볼거리가 많았지만, 이 조그만 마을은 정지용 시인 덕분에 먹고사는 듯했다. 커피숍은 물론 음식점, 일용품점 심지어 짜장면집 간판에도 정지용 시가 쓰여 있었다. 가게 평상 앞에 앉아 있는 아주머니에게 이 마을 사람들은 정지용 시를 몇 개씩은 다 알겠다고 농으로 말을 건넸더니 그렇지는 않다며 웃는다. 하지만 어느 시골 마을에 이렇게 시가 풍년인 데가 있을까? 《삼국지》에 죽은 제갈량이 산 사마의를 쫓았다는 얘기가 있는데 죽은 정지용이 살아 있는 동네 사람들을 먹여 살린다는 생각이 들었다.

중·고등학교 시절 우리는 모두 똑같은 목적으로 시를 외웠고 똑같은 목소리로 읽었고 똑같은 감상문을 제출해야 했다. 국어 선생님의 감상과 맞지 않으면 답이 아니었다. 지금 생각해 보면 웃음이 난다.

요즘 하루가 다르게 변하는 세상이지만 인간을 말하는 인문학을 중시하는 분위기가 생겨나는 것은 바람직하다. 인문학이 모든 학문의 기초가 되는 사회가 수준 높은 사회리라. 요즘 학교도 많이 바뀌어 제도권 교육에 익숙했던 우리 시대와는 달리 학생 개개인의 개성을 중시하는 것 같다. 교육 현장에서 학생 개개인에게 통일된 감성을 요구하는 건 없어진 거 같아 다행이다.

나는 잠시 정지용 시인에 빠져 얼치기 시인이 되어 보았다. 지금은 누구도 나의 시상을 간섭하지 않으니 나도 잠시 시인이 되었다.

나는 이번 도보여행에서 마냥 걷기만 하는 게 아니라 가 보고 싶은 곳, 특히 조상들의 삶이 묻어나는 곳은 사전에 계획하여 가 볼 생각이었기에 그럴 때는 걷는 시간을 잘 고려해야 했다. 정지용 생가 마을까지 걸은 거리도 그렇지만 마을 이곳저곳 다니며 머문 시간이 있다 보니 옥천역으로 다시 돌아 나온 나는 갈 길을 서둘지 않을 수 없었다. 목적지 옥천군 이원면 학생야영장까지는 11km가 남았는데 시간이 벌써 오후 4시를 넘고 있었다. 26.5km를 걸어오면서 나는 왼쪽 발목에 최대한 무리가 가지 않게 걸으며 편의점이 있는 곳에서 쉬면서 얼음으로 두 번의 얼음찜질도 했다. 30여 분 정도를 그렇게 쉬면서 얼음찜질하다 보니 휴식 시간도 더 많아졌다. 하지만 오늘내일 나는 왼쪽 발목을 최대한 배려해서 휴식과 얼음찜질이 더 필요했다. 지금은 두 다리가 나의 생명이니까.

맘이 풍요로우면 확실히 피로감도 덜하긴 하다. 언제 내가 시를 접해

석양에 비친 옥천 시골교회 종탑

보고 시상(詩想)에 언제 또 빠져 보겠는가?

'넓은 벌 동쪽 끝으로 옛이야기~ 지줄대는 실개천이 휘돌아 나가고~'

정지용 시인의 향수, 나는 콧노래를 흥얼거리며 한참을 걸었다. 옥천 학생야영장이라는 팻말이 보였다. 거기에서 1km를 더 들어가야 오늘의 목적지였다. 돌아 들어가기 전 우측 산 중턱 교회의 녹슨 종은 오랫동안 소리를 멈춘 듯 적막한데 석양에 비춘 시골 교회의 모습이 내 어릴 적 향수를 불러일으켰다.

나는 오늘 37.5km를 4.1km/1h(식사, 쉬는 시간 제외)로 걸어서 목적지에 도착했다. 이곳은 금강을 끼고 있는 노천 야영지였다. 왼쪽 발목을 조심하며 천천히 걸었고 중간중간 얼음찜질도 하며 쉬면서 왔다. 오늘 7일 차 거리가 40km가 되지 않게 잡혔던 것은 어쩌면 행운이기도 했다. 내일만 조심해서 걷는다면 왼쪽 발목은 훨씬 나아질 거 같았다.

이렇게 장거리를 걸을 땐 어떤 종류의 신발을 신느냐는 매우 중요하다. 나는 이번 국토종횡단에서는 A사의 마라톤 운동화를 신었다. 나는 평소에는 N사의 마라톤 운동화를 즐겨 신었다. 마라톤 운동화는 뒤꿈치 밑창에 쿠션이 두툼하여 발 디딜 때 충격을 덜 주게 만들어졌다. 이번 국토종횡단은 산행이나 트레킹이 아닌 아스팔트길이 대부분이기에 마라톤 운동화가 더 적절했다. 흔히 산책할 때 신는 워킹화로는 장거리 도보 시 발의 충격을 견디는 데 한계가 있다. 나의 발목 부상이 그나마 이 정도에서 그친 것은 신발의 역할도 컸다.

금강 야영지 초입에 있는 옥천학생야영장은 중고생들을 위해 충북도교육청에서 만든 것으로 일반인은 출입이 금지된 곳이었다. 나는 원래 옥천학생야영장이 일반인에게도 개방되는 야영장으로 알고 여기서 하루를 묵을 계획이었다. 오늘이 연이어 이틀째 야영으로 그간 씻지를 못했기 때문이었다. 유료 야영장에는 대개 취사용 수도나 간단히 씻을 곳이 있기 마련이다. 강가에는 여러 대의 차들이 차를 대고 캠핑을 하고 있었다. 강가의 캠핑족들은 물이나 먹을거리를 미리 다 준비하여 차에 싣고 왔을 테고.

이틀간 씻지 못해 몸이 근지러웠던 나는 아무도 없는 학생야영장의 철문을 열고 안으로 들어갔다. 철문에 잠금장치는 없었다. 수도가 보였고 그 옆은 화장실과 샤워실. 샤워실에 물기가 전혀 없는 거 보니 꽤 오래전에 학생들이 왔다 갔던 것 같았다. 혼자서 내 집처럼 샤워를 하고 냄새나던 옷도 빨고 하니 1시간은 족히 걸렸다. 밖은 이미 어두워졌다. 시간이 밤 7시 40분쯤 되었으니까. 차마 여기다가 몰래 텐트를 칠 강심장은 못 되어 강가 쪽으로 걸어 나가려는데 저기서 할아버지가 날 보고 오는 것이었다. 느낌이 안 좋았다. 샤워실 밖으로 새 나간 불빛을 본 모양이었다. 학생야영장을 지키는 이웃집 할아버지였는데 어찌나 깐깐하게 뭐라 하는지 무조건 미안하다고 머리를 조아리고 간신히 그 자리를 빠져나왔다. 혼쭐은 났지만 도둑 샤워로 몸은 너무나 개운했다.

강가에서 텐트를 치는데 사위가 어두워 시간이 걸렸다. 특히나 자갈밭이라 팩이 꽂히질 않았다. 누구 하나 도와준다는 사람이 없었다. 이미 그들은 고기 굽고 소주, 맥주로 많이 취해 있었다.

이번 도보여행에서 어차피 나는 늘 혼자였다. 일찍 도착하여 저녁을 지어 먹을 계획이었으나 너무 늦어 캄캄하니 간단히 먹어야 했다. 햇반에 봉지 김치, 김.

토요일 강가에는 가족끼리, 연인끼리, 친구끼리 모두 가는 밤이 아쉬운 듯 웃고 떠들며 시끌벅적했다. 순간 밀려오는 외로움. 빨리 자는 게 외로움을 벗어나는 길이었다. 잠자리에 누웠는데 떠드는 소리에 잠을 잘 수가 없었다. 이럴 때는 누군가가 술 한잔 권하면 얻어먹고 깊이 잠 잘 수 있을 텐데……. 괜히 주위 사람들의 몰인정에 혼자 투정 부리다 심드렁한 맘으로 한참 만에야 잠이 들었다.

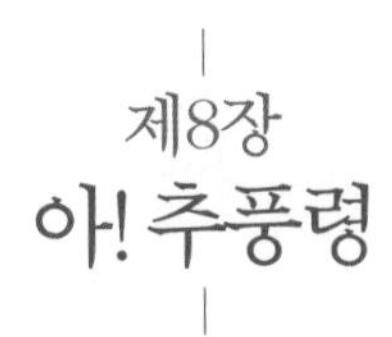

■8일 차. 2017년 6월 11일

충북 옥천군 학생야영장 – 영동읍 – 충북 영동군 추풍령 (43.6km)

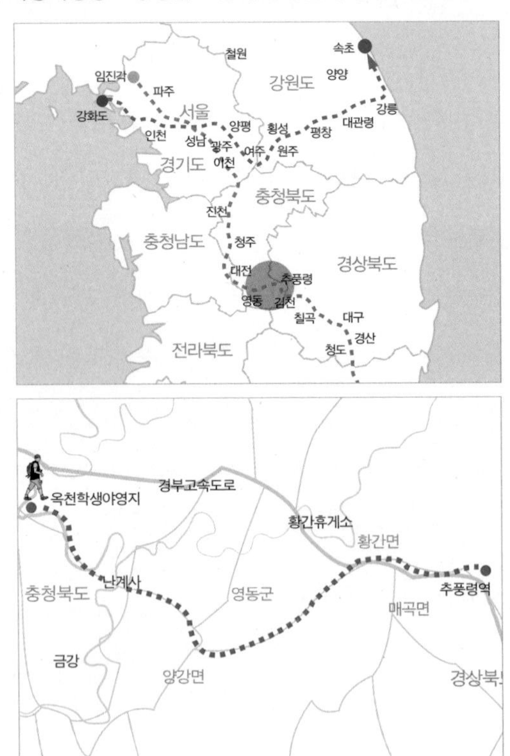

7일 차까지 약 300km를 걸어 국토종단 560km의 반을 넘기니 맘이 한결 홀가분해졌다. 새로 시작하자는 맘일까 아니면 반은 넘었으니 좀

여유롭게 걸어도 된다는 말일까…….

오늘은 추풍령. 차를 타고서도 한번도 가 본 적이 없었다. 그냥 지나쳤을 뿐이지. 막연히 떠오르는 추풍령고개라는 말에서 느껴지는 위압감 때문인지 오늘만 잘 넘기면 남은 일정에서 큰 어려움은 없을 거라는 생각이 들었다.

생명과도 같은 나의 두 다리는 오늘은 거의 원래의 모습으로 돌아왔다. 어제까지 조금 남아 있던 왼쪽 발목의 붓기는 거의 사라진 듯했다. 어제 37.5km로 비교적 짧은 거리였고 조심스럽게 발 디딤을 했으며 서너 번을 쉬면서 편의점에서 산 얼음으로 찜질한 것이 효과가 있었던 거 같다. 하지만 두 다리는 늘 주의를 필요로 했다. 오늘은 43.6km. 그리고 추풍령고개라 하니 고갯길이라는 단어가 부담스럽게 다가왔다.

아침 5시 반에 일어났다. 옥천군 이원면 용방리의 금강 야영지에서 밤새 먹고 마시고 떠들던 사람들은 아직도 한밤이었다. 씻고 먹는 물도 없으니 생수로 라면 반 개를 끓이고 어젯밤 먹다 남은 햇반을 말아 아침을 해결했다. 세수와 용변은 가다가 만날 첫 번째 주유소를 이용하기로 하고 배낭만 꾸려 금강 야영지를 나왔다. 곧바로 어제 걸었던 4번 국도를 타고 영동 방향으로 걷기 시작했다. 본래 차량이 많지 않은 도로인 데다가 이른 아침이니 오가는 차가 거의 없어 왕복 4차선 도로에 나 혼자였다. 차로도 넓고 하니 이런 국도에서는 주유소를 금방 만날 거 같은데 마냥 걸어도 없었다.

6km 정도 걸었을까. 아침에 먹은 라면 때문인지 속이 더부룩하여 씻는 것보다도 화장실이 더 급해졌다. 나는 주유소 화장실을 찾아 어쩔 수 없이 빨리 걸을 수밖에 없었다. 오늘따라 주유소는 왜 이리 안 보이는지.

배변이 급하니 주변 경치고 뭐고 눈에 잘 들어오질 않았다. 그렇게 참고 참아 2km 정도 더 걸으니 저 멀리 맞은편에 주유소가 보였다. 차로를 대충 살피고 가로질러 뛰어갔다. 그동안 걸으며 수없이 주유소 화장실을 사용해 봤기에 나는 주유소 건물 뒤편으로 바로 돌아 들어갔다. 고생 끝에 낙이 온다고. 고생도 아닌 고생을 하며 참고 왔더니 배변의 쾌감은 최고였다.

너무나 한적한 도로라서 주유소에서 일하는 사람도 아주머니 한 명뿐이었다. 인심 좋게 생긴 아주머니에게 물도 얻어 마시며 길도 물었다. 이곳은 영동군 심천면으로 앞으로 쭉 걸어가면 난계사였다. 배변이 너무 급해 길바닥만 보고 달려왔으니 여기가 옥천군인지 영동군인지 알 길 없이 달려온 것이었다. 조금 걸으니 난계사 이정표가 보였다.

난계는 조선 세종 때의 음악이론가 박연의 호다. 거문고의 왕산악, 가야금의 우륵과 함께 우리나라 3대 악성이라고 중학교 때 음악시험의 단골 메뉴였던 게 기억난다. 난계의 사당인 난계사가 자리 잡은 이곳은 영동군 심천면 고당리다. 난계는 효자로서도 널리 알려졌다고 한다. 그걸 증명하듯 난계사 입구에는 1402년 하사된 효자 박연의 비석이 있었다. 난계 박연은 이곳에서 출생하였는데 조선 세조 2년에 관직에서 물러나자 다시 이곳으로 돌아와 살다가 81세를 일기로 타계했다. 삼남이 단종 복위 사건에 연루되어서 관직에서 물러나 이곳으로 낙향할 때는 필마에 하인 한 명의 쓸쓸한 행장에 피리 하나가 전부였다고 한다.

난계가 태어난 집은 난계사에서 1km 안쪽의 고당리 맨 끝자락에 자리 잡고 있었다. 난계 생가를 찾아가는 길은 갔다가 다시 돌아 나와야 하는 길이었지만 내 발길은 자못 기대가 컸다. 국악의 거성이면서 여러

소박함이 묻어나는 난계 박연 생가

고위 관직을 두루 거치며 한 시대를 풍미했던 인물이 나고 자랐으며 말년을 보낸 곳이라니 더욱 그랬다. 그러나 막상 도착한 난계 생가는 소박하기 그지없었다. 말년에 닥친 불운 속에서 '비 피하고 바람 막을 집 한 채면 그만이다'는 거성 난계의 면모를 엿볼 수 있었다.

난계 생가를 보고 마을을 돌아 나오는데 마을 정자에 할아버지, 할머니들이 더위를 피해 쉬고 있었다. 이곳 박연 생가에 사람들이 많이 찾아오냐고 물었더니 거의 안 온다는데 동네 어르신들의 표정이 재밌다. 박연이라는 사람을 자기들도 잘 모른다는 표정이었다. 그러면서 나의 행색에 더 관심을 보였다. 내 배낭 뒤의 글씨를 봤는지 임진각에서 여길 어떻게 걸어서 왔냐며 참 할 일도 없다는 투로 말했다. 나는 그런 말이 어째 이 마을 사람들의 여유로 들렸다. 어쩌면 이 마을은 수백 년 동안 자신들도 모르게 난계를 맘속에 담고 사는지도 모른다.

이틀째 야영을 하며 발생하는 문제는 씻는 거 외에 휴대전화의 충전이었다. 나는 걸으면서 검색하고 메모도 해야 했기에 3,000mAh 휴대전화 배터리 용량으로는 턱없이 부족했다. 그래서 10,000mAh 대용량의 보조배터리를 준비했는데 이게 무게도 있고 충전에도 많은 시간이 필요했다. 다 소진된 10,000mAh 배터리를 100% 충전하는 데는 10시간 정도 걸렸다. 나는 지난 이틀간 야영을 했기에 배터리 충전을 완벽하게 할 수가 없었다. 지금 나는 보조배터리의 1/3 남은 용량을 휴대전화에 연결해서 사용하고 있다. 오늘 점심을 먹으면서 식당에서 휴대전화, 보조배터리 둘 다 조금이라도 충전을 해야 했다.

시간이 아직 일러 점심은 영동읍에 도착해서 먹기로 하고 영동읍을 향해 걸었다. 난계사에서 영동읍까지는 대략 9km. 영동읍까지는 4번 국도를 계속 걸어 내려가면 된다.

정오가 되면서 태양이 최고조로 달아올랐다. 뒷목이 따가웠다. 나는 자외선을 피하기 위해 선캡의 뒷목가리개를 다시 한번 고쳐 썼다. 한낮의 더위에는 강한 체력만큼이나 강한 정신력이 요구된다. 며칠간 나를 괴롭혔던 왼쪽 발목이 거의 다 나은 게 천만다행이었다. 5일 차 오후부터 붓기 시작해서 그다음 날은 걷기조차 힘들었는데 그때는 걸으며 낫기를 바랄 수밖에 없었다. 지금은 다행히도 그렇게 되었다. 그래도 주의해야 했다. 지금 내 두 발은 생명이다.

영동읍이 좌측에 보였지만 노근리, 추풍령 방향으로 가기 위해서 나는 영동읍을 그냥 지나쳐 직진하기로 했다. 영동 읍내로 들어갈 맘의 여유를 갖지 못하는 게 그놈의 추풍령고개라는 중압감 때문이었다.

21.8km를 걸었다. 영동읍이 좌측에 보인다. 시간은 11시 56분. 점심을

먹어야 했다. 아니, 휴대전화와 보조배터리를 충전해야 했다. 가까운 곳을 찾아 보신도 할 겸 길가 안쪽에 있는 추어탕 집으로 들어갔다. 일요일 낮인데도 손님은 나 혼자뿐이었다. '여유로워서 좋네' 하면서 휴대전화와 보조배터리 충전도 하고 한 시간쯤 쉬다 가자고 생각했다. 음식을 주문하고 보조배터리와 휴대전화를 꺼내 콘센트에 각각 꽂았다. 그런데 주인이 인상을 찌푸리며 한 군데는 빼라고 한다. 참으로 인심이 고약했다. 종단 4일 차, 이천 시내를 지나 점심 먹기 위해 들렀던 식당, 그 주인의 불친절한 표정에서 느꼈던 기억이 되살아났다. 충전도 하고 한 시간 쉬다 가려 했던 맘이 싹 가셨다. 주인이 계속 불친절한 표정을 짓고 있기 때문이었다. 추어탕마저도 맛이 없게 느껴져 반만 먹고 나왔다.

피상적으로 겪는 경험이지만 나는 이런 경험이 그 지방의 첫인상으로 강하게 남아 그 지역을 나름대로 규정짓곤 했다. 그래서 영동읍의 첫인상은 아주 고약한 동네로 나에게 각인되었다.

기분을 망치니 걷는 데 흥이 날 리가 없다. 그래서 빨리 이곳을 벗어나고 싶었다. 영동 읍내를 옆에 두고 직진하여 걷다 보면 4번 국도가 아닌 구(舊)길 영동황간로로 이어진다. 이 길은 옛길의 아름다운 운치가 있어 걷기에 아주 좋으며 옆으로는 경부선 철도, 4번 국도와도 같은 방향으로 남쪽으로 뻗어 있다. 세 개의 길은 나란히 가다가 헤어졌다 또 만나고 하면서 추풍령을 넘는다. 나는 영동황간로를 걸으며 자연 속으로 빠져들었다. 힐링이 뭔지 알 것 같았다. 이 길은 어디로 걷겠다, 어딜 보겠다 욕심을 가질 필요도 없었다. 그저 천천히 걷기만 하면 되었다.

영동소방서를 지나 영동황간로를 유유자적하며 걷는데 택시가 한 대 내 옆에 섰다. 택시 탈 일 없는 나이기에 그냥 무시하고 걷는데 세워진 택시에서 젊은 운전기사가 내려 주스를 하나 건네는 것이었다. 영동읍 택시 운전기사였는데 내가 혼자 걸어서 영동읍을 지나쳐 가는 것을 봤다고 했다. 도보여행자임을 한눈에 알아봤다며 노근리 방향으로 손님을 태우러 가는 길이라고 했다. 젊은 택시기사도 나처럼 배낭을 메고 전국을 걷는 것이 꿈이었다. 그가 나에게 캔 음료수를 하나 건네주었다. 잠깐의 시간, 우리 둘은 말은 없었지만 어떤 교감을 느낄 수 있었다. 나의 머릿속에서 영동이 어느덧 좋은 이미지로 바뀌었다. 추풍령까지 아직 갈 길이 멀지만 몸은 가벼웠다. 친절한 택시기사를 만나 기분도 좋아졌고 걷는 길도 더욱 행복하게 느껴졌다.

영동군 황간면 노근리는 젊은 시절부터 내 기억 속에 있어 언젠가는 가 보리라 마음먹었던 곳이었다. 군사정권 시절에는 노근리 양민학살사건을 입 밖에 내기조차 어려웠다. 내가 노근리 사건에 대해 알게 된 것은 아주 오래전 대학생 시절이었다. 언젠가는 가 보마 하고 다짐했던 게 지금에야 와 보게 된 것이다.

노근리 양민학살사건은 한국전쟁에 참전한 미군이 영동읍 임계리 일대에 모인 피란민들을 남쪽으로 피란시키는 과정에서 방어선을 넘는 사람들은 무조건 적으로 간주하라는 명령을 내렸고, 마침 미군기 오폭 때문에 철로에 폭탄이 떨어져 수많은 양민 사상자가 발생하고 그 과정에서 양민들이 우왕좌왕하는 사이 미군이 무고한 양민들에게 총을 난사하여 몇백 명이 목숨을 잃게 된 사건이다. 당시 학살의 흔적을 말해 주듯이 굴다리에는 아직도 수백 발의 총탄 흔적이 그대로 남아 있었다. 나는 한동안 총탄 자국이 선명한 굴다리를 떠날 줄 몰랐다. 누구를 탓하고, 누구를 원망할 것인가? 맞은편에는 이런 역사를 다시는 되풀이하지 말아

총탄 자국이 그대로 남아 있는 노근리 양민 학살 현장 굴다리

야 한다며 평화공원이 조성되어 있었다.

나는 노근리 평화공원에서 한참을 쉬었다. 그렇게 와 보고 싶었던 곳이었으니 그냥 오래 있고 싶었다. 하지만 마냥 쉴 수는 없었다. 나는 오늘의 목적지 추풍령고개를 향해 다시 걸음을 옮겼다.

'구름도 자고 가는 바람도 쉬어 가는~ 추풍령 굽이마다 한 많은 사연~'

우리나라 사람들이 애창하는 옛 노래로 몇 손가락 안에 들 정도로 많이 알려진 노래다. 사실 추풍령은 노래보다도 추풍령 휴게소로 더 유명했다고 한다. 경부고속도로가 개통되기 전에는 수많은 차가 추풍령고개를 넘나들며 이곳 휴게소에서 하룻밤 쉬어 가곤 했다니까.

영동황간로를 계속 걸으니 오르막이 시작되었다. 이제 정말로 추풍령고개인가 싶은데 오르막은 완만해서 힘들게 고개를 넘는다는 느낌은 없었다. 고개를 넘었다 싶으니 황간면이 눈앞에 보였다. 나는 노근리평화공원에서 한참을 쉬었기에 그다지 힘들이지 않고 고개를 넘어 황간면에 도착했다. 노근리에서부터 약 4km를 걸어온 것이었다. 시골 도로의 정취로 인해 그런지 그다지 피곤함도 느껴지지 않았다. 추풍령고개가 엄청 힘들 거라는 생각으로 미리 맘의 준비를 단단히 했기 때문이기도 하다. 황간터미널에서 추풍령역까지는 약 9km. 지금 시간은 오후 3시 44분. 옥천 금강 야영장에서 아침 6시 좀 넘어 일찍 출발하기도 했고, 불친절한 영동읍 추어탕집 주인때문에 일찍 일어나 오히려 점심시간을 절약한 셈이 되어 추풍령고개를 여유롭게 맞았다. 지금까지 한 시간에 4.3km 속도로 걸어왔는데 왼쪽 발목이 아프지 않은 걸 보니 완전히 나은 듯했다.

오늘 목적지인 추풍령고개에서도 야영이다. 3일 연속이다. 오늘 저녁은 식당에서 해결하며 식당의 세면장을 이용해 볼 생각이다. 그래서 목적지에 일찍 도착하고 싶었다. 황간면까지 이미 고갯길을 올라왔기에 추풍령역까지의 길은 완만한 오르막이고 천천히 걸으니 그다지 힘들지는 않았다. 추풍령을 오르는 추풍령로는 고즈넉하고 한적한 산길 도로여서 느리게 걷다 보니 맘도 평온했다. 나는 그렇게 걱정하며 준비했던 추풍령고개를 아무 일 없다는 듯이 넘었다.

저녁 6시 13분, 날은 아직 훤한데 추풍령고개 추풍령 면내는 사람이 없었다. 너무나 한적한 모습에 당황스러울 정도였다. 옛 영화(榮華)를 기억하고 온 나의 잘못이었다. 시간이 멈춘 도시 같았다. 지금은 추억으로 남아 있는 추풍령역의 급수탑이 과거의 영화를 말해 주는 듯했다. 사실 추풍령고개는 해발 221m로 노래 가사처럼 구름이 쉬어 갈 정도로 높지도 않다(이후에 이어지는 국토횡단에서 나는 해발 700m, 800m의 고개를 몇

옛 영화(榮華)는 간데없이 한적한 추풍령 면내 중심가

개나 넘게 된다).

추풍령 면내 중심을 관통하는 200m 정도 길이의 도로는 차량은 물론 인적도 드물어 썰렁했다. 필름을 거꾸로 돌려놓은 듯 영화에서나 나옴직한 동네 다방들, 길가 도로와 가게 문이 이어 붙어 금방이라도 작부의 노랫가락이 들려올 것 같은 술집들. 폭 10m도 안 되는 이 도로가 1970년 경부고속도로가 개통되기 전에는 수많은 차가 드나들어 좌우를 살피고 건너야 할 정도로 붐볐다는 차부 가게의 할아버지 말이 믿기질 않았다. 실제로 그랬을지도 모른다. 현재 추풍령초등학교 학생 수가 50여 명이라는데 한창 많을 땐 1,300명까지 되었다니까.

추풍령고개의 역사를 그대로 안고 있는 건 아마도 다방인가 보다. 좁은 면내에 다방이 대여섯 개나 있었다. 그것도 모두 옛날식 간판으로. 궁금하던 차에 차부에 들렀다. 차부라고 해 봐야 동네 문방구 수준이었다.

추풍령의 과거를 말하고 있는 다방

40여 년 전에 지어진 건물이라는데 낡고 비좁아 언뜻 보아서는 추풍령 터미널 같지가 않았다. 여기서 차표를 팔고 있어서 이곳이 터미널인지 알 뿐. 이 건물 앞마당이 고속버스, 면내 버스가 서고 내리는 정류장이었다.

이 건물 생기면서부터 장사했다는 70대 중반의 차부 주인(이 할아버지가 매표도 한다)은 추풍령의 역사와 다방의 역사에 대해 훤히 알고 있었다. 할아버지 어렸을 땐 대단했단다. 모든 차가 추풍령고개를 넘어 서울로 갔는데 이곳에서 하룻밤 묵으며 술도 한잔하고 쉬어 갔단다. 그래서 술집, 여관도 꽤 많았었다고. 다방만 왜 아직 그대로 많이 남아 있냐고 물었더니 거기 주인들도 이젠 나이 먹은 할머니가 되었고 딱히 가게를 접고 할 게 없으니 문이나 열어 놓자 하는 거 아니겠는가 한다. 그래도 다방 찾는 사람이 있냐고 했더니 옛날 향수를 못 잊었거나 또는 호기심으로 외지인들이 가끔 찾는다고 한다. 나는 그런 호기심은 발동하지 않았다.

한 번쯤 지나가는 여행객에게는 많은 향수와 추억을 남겨 주지만 여기서 사는 사람들은 어찌 살아가는지……. 시간이 멈춘 추풍령고개 면 소재지는 slow city가 아니라 stopped city 같았다.

나는 텐트 칠 곳도 알아볼 겸 동네 뒷길로 걸어 들어가 보았다. 뒷길이래야 한눈에 빤히 보이는 정도로 10여 분이면 다 훑을 수 있었다. 짜장면집이 보였고 그 앞에는 빈 공터가 있어 그곳에 텐트를 치기로 하고 짜장면집에서 볶음밥으로 저녁을 했다. 그 식당에서 간단히 씻은 후 휴대전화, 보조배터리 충전도 하고 생수도 채웠다. 그나마 추풍령의 인심은 느리게 옛날 그 자리에 그대로 있었다. 나는 빠른 게 좋은 것만은 아닌 것에 감사했다.

추풍령고개는 어린 시절을 떠오르게 했다. 추풍령 면내의 전체적인 분위기가 그렇다. 여기는 아직도 과거를 살고 있었다. 나는 그동안 내가 살아왔던 과거를 되돌아보았다. 어린 시절은 누구나 순수하다. 우리가 살아가면서 몇 겹의 가식으로 삶이 채워진 거 같아 안타깝다. 추풍령은 가식이 없었다.

추풍령고개는 고개인데 고개가 아니었다. 오늘 부담을 잔뜩 안고 시작했던 추풍령 고갯길을 큰 어려움 없이 넘었다. 지금은 밤 8시 반, 추풍령면 면내 한가운데에 있다. 평지보다는 221m 하늘과 가까이 다가가서.

오늘 내가 추풍령고개까지 걸은 거리는 43.6km. 나는 4.2km/1h(식사, 쉬는 시간 제외)로 걸어서 이곳에 왔다.

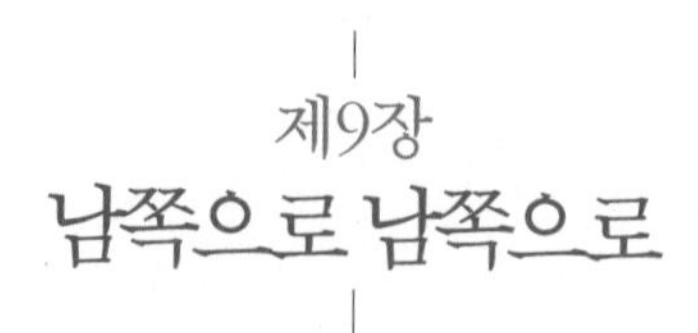

제9장
남쪽으로 남쪽으로

■ 9일 차. 2017년 6월 12일
충북 영동군 추풍령 – 김천시 – 경북 김천시 남면 남북저수지 (36.2km)

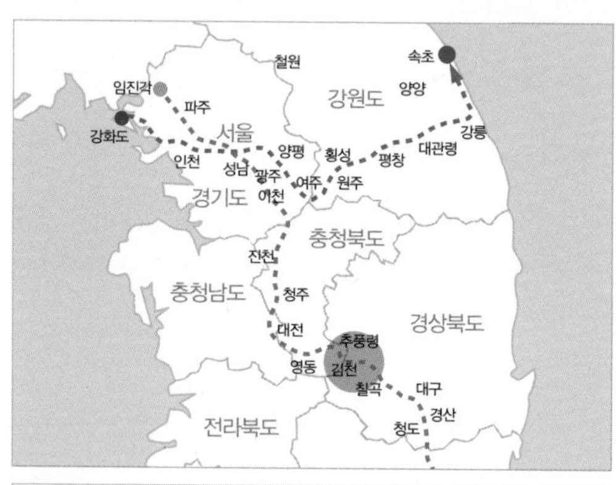

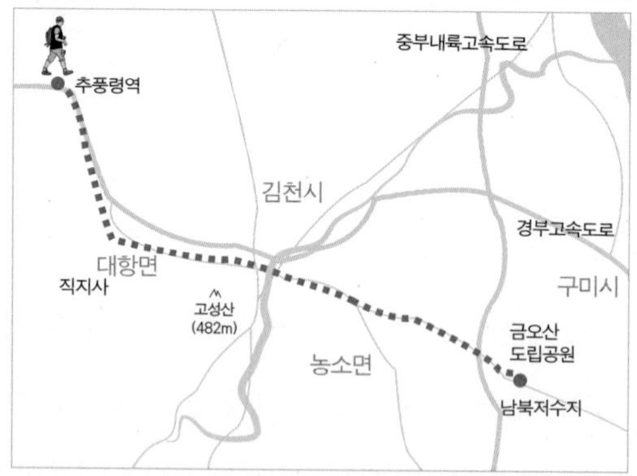

나는 국토종단 일정 중에서 꽤 힘들 거라고 예상했던 추풍령고개를 넘었다. 이미 상당히 걸어서 경상도 지방, 그것도 추풍령고개를 딛고 있다

는 것이 나를 뿌듯하게 만들었다. 어제 아침 옥천 금강 야영장에서 느꼈던 추풍령고개를 오른다는 중압감과는 반대로 오늘은 내려간다는 편안함이 있으니 기분이 좋았다. 내리막길을 걷는 발걸음은 아무래도 가벼울 테니까. 추풍령고개 정상 추풍령 면내에서 어제 한 야영은 마치 구름 위에서 잠을 잔 느낌이었다. 221m도 고개라고 하늘이 조금 가까웠나 보다.

아침 6시에 일어난 나는 면내 딱 하나 있는 편의점에서 간편 도시락으로 아침을 해결하고 간단한 먹을거리만 보충했다. 어차피 점심 즈음하여 김천시를 통과하므로 더 필요한 먹을거리는 김천시에서 사면 되기 때문이었다. 우리나라는 요즘 어딜 가나 24시간 편의점이 있어 도보여행자들의 먹을거리나 배낭 무게의 고민을 덜어 준다. 아마 2~3일 치 먹을 것을 미리 준비해야 하는 배낭이라면 배낭 무게는 족히 3~4kg은 더 나갈 것이다. 1g이라도 줄여야 하는 장거리 도보여행자에게 그 정도라면 엄청난 하중이다.

편의점에서 커피 한잔까지 하는 여유를 부린 후 아침 7시가 다 되어 추풍령고개와 작별하고 김천을 향해 걷기 시작했다. 완만한 경사의 내리막길은 걷기에도 딱 좋았다. 상쾌한 아침 날씨까지 더하니 9일 차 출발은 들뜬 마음마저 들었다. 부어 있던 왼쪽 발목도 다 나았고 내리막길이고, 목적지 김천시 남면 월명리 남북저수지까지도 평지의 길이 계속된다. 게다가 오늘 걸을 거리도 그다지 멀지 않은 36.2km. 모든 조건이 나를 편하게 만들었다. 우리의 인생도 오르막이 있으면 내리막이 있는 법. 오늘은 부담 없는 하루다.

나는 24일간의 도보 계획을 세울 때 2~3일 간격으로 도보의 거리나 강약을 적절히 안배했다. 내 신체도 리듬을 필요로 하기 때문이었다. 오늘이 부담 없이 걷도록 계획한 날이다.

국토종단 목표 거리의 반을 넘어가면서 지인들이 격려와 걱정을 같이 했다. '괜찮냐?' '다리는 안 아프냐?' '그렇게 걸으면 물집 잡혀 고생한다는데 어떠냐?' 등. 왜 안 힘들겠는가. 하지만 다리 보호를 잘하면 고생을 조금은 덜 수 있다. 나는 발 물집 때문에 고생하진 않았다. 발에 철저히 테이핑을 했기 때문이다. 장거리 도보에서는 신발 안쪽과 자주 밀착되는 부위는 철저히 테이핑하는 게 필요하다. 피로감을 느끼는 다리 부위도 길게 테이핑하여 붙여 주면 걷는 데 확실히 편안함을 준다. 마라톤 할 때 경험했던 게 큰 도움이 된 셈이다.

또 하나는 배낭 허리끈을 바짝 당겨서 배낭을 메야 한다. 그렇지 않으면 배낭 무게를 어깨가 다 받아 얼마 걷지 못해 어깨가 짓눌리고 그건 다시 두 다리로 전달되어 온몸이 무겁다. 내 배낭의 무게는 10~12kg 사이다. 특히 늦은 오후에 피로가 몰려올 때는 배낭이 큰 돌덩이 무게로 느껴질 때도 많다. 잘 먹어야 잘 걷는다고 음식을 잔뜩 담았다가는 다 먹기도 전에 포기하게 된다. 그렇다고 배낭의 무게를 가볍게 한다고 물이나 먹을거리를 소홀히 담는다면 그 또한 안 된다. 결국, 장거리 도보여행자는 스스로 알아서 준비해야 하고 걷는 도중에 자기 신체의 반응을 읽고 점검하여 그에 맞게 보완해 주는 철저함이 필요하다.

추풍령고갯길을 천천히 걸어 내려오는데도 자꾸 발걸음이 빨라졌다. 내리막길의 여유로움까지 더하니 두 발이 자동 반응했다.

한적한 시골길의 아침은 때때로 고독을 느끼게 한다. 이른 아침 자연은 차분하다. 하루를 시작하는 아침, 나는 걸으며 가끔 이 시간, 이곳에 있다는 현실에 깜짝 놀라곤 한다. 고독하다, 차분하다, 조용하다 이 모든 게 아침을 이해하는 차이였다. 비슷한 경치를 볼 때도 어떤 때는 아름답고 어떤 때는 쓸쓸하다. 인간은 나약해서 차분함을 즐기기보단 고독에 쉽게 빠진다. 나 역시 맘의 여유가 생길 때 고독이 자꾸 마음속으로 비집고 들어오려 해 이른 아침엔 주변을 감상하기보다는 걷기에 충실한 편이다.

나는 충실하게 내리막을 걸었다. 빨리 걷는다면 온 정신은 걷는 것에만 더 집중된다. 그래서 나는 빨리 걸었다. 아직 아침 시간이기도 하고.

8km 정도의 한적한 도로를 빠른 걸음으로 걸어 내려온 나는 김천 시내를 통과하기 위해 영남대로로 걷기 시작했다. 김천시는 예로부터 서울로 가는 경상도의 관문이었다. 하지만 나는 김천 시내는 그냥 지나치기로 했다. 이번 국토종단에서 김천 시내를 들어가 볼 특별한 답사지가 없기 때문이기도 했다.

김천시는 교통의 특성상 지나쳐 가는 도시의 이미지가 강해서 그런지 오랜 역사에 비해 화려함은 덜했다. 그만큼 소박한 도시 이미지가 느껴졌다.

점심시간이 좀 이른 듯했지만, 김천 시내를 지나며 점심을 먹고 가는 게 나을 것 같아 김천 시내를 막 지나쳐 길가 안쪽에 있는 식당으로 들어갔다. 허름해 보였지만 겉으로 보기에 왠지 김천의 이미지와 딱 맞는 소박함이 느껴졌다. 우리나라 어디서나 느낄 수 있는 어머니의 손맛, 김천 어머니의 백반.

식사를 마치니 시간은 12시 반, 19km를 걸어왔는데도 힘들지 않았다. 그냥 좀 앉아 있다가 갈 요량으로 식당 아주머니와 이런저런 얘기를 나누다 한 시간이 훌쩍 지나갔다. 그래도 오늘 목표 거리가 길지 않아 벌

돌아가신 어머니를 생각나게 하는 김천 어머니 백반

써 목적지에 다 온 것 같고 조급함은 없었다.

영남대로를 따라 계속 걸으면 남북저수지 바로 전 김천시 남면 부상리 입구까지 이어진다. 나는 김천 소년교도소 지나 농소교차로까지는 영남대로의 직진 길을 따라 걷다가 농소교차로에서부터는 차가 거의 다니지 않는 구(舊)길로 걸을 예정이었다. 영남대로는 왕복 4차선으로 갓길도 넓은 데다 가로수도 없고 걸으며 쉴 곳이 마땅치 않기 때문이다. 게다가 넓은 도로의 지열로 인해 한낮의 더위를 더 뜨겁게 만들었다. 직선의 넓은 도로는 걷는 재미가 없기도 하다. 구(舊)길은 영남대로를 곁에 두고 나란히 달리다가 어디서는 꾸부러져 마을 안쪽으로 들어갔다 나오기도 한다.

나는 김천대교를 건너 영남대로를 계속 걸었다. 한낮 넓은 도로에서 느끼는 더위는 무척이나 강렬했다. 도로에 반사되는 태양이 온통 나를

갈 길 잃은 동물들의 슬픈 현실, 로드킬(road kill)

휘감고 도는 듯한 느낌마저 들어 약간의 현기증이 느껴질 지경이었다. 넓고 곧게 뻗어 황량한 느낌마저 드는 4번 국도 영남대로에 차량 밖의 사람은 오로지 나 한 사람. 차를 타고 지나가는 사람들이 나를 한심하게 보고 있는 듯했다. 그만큼 지금 한낮을 걷고 있는 내가 무모하게 보이는 더위였다.

그런데 혼자인 이 길에 또 하나의 다른 생명체가 있었다. 하지만 죽어 있는 그들. 로드킬(road kill). 숲이 아파트 단지나 공장으로 변하니 동물들은 갈 길을 잃고 헤매다가 길 위에서 이렇게 죽나 보다. 수많은 차바퀴에 눌려 납작해진 모습은 롤링 프린트를 거친 평면 그림 같았다. 아스팔트라는 원단 위에 한 장의 프린트물로 변한 그 모습이 나를 슬프게 했다.

한낮이 너무 뜨거웠다. 체감하는 온도는 거의 37, 8도에 가까웠다. 이런 더위는 우선 피해야 한다. 나는 내리쬐이는 태양도 피하고 시골길의 정취도 느낄 겸 농소교차로에서 농소면 방향의 시골길로 접어들었다. 시골길로 드니 갑자기 맘이 차분해졌다. 우선 도로를 쌩쌩 달리는 차량의 소음이 없고 눈앞에 일직선으로 뻗어 있던 건조한 느낌의 직선이 안 보였다. 시야가 부드러워졌다. 직선은 때론 빠르고 결과를 만들기에 용이하다지만 곡선의 부드러움은 없다. 나는 가끔 직선의 경직되고 노골적인 표현에 질리곤 한다. 4번 국도를 빠져나와 시골길로 접어드니 곡선이다. 곡선은 음을 탈 줄 안다. 그건 흥이다. 게다가 이 길엔 그늘도 있고.

걸음걸이가 저절로 느려지면서 좌우를 감상하는 여유를 다시 찾았다. 김천시 외곽의 아름다운 농촌 모습이 이제야 눈에 들어왔다. 이곳 논의 벼들은 가뭄에도 물을 잘 대서 그런지 한껏 잘 자라 있었다. 가끔 이 길을 지나는 차들도 영남대로를 쌩쌩 달리는 차들과는 달리 자신들도 자연의 한 부분이라는 걸 아는 듯 천천히 달렸다. 나는 길가 나무 그늘에 앉아 쉬다 가다를 반복하며 걸었다. 오후 서너 시의 더위가 대단하기도 했지만 이런 길을 앞만 보고 빨리 걷는 게 아깝게 느껴지기도 했다.

시골길을 걸으며 김천시 남면 운곡리와 송곡리를 지나니 어느덧 오늘의 목적지 남북저수지가 5km 앞으로 다가왔다. 시간은 오후 4시 반, 곳곳에 사드 반대 현수막이 보이니 이곳이 정말 김천이구나 실감이 났다. 내가 걷고 있는 김천시 남면 이곳은 사드 배치 지역 성주로부터 5~6km 밖에 안 떨어져 있다. 한적한 시골 마을에 이런 현수막은 매우 이질적으로 느껴졌다. 그러니 그걸 보는 내 맘도 개운치는 않았다.

마침 마실 물을 얻을 겸 길가 식당을 찾아 들어갔다. 나이 지긋하신 주인 할머니께서 내 행색을 보더니 물만 먹고 가려던 내 소매를 끌어당겼다. 쉬었다 가라며. 오늘 목적지까지 시간이 여유도 있고 해서 염치 불고

촛불 시위를 연상케 하는 김천시 사드 반대 현수막

하고 식당 안으로 들어가 앉아 배낭을 풀었다. 할머니 말에 의하면 본래 이 길은 영남대로로 이어지는 4번 국도가 새로 나기 전의 국도인데 추풍령으로 이어진 길이라고 했다. 옛날에는 모든 차가 이 길로 다녔고 화물차도 많아 기사들이 이 식당에서 밥도 먹고 한참을 쉬어가곤 했단다. 25년째 식당을 하는데 지금은 손님도 많지 않고 그냥 욕심 없이 문 열고 있으니 부담 갖지 말란다. 그래도 가끔은 옛날 생각나서 새 길을 안 타고 일부러 이 길로 돌아들어 와 밥 먹고 가는 기사도 있다고 한다.

서울에서 부산까지 어찌 걸어가냐며(가끔 시골 할아버지, 할머니가 나의 행색을 보고 물으면 임진각이라고 말하기보단 서울에서부터 걸어왔다고 하면 이해가 빠르기에 나는 그냥 서울에서부터 걸어왔다고 말하곤 했다) 과일을 내오시는데 할머니 손이 커서 그런지 토마토, 참외를 큰 접시로 내 오셨다.

할머니가 처음 이곳에 식당을 냈을 때는 많은 기사가 와서 밥 먹으며 세상 돌아가는 얘길 해 주어서 귀동냥으로 주워듣곤 했는데 요즘은 그런 사람도 없단다. 적적해하시던 할머니는 뜬금없이 들른 내가 무척이나 반가웠나 보다. 이런 환대를 하는 거 보니. 할머니에게는 사드는 딴 나라 얘기리라. 그저 세상 살아가는 소소한 얘기가 더 그리웠을 테니까.

할머니가 지금도 잊을 수 없는 사람이 있다며 말을 이었다.

"언젠가 나이 좀 지긋하신 아버지가 중학생쯤 되어 보이는 아들을 데리고 자전거 여행 중 이곳에 들렀다우. 첫눈에 봐도 자전거를 타고 부산까지 가기는 무리인 그런 모습들이었지. 그 아버지는 밥 먹는 내내 아들을 쳐다보며 자기는 밥을 뜨는 둥 마는 둥 하는데 보고 있던 내가 괜히 눈물이 나더라구. 무슨 사연이 있는 것 같았지만 물어보기도 그렇구……. 식사를 마치고 나가는 그 아버지에게 나는 그저 무사히 여행 잘 마치라는 말만 건넸지. 그 후 십여 년이나 지났을까? 언젠가 두 명의 청년이 부산까지 자전거 여행 중이라며 들렀는데 그중 한 젊은이가 나를 보고 혹시 자기 기억 안 나냐고 묻는 거야. 내가 기억날 리가 없지. 근데 글쎄 그 청년이 그때 아버지와 자전거 같이 타고 왔던 중학생이라는 거야. 이젠 커서 군대도 갔다 왔고 대학교 3학년 되었다며 대학 졸업 전 아버지와 함께 왔던 이 길을 자전거로 꼭 한번 다시 와 보고 싶었다며 왔다더구먼. 아버지는 자전거 여행 후 7개월 뒤 돌아가셨다는데 그 당시 암 투병 중이셨다고. 죽기 전 늦둥이 아들과 기억에 남는 여행을 꼭 한번 해 보고 싶어서 그때 여길 오게 되었다구 하면서 말이야."

나는 우리 두 딸 어린 시절 읽어 주었던 일본 단편소설 《우동 한 그릇》이 떠올랐다. 글을 읽어 주며 오히려 내가 눈시울을 붉혔던 기억이 새롭다.

할머니와 얘기를 나누다 보니 어느덧 오후 5시 15분, 나는 여기서 저녁을 먹고 가기로 했다. 어차피 저수지에는 씻고 마실 물이 없을 거고 그러니 취사를 하려면 번거로울 게 뻔한 데다 저녁 시간도 되어 가니 먹는 걸 여기서 해결하는 게 날 듯했다. 무엇보다도 할머니의 밥을 먹고 싶었다. 역시나 할머니가 내온 반찬은 정성이 가득했다. 된장찌개에 손수 무친 나물은 돌아가신 내 어머니를 생각나게 했다. 밥 한 공기를 추가하여 두 그릇을 금방 비웠다. 할머니와 아쉬운 작별을 하고 나왔다.

할머니는 젊지 않은 나이에 이렇게 먼 길을 걸어 여기까지 온 나도 아마 쉽게 잊지 못할 거라며 여운 있는 한마디를 하셨다. 내가 언제 다시 걸어서 여기를 올지, 그때도 할머니는 살아 계실지. 할머니와는 이게 마지막일지도 모른다는 생각이 드니 속에서 울컥 눈물이 났다.

이제 한 시간 정도 더 걸으면 목적지에 도착한다. 김천시 남면 부상리를 지나는데 지명이 특이했다. 동네 사람에게 물으니 예전에는 이곳에 뽕나무가 많아서 그리 지어졌단다. 부상(扶桑)이라면 뽕나무가 받치고 있는 마을 뭐 이런 뜻일 게다. 하지만 동네 어디에 한자(漢字)도 없고 지명에 대한 설명이 없으니 마을 입구 정자에 쓰여 있는 '부상 쉼터'라는 말이 우스꽝스럽게 보였다. 마을 근처에 뽕나무는 하나도 보이지 않았다.

저녁 6시 반, 오늘의 목적지 김천시 남면 월명리 남북저수지에 도착했다. 저수지는 봄 가뭄에 물이 반 정도로 줄어 있었다. 어둑어둑해지는데 서너 명의 낚시꾼이 보이고 그들은 언제부터 그런 자세로 앉아 있었는지 미동조차 없었다. 본래 낚시꾼들은 남의 일에 관심이 없긴 하다. 찌만 바라볼 뿐이지. 그들은 한쪽에서 배낭을 푸는 내가 뭘 하는지 어디서 왔는지 관심이 없었다. 아마도 그들이 나를 흘낏 한번 쳐다본 건 조용히 하라는 경계의 눈짓일 게다. 낚시터는 철저히 혼자고, 철저히 고독하다. 집중력은 오직 찌에 모여져 있을 뿐이다. 그들은 이미 혼자만의 외로움에 익숙해져 있다. 오늘 밤 이 저수지에서 느끼는 낚시꾼들의 외로움과 나의 외로움은 분명 차이가 있다. 그들은 반딧불만 한 야광찌를 쳐다보며 밤을 지새우고 나는 쏟아지는 별들을 바라보며 밤을 지새우겠지.

저수지 물가 적당한 자리를 결정한 나는 수건에 물을 묻혀 얼굴과 발을 닦은 후 땀에 젖은 옷만 갈아입었다. 저수지에서 야영하며 씻는 건 애초부터 기대하지 않았다. 씻는 건 내일 아침 걷다가 주유소를 찾으면 된다. 오늘 점심과 저녁을 식당에서 해결했기에 내 배낭에는 먹을거리나 물도 조금만 채워져 있었다. 씻는 물로 알뜰하게 사용하고 먹는 물로도 아껴야 했다.

오늘 걸은 거리가 36.2km. 3.9km/1h(식사, 쉬는 시간 제외)로 쉬엄쉬엄 걸었으니 기운이 아직 남았는지 좀 더 걷고 싶은 유혹이 들었다. 하지만 하루쯤 몸을 푹 쉬게 하는 것도 좋으리라. 맘의 여유도 좋고. 무엇보다도 본래의 일자별 걷기 일정에 따르는 게 좋기 때문이었다. 이미 저녁을 먹고 도착지에 왔으니 나만의 밤 시간이 한참 길었다. 오늘 나는 좋은 밤을 보낼 거 같았다. 낚시꾼들은 원래 말이 없으니 걱정할 거 없고, 야광찌는 내가 눈만 감으면 안 보일 테고. 쏟아지는 별들을 보며 풀벌레 소리가 들려오면 나는 또 다른 세계로 옮겨 가겠지. 텐트 안은 또 다른 나만의 공간이었다. 한 평도 안 되는 공간에서 나는 몸을 뒤척이며 메모로 하루 정리를 마치고 관 속에 눕듯이 반듯이 누웠다. 하늘에는 수많은 별이 야광찌처럼 빛을 발하고 있었다. 물 위에도 하늘에도 모두 야광찌였다. 별은 그렇게 빛났다.

오늘이 9일 차, 임진각에서부터 정말 많이 걸어왔구나 하는 생각이 들었다. 지난 9일간의 시간이 주마등처럼 스쳐 지나갔다. 빗속에 걸었던 4일 차 55.4km가 너무나 힘들었는데 마치 오래된 기억처럼 떠올랐다. 시간은 아픈 기억도 모두 아름답게 채색하여 돌려주나 보다. 이번 국토종횡단 도보여행에서 아름다운 기억만 쓴다 해도 쓸 게 넘쳐 난다. 국토종단은 앞으로 5일 남았다. 두려움 같은 건 없어진 지 오래다. 마치 내가 몇 년을 이렇게 걸어온 것처럼 장거리 도보에 내 몸은 이미 익숙해져 있었다. 어느덧 남북저수지에서의 밤은 나를 아주 먼 아름다운 세상으로 끌고 가고 있었다.

제10장
호국의 다리 건너

■ 10일 차. 2017년 6월 13일
김천시 남면 남북저수지 – 왜관읍 – 대구시 경북대학교 (46.9km)

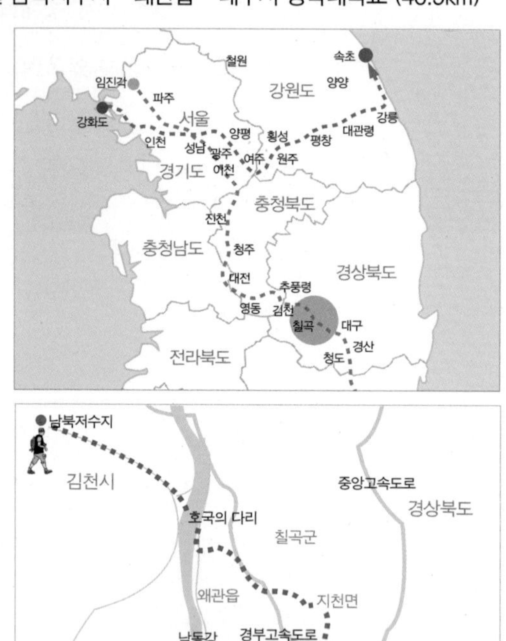

어제는 여유로웠다. 오늘은 또 많이 걸어야 한다. 46.9km. 남은 5일 중 4일간을 조금씩 앞당겨 걸어 부산에서 마지막 날의 여유를 즐기며 천천

히, 짧게 걷고 싶기 때문이었다.

아침 일찍 일어나 보니 다 가고 한 명의 낚시꾼만 보였다. 그는 어제 그 자리에 그 자세 그대로였다. 대단한 인내심에 감탄이 절로 나왔다. 아마도 그가 낚으려는 것은 물고기가 아닌 다른 무엇인가 보다. 낚시꾼이 낚시를 나갈 때 월척을 꿈꾸듯이 우리는 늘 행운을 꿈꾸며 산다. 우리 기억 속에는 행보다 불행의 기억이 더 많고 실제로 매일 힘든 일에 부딪히며 산다고 생각한다. 저기 낚시꾼은 빈 어망을 탓하지 않고 뭔가를 기다리고 있을 게다. 순간 나의 욕망이 부끄러워졌다.

내가 떠날 짐을 챙기는데 어젯밤과 마찬가지로 그는 내가 뭘 하는지 관심이 없었다. 나는 어젯밤 슬며시 왔다가 오늘 아침 슬며시 떠나는 것이다.

나는 남북저수지 둑을 넘어 올라와 한적한 도로를 걸으며 10일 차 일정을 시작했다. 배낭엔 먹을 게 별로 없어 초코바와 사탕을 번갈아 입에 물며 단 거로 우선 배를 채웠다. 먹을 물도 없는 저수지에서 취사도 할 수 없어서 아침은 가다가 적당한 식당이 있으면 먹을 참이었다.

한적한 시골길, 이른 아침이라 가끔 지나가는 차들만 한두 대 보였다. 저 멀리 좌측에 산세가 험한 산이 보이고 그 산의 밑자락 산길을 끼고 걸었다. 금오산이었다. 지경마을이라는 표지가 보이고 등산로 표시가 있는데 자세히 보지 않으면 보이지 않을 정도로 표지판이 나무숲에 가려져 있었다. 걸으며 보니 한적해서 걷기는 좋으나 금오산 산행을 목적으로 여기까지 오기에는 교통이 불편해서 이곳 등산로는 사람이 많이 안 찾는 듯했다. 사람들이 적고 문명과 떨어져 있는 곳이면 걷기엔 최적이다. 그래서 요즘 사람들은 오지를 일부러 더 찾아다니기도 한다.

산길을 돌아 기분 좋게 걷던 이 길은 얼마 못 걸어 칠곡대로와 합쳐졌다. 칠곡대로는 추풍령 옛 고갯길 옆 새로 난 도로 이름이다. 이 길은 김천으로 이어지는 영남대로 4번 국도이다. 나는 어제 4번 국도의 넓고 황량한 길을 걷기에 지루하여 옆으로 빠져나와 구(舊)길로 걷다가 지금 이곳에서 다시 4번 국도 칠곡대로와 만난 것이다. 여기서부터는 구(舊)길은 없어졌기에 넓은 칠곡대로를 따라 왜관으로 가는 수밖에 없었다. 칠곡대로는 경부선과 나란히 가고 있어 경부선 철로와 낙동강 왜관철교까지 병렬하여 달렸다.

약목역이라는 기차역이 보이고 맞은편에는 식당과 편의점이 옹기종기 모여 있었다. 아침 9시 반이니 아무것도 안 먹은 배는 계속 신호를 보내고 있었다. 한두 군데 있는 식당은 아직 문을 열지 않았고 편의점이 보여 들어갔다. 4일간 야영을 하며 샤워는 고사하고 시원하게 씻은 적도 없지만 이를 안 닦아 텁텁한 것은 참을 수가 없었다. 편의점 건물 화장실을 빌려 간단히 씻고 이를 닦았다. 오늘은 대구 시내의 사우나가 숙소니 오랜만에 목욕하는 저녁이다. 편의점에서 허기진 배를 간단히 채웠다. 요즘 편의점은 없는 게 없다. 도보 여행자들에게는 베이스캠프 같은 존재다. 24일간의 이번 도보여행에서 내가 가장 많이 들른 곳은 주유소와 편의점이었다.

늦은 아침을 먹었으니 나는 좀 빨리 걸어야 했다. 하루 46.9km는 정상적으로 걸으면 크게 무리 없는 거리지만 오전에 너무 여유 부리다 오후에 바삐 걷는다면 짧은 거리는 아니다. 그래서 나에게 오전, 오후의 시간, 거리 안배는 매우 중요했다.

왜관(倭館). 한번 꼭 가 보고 싶은 곳이었다. 왜 왜관을? 왜 그런지 이유는 나도 모른다. 아마도 지명에서 느껴지는 어떤 연상 때문이 아닌가 싶다. 고려~조선 시대에 왜인들이 낙동강을 거슬러 이곳까지 올라와서 장사도 하고 때론 노략질도 하고 했다는데 그래서 그들이 살았던 동네에서 유래되었다는 이름 왜관. 지금 칠곡대로를 걸으며 나는 타임머신을 타고 가는 느낌이다. 왜놈의 그 왜관으로. 서울에 한강이 있다면 경상도에는 낙동강이 있고 낙동강의 시작점엔 왜관이 있다.

칠곡대로는 갓길도 넓어 걷기에도 편했다. 왜관으로 내려 걷다 보니 어부골이라는 이정표가 보였다. 고기 잡는 어부인가. 근데 근처에 강은 보이지 않고 마을도 길에서 우측으로 돌아 산자락 밑이었다. 궁금하기도 해서 일부러 마을 안쪽으로 들어가 마을 이름의 유래를 물어보려 했는데 마을에 사람이 없었다. 시골 농촌의 낮은 대개가 그렇다. 집들이 문을 잠그진 않았지만 낮엔 집에 사람이 없어 몇 집을 헤매다 그냥 돌아 나왔

어부가 살지 않는 칠곡군 북삼읍 어로1리(어부골)

다. 어제 지나친 부상리의 부상 쉼터 정자가 한글로 읽히니 우스꽝스러웠는데 어부골은 틀림없이 어부와 연관되어 있을 거 같았다. 좀 걸어 주유소에서 물을 얻으며 혹시나 해서 물어봤는데 마침 어부골에 사시는 주유소 아저씨였다. 어부골 마을 초입에 예전엔 주막이 있었는데 어부골은 어부들이 낙동강에 고기 잡으러 가는 길목에 있어 오다가다 그 주막에서 막걸리도 한잔하고 했단다. 그리고 어부골에서 왜관 낙동강까지는 3km가 채 안 되는 거리라고. 처음 와 보는 내가 낙동강이 어디쯤 앞에 펼쳐질 줄 알아 어부골의 유래를 알겠는가? 낙동강이 어느덧 내 앞에 다가와 있었다.

걸어왔던 칠곡대로를 직진하지 않고 좌측으로 꺾어지니 낙동강을 건너는 다리로 이어졌고 그 다리를 건너니 왜관읍. 무심코 다리를 건너며 보니 양쪽에 철교가 있다. 왼쪽은 열차가 지나가고 있고 오른쪽도 철교인 듯한데 사람들이 걸어 다니고 있었다. 나는 다리를 건너가서야 내가 걸어온 다리 양쪽에 놓여 있는 철교에 대해서 알게 되었다. 다리 건너 우측에 두 철교에 대한 역사가 상세히 적혀 있었기 때문이었다.

건너오면서 본 오른쪽 철교는 1905년 일제가 만든 경부선 단선 철교로 현 호국의 다리며 왼쪽 철교는 왜관철교로서 1939년 경부선의 복선화에 따라 호국의 다리 50m 북쪽에 복선의 철교로 새로 만든 것이었다. 호국의 다리는 1950년 6·25 전쟁 당시 후퇴하던 국군과 미군이 낙동강을 건너 왜관에 최후의 배수진을 치면서 그해 8월 인민군의 도하를 막기 위해 폭파하였으며 전쟁이 끝난 후에는 나무로 임시 복구되어 사용해 오다가 1993년 인도교로 복구되었으며 낙동강 전투를 기리기 위해 그때부터 호국의 다리로 명명됐다고 쓰여 있었다.

6·25의 상흔이 그대로 남아 있는 왜관 호국의 다리

나는 낙동강을 건너 왜관 읍내에 닿자마자 다시 호국의 다리를 건너 낙동강을 또 건넜다. 일부러 호국의 다리를 왔다 갔다 걸어 봤다. 전장 469m의 호국의 다리는 산책하기도 좋고 낙동강을 한눈에 바라다볼 수 있어 다리를 걷는다는 것 자체가 큰 즐거움이었다. 호국의 다리에 얽힌 역사를 알고 건너니 감회가 더욱 새로웠다. 호국의 다리 위에서 6·25 때 산화한 영령들에게 잠시 묵념을 했다. 얼마나 많은 젊은이가 이유도 없이 죽어 갔을까? 피아의 구분 없이 이념의 혼란 속에서 전쟁의 도구로 나섰던 젊은 영령들이 가엾게 느껴졌다. 그때 죽은 영령들이 국군이든 인민군이든 미군이든 다들 고귀한 생명인걸.

왜관읍은 역사만큼이나 읍의 규모도 꽤 컸다. 왜관읍의 반은 미군기지가 차지한다는 말에서 알 수 있듯이 왜관의 한쪽은 미군기지로 사용되고 있었다. 내가 막연히 왜관에 대해 호기심을 갖게 된 것은 왜(倭)라는 단어에서 풍기는 느낌이 아닌가 싶다. 그래서 왜관읍에 도착하여 제일 먼저 찾은 것은 일본의 냄새였다. 그 냄새가 당연히 몇백 년 전 왜인들이 낙동강을 거슬러 올라와 이곳에서 생활했던 것과 연관되는 흔적은 아닐 것이라 예상은 했었다. 다만 일제 강점기의 흔적은 남아 있겠지 하는 정도였다.

모르는 지역에 가서 뭘 찾고자 할 땐 택시기사에게 묻는 것이 최고다. 나이 지긋하신 택시기사님 말인즉, 몇십 년 전만 해도 일본식 가옥들이 여럿 보였는데 지금은 읍내가 개발되면서 아파트도 많이 들어서고 다 없어졌단다. 그러면서 왜관초등학교 옆에 한두 개 남아 있다며 자기 택시를 타면 거기뿐만 아니라 왜관읍 구석구석 돌아다니며 소개해 주겠다고 제의를 했다. 하도 친절하기에 자칫하면 나는 택시를 탈 뻔했다. 돈을 요구할 게 뻔한데 순간 택시기사의 언변에 넘어갈 뻔했던 것이다. 어차피 걷는 중이니 두 발로 걸어서 천천히 보겠다고 했더니 택시기사는 아쉬운 표정을 지었다.

택시기사의 말을 기억하고 2km 정도 걸으니 초등학교가 보였다. 읍 단위 초등학교치고는 운동장도 넓고 꽤 커 보였다. 운동장에는 아이들이 체육수업을 하는지 이리 뛰고 저리 뛰며 놀고 있었다. 왜관초등학교는 왜관의 역사만큼이나 전통이 있었다. 1915년 설립된 초등학교니 웬만한 읍내 사람들은 이 학교를 졸업하지 않았겠나 싶었다.

왜관읍에 하나 남았다는 일본식 가옥은 학교 운동장과 담벼락 하나로 붙어 있었다. 이층집이었는데 2층은 분명 목재로 만든 일본식 가옥이었는데 1층은 벽돌로 보강했고 특히나 대문은 우리네 6, 70년대 양옥의 대문이어서 집의 구조가 많이 변형된 듯했다. 이 집에 누가 살고 있는지 궁

왜관읍에 몇 채 남지 않은 일본식 가옥

금해서 이웃 주민들에게 물어봤는데 모두 관심이 없었다. 일본식 가옥 앞은 고층아파트 단지로 변해 있었고 집 마당에 우뚝 자란 오래된 나무들만이 이 집의 역사를 말해 주는 듯했다. 그저 사람 사는 집이었다. 이게 왜(倭)의 냄새인가, 이걸 보려고 여기까지 걸어왔나 싶어 순간 허탈했다.

나중에 알았지만 이 집은 본래 일제 강점기 때 일본인이 지은 집인데 해방되고 왜관초등학교 교장관사로 사용되다가 오래전부턴 개인이 사서 산다고 한다. 이 집을 사게 된 연유가 궁금했지만 물어볼 데는 없었다. 오늘날의 왜관에 왜(倭)는 없었다.

왜관초등학교 인근에는 구상문학관이 있었다. 구상 시인은 이곳 태생은 아니지만 왜관에서 20년을 살았다고 한다. 문학관에 전시된 초고를 보니 구상의 원고 글씨가 어찌나 정갈한지 시인의 성격을 알 만했다. 문학관에는 이중섭, 박종화, 노천명 등이 구상에게 쓴 편지도 있었다. 우리

중·고등학교 때 외웠던 시 '모가지가 길어서 슬픈 짐승이여……'. 그가 있어 반가웠다. 그 당시에는 이 시가 이해되지 않았다. 모가지가 길어서 왜 슬프지? 하지만 국어 선생님은 우리 반 학생 모두에게 동일한 감상을 요구했다. 그땐 그랬다. 사람은 그림을 보든, 음악을 듣든, 글을 읽든, 열이면 열, 백이면 백, 느낌이 다른데 내 어린 시절에는 감정도 느낌도 모두 하나의 정답만이 있었다.

하지만 지금은 아니다. 58세의 청년인 나, 이번 나의 도전에 대해 대부분 사람은 이해를 못 했다. 아니 안 했다. 아내도 이해를 못 하니 당연한 거겠지. 나이 먹으면 그렇게 먼 거리를 걸으면 안 되고, 걸을 땐 꼭 목적이 있어야 하고. 우리는 감정도 느낌도 하나의 정답이었던 그 시절에 형성된 사고에 아직도 스스로가 지배당하고 있는지도 모른다. 나는 그러고 싶지 않았다. 또 다른 나를 찾고 싶었다. 그래서 나는 걷는다.

구상문학관 앞의 커피숍에서 커피와 샌드위치를 먹었다. 막연히 기대했던 왜관의 모습은 찾을 수 없었지만 왜관은 나에게 뭔가를 준 것임은 틀림없었다.

왜관에서 너무나 오랜 시간을 지체했다. 국토종단 남은 4일간 3일은 매일 걸어야 할 거리가 45km 이상으로 짧지 않다. 체력도, 계획도, 준비도, 방심해선 안 된다.

나는 왜관읍을 빨리 빠져나와야 했다. 시간은 벌써 오후 1시 반. 김천시 남면 남북저수지를 아침에 출발하여 7시간이 지났는데도 17km밖에 못 걸은 셈이었다. 두 시간을 넘게 쉬며 걸으며 왜관 읍내를 돌아다녔기 때문이었다. 가끔은 너무 많은 호기심과 섬세한 관찰, 그리고 감상에 젖어 한두 시간을 보낸 적은 있지만 이렇게 장시간을 한곳에 머물러 있던 건 처음이었다. 왜관읍이 읍치고는 꽤 크기도 했고 역사와 문학이 있는 곳이기는 하지만. 왜관을 떠나 대구 방향으로 걸으려 하니 갑자기 갈 길이 까마득하게 느껴졌다. 그래서 보는 것도 적당히, 즐기는 것도 적당히, 휴식도 적당히 해야 한다. 장거리 도보여행자에게는 거리와 걷는 속도에 따른 안배만큼이나 보고 즐기며 쉬는 시간의 안배도 중요하다.

오늘 도착지는 대구 경북대학교 인근이다. 여기 왜관읍에서부터 30km를 더 걸어야 한다. 나는 걸음을 빨리 할 수밖에 없었다. 이럴 때면 종종 나는 신체 반응을 무시하게 된다. 빠른 걸음으로 옛길 4번 국도로 계속 걸어갔다. 이 도로는 매우 한적하여 차량이 거의 다니지 않고 시골 내음을 한껏 맡으며 걸을 수 있었다. 또한, 경부선 철길을 끼고 나란히 길이 나 있어 철길을 옆에 두고 걷는 재미도 좋았다. 연화역, 신동역 모두가 경부선의 옛 추억을 간직하고 한 폭의 그림처럼 그 자리에 있었다.

지천면은 대구와 인접한 칠곡군의 면이다. 맘이 급하니 발걸음도 빨라져 왜관읍에서 지천면 용산리 지천초등학교까지 17km를 4시간 반 동안 쉬지 않고 단숨에 내달아 도착했다. 지천초등학교 운동장 나무 그늘에 앉아 잠시 쉬려고 신발을 벗고 보니 왼쪽 발목이 다시 약간 부어오른 것 같았다. 빨리 걷다 보면 아무래도 발을 빠르게 내딛게 되고 배낭의 무게도 내딛는 발걸음에 빠르게 전달된다. 그때 무릎이나 발목에 몸과 배낭의 하중이 그대로 전달된다. 다행히 발목은 크게 걱정할 정도는 아니었고 무릎도 괜찮았다. 하지만 이대로 계속 신체 반응을 무시하고 빨리 걸을 순 없었다. 나는 좀 더 쉬기로 했다.

하교 시간이 지났음에도 몇몇은 학교 운동장에서 뛰어놀고 있었다. 시골 농촌에서는 학교 끝나고 집에 가도 그다지 놀게 마땅치 않다. 부모들은 모두 논밭에 나가니 학교 남아 노는 게 더 나을지도 모른다. 나 어릴 적은 동네마다 애들 천지니 어느 동네 건 애들 떠드는 소리로 늘 왁자지껄했다. 요즘은 시골 동네에도 놀 아이가 없으니 이렇게 운동장에서 놀 수밖에 없는 게지.

한참을 쉬고 있는데 퇴근하던 선생님이 다가와 아이들 얘기를 해서 알았다. 여기 노는 아이들은 이 동네 아이들이 아니었다. 본래는 이 학교도 여느 시골 학교와 같이 학생이 없어 폐교 대상이었는데 몇 년 전부터 인접 대구의 아이들이 이리로 전학을 오기 시작했단다. 시골 학교의 자연스러운 학습 환경이 좋다는 바람이 막 불었던 그때였다. 한둘씩 전학 오더니 지금은 전교생 55명 중 30명이 대구에서 다니는 학생들이라고 한다. 부모가 직접 차로 태워 주는 경우도 있고 학부모들끼리 돈을 걷어 통학버스를 운영하는데 지금 놀고 있는 아이들은 대구에서 통학하는 아이

천진난만한 모습의 지천초등학교 아이들

들로 하교 통학버스를 기다리는 중이었다. 내가 헛짚어도 한참을 헛짚었다. 싫어서 떠났던 시골 초등학교가 이젠 도시 아이들이 몰려드는 학교로 바뀌었다. 하지만 학교가 어디에 있던 아이들만은 우리 어린 시절 천진난만한 모습 그대로였다.

지천면은 시골 아닌 시골이었다. 저 멀리는 경부고속도로가 보였다. 지천초등학교 바로 밑에는 지천 간이역이 있었다. 지금은 폐쇄되어 화물역으로만 운영되고 있었다. 역전에는 오래된 식당 두 군데가 영업하고 있었다. 하지만 사람이 없는 역으로 변해 장사의 어려움은 피할 수 없었는지 한 군데 식당은 문이 닫혀 있고 임대라는 종이가 붙어 있었다. 시골 역은 지천초등학교처럼 다시 찾아올 사람은 없을 테니 언젠가는 이 역도 수명을 다하지 않을까 안타까웠다.

우리는 얘기하다가 뭐가 지천으로 있네 하는 말을 자주 쓰곤 한다. 이곳 지천면은 '지천(枝川)'이라는 한자로 '지천으로 있네' 할 때의 지천(至賤)과는 전혀 다른 뜻이다. 그런데 지천 간이역의 입구 돌에 새긴 시구가 있는데 지천(至賤)이라는 단어로 지은 시였다. 지은이가 그런 의도로 시를 썼다면 나도 글귀 그대로 이해하고 싶었다.

왜관읍에서 지천 간이역까지의 17km 길은 전형적인 시골 도로였다. 지천면을 빠져나오자 대구가 눈앞에 펼쳐졌다. 차량으로 꽉 찬 도로, 고층의 아파트의 숲, 뭔가 바쁘게 움직이는 사람들. 조금 전까지의 여유가 한순간에 사라졌다. 수많은 차량, 시야를 가리는 빽빽한 건물들, 신호등, 그리고 무표정의 도시. 그래서 대도시를 걸을 때는 피곤함이 가중된다. 다행히 나는 2km를 더 걸어 번잡한 도로를 빠져나와 와룡대교를 건너 금호강 자전거 길로 접어들 수 있었다.

시간은 저녁 6시를 넘어가고 있었다. 지금까지 걸어온 거리가 34km. 앞으로 약 11km 더 걸어야 한다. 나는 되도록이면 밤 9시 전에는 목적지 사우나에 도착하고 싶었다. 4일간 야영을 하느라 샤워는커녕 제대로 씻지도 못했기 때문이다.

내 두 다리는 많이 지쳐 있었다. 점심을 샌드위치로 때워서 그런지 허기도 느껴졌다. 하지만 대구 금호강변에는 편의점이 없었다. 11km 정도는 버티면서 걸어 보자는 심산으로 금호강변에 접어들기 전에 간식거리도 준비하지 않았다. 뭔가는 먹어야겠기에 배낭 속을 뒤져 보니 라면이 있었다. 라면 한두 개는 늘 배낭 속에 있었다. 상할 염려도 없고 배고플 때 아무 데서나 끓여 먹으면 되니까. 나는 생라면에 수프를 뿌려 과자처럼 먹으며 걸었다. 중·고등학교 시절 이렇게 많이 먹어 봤다. 배가 고파 그런지 오늘 생라면이 그때처럼 맛이 괜찮았다.

날이 점점 어두워지고 걷는 속도도 현격히 더뎌졌다. 이젠 정신력으로 걸어야 했다. 금호강변 우측은 모두 아파트촌이었다. 평소의 나는 지금 이 시간이면 퇴근 후 뜨거운 물에 샤워하고 저녁을 먹은 후 소파에 누워 TV를 봤다. 이런 상상을 하면 내가 지금 왜 이러고 있나 하며 발걸음이 더 무거워진다. 그래서 잡생각을 떨쳐 버리는 게 정신력인 셈이다. 나는 생각을 바꿔 바로 도착할 사우나욕탕 안의 나를 상상하며 걸었다.

어둑해지는 금호강변을 걷는 건 매우 지루했다. 이렇게 대구는 나의 첫인상에 새겨졌다. 경북대학교 인근 사우나에 도착한 시간은 밤 9시 10분, 사우나에 도착하자마자 세차게 소낙비가 내렸다. 사우나 맞은편 24시간 뼈다귀해장국집이 있어 빈속을 가득 채웠다. 다행히 비는 맞지 않았고 해장국도 한 그릇 비웠으니 오늘 힘든 건 다 잊고 나름 성공적인 하루였다는 생각이 들었다.

4일 만에 물다운 물을 만난 나는 비누칠을 하고 껍질을 벗기듯 때를 밀며 욕탕에서 한 시간을 넘게 피로를 풀었다. 오랜만의 목욕이었기에 더 큰 행복을 느낄 수 있었다. 이젠 4일 남았다. 맘의 여유마저 생겼다. 나의 얼굴은 어느덧 욕탕 안 열기로 벌겋게 달아올라 있었다.

오늘은 짧지 않은 거리 46.9km. 4.3km/1h(식사, 쉬는 시간 제외)로 걸었다. 지금 나는 대구 경북대학교 근처 사우나, 뜨거운 욕탕 안에 들어와 있다.

제11장
청도로 가는 길

■ 11일 차. 2017년 6월 14일
대구 경북대학교 – 경산시 – 경북 청도읍 (44.5km)

4일간 연속해서 야영했던 나에게 사우나에서의 휴식은 달콤했다. 나의 몸은 어느 때보다도 가벼워졌다. 잠결에 코 고는 소리가 들리긴 했지만 잠을 못 이룰 정도는 아니었다. 아마도 나의 피곤함이 코 고는 소리를 이겨냈나 보다.

아침에 느긋하게 샤워를 하고 배낭을 챙겨 나왔다. 근처 김밥집에서 아침을 먹고 김밥 두 줄을 샀다. 김밥은 점심때 먹을 곳이 마땅치 않을 때나 출출할 때 걸으며 간식처럼 먹기에 딱 좋다.

나는 경산시를 거쳐 청도로 갈 계획인데 좀 더 확실히 길을 확인해 보자는 생각으로 김밥집 앞 버스정류장에서 길을 물었다. 두세 사람 모두 얘기하는 방향이 제각각이었다. 그러다가 내가 걸어간다 했더니 그 뒤부턴 아무 말도 없이 나를 물끄러미 쳐다봤다. 나는 혼자 알아서 가기로 하고 지도를 보며 걷기 시작했다. 대전 시내를 빠져나와 옥천 갈 때도 이랬다. 그래서 대구 같은 큰 도시는 벗어날 땐 헤매지 않게 조심해야 했다. 동대구역을 지나는데 출근길이라 사방에 차들이 꽉 막혀 있었다. 출근 전쟁은 대도시면 어김없었다.

큰길을 벗어나 금호강 쪽의 길로 들어섰다. 나무숲으로 가려져 금호강변은 안 보이고 왕복 2차선 좁은 길에는 차량이 뜸했다. 동대구역에서 얼마 안 걸었고 여기도 대구일 텐데 길이 너무 한적했다. 길을 잘못 들었나 싶었지만 걸은 지 얼마 안 되었기에 계속 앞으로 걸었다. 눈앞에 조그만 고개가 보였다. 좌측 기찻길 옆 담벼락에 '비 내리는 고모령'이라고 쓰여 있었다. 고개라고 보기에도 그렇고 그런 언덕 수준의 고개였다. 고모령은 유행가 노래 가사로 유명한데 괜히 이 고개를 넘는구나 하는 생각이 들 정도로 노래와는 어울리지 않는 언덕길이었다.

사실 고모령의 전설은 유행가 노래 가사와는 좀 차이가 있다. 그중 하나의 전설이 옛날 고모령에 홀어머니와 어린 남매가 살고 있었는데 남매가 서로 시샘하며 싸우는 모습에 실망한 어머니가 자식을 잘못 키웠단 죄스러움에 집을 나와 걷던 길이 지금의 고모령 길이고, 이 고개 정상에서 집을 뒤돌아본 것이 '어머니가 뒤돌아봤다'고 해서 고모령(顧母嶺)이 되었다고 한다.

어린 시절 나는 바닷가 마을에서 살았다. 50여 년 전에 우리네 삶이 다들 그랬다 하지마는 그 당시 바다는 특히 우리에게 넉넉한 삶을 허락해 주지 않았다. 바닷가 마을은 다들 사는 게 힘들다 보니 집집마다 곡절이 많았다. 나의 고향 친구인 영수는 나와 이웃하여 살던 친구다. 파도가 크게 치던 어느 날 영수 아버지는 영수 어머니의 만류를 뿌리치고 배를 띄웠다가 세상을 등졌다. 태풍이 며칠째 계속되어서 먹을 게 궁하니 어쩔 수 없이 파도가 잠잠한 틈을 타 바다로 나갔다가 변을 당한 것이었다. 그 후 영수 어머니는 혼자서 5남매를 책임져야 했다. 가뜩이나 어려운 시절에 가장을 먼저 떠나보내고 여자 혼자 5남매를 키우는 것은 감당하기 힘든 일이었다. 어린 5남매의 생계는 오로지 영수 어머니의 몫이었다. 영수 어머니는 새벽부터 들에 나가 일도 하고 오후에는 지친 몸을 이끌고 고기잡이배를 청소하거나 그물을 손질해 주면서 품삯을 받곤 했다.

그 당시 영수 어머니의 나이가 마흔 살이 채 안 되었으니 지금 생각하면 참 어린 나이였다. 영수 어머니는 본디 심성이 착하여 먼저 간 남편을 원망하진 않았다. 그저 업보려니 생각하며 어린 5남매를 키웠다. 하지만 가끔 자신을 생각하면 앞이 막막했던지 어떤 땐 부엌에서 넋을 놓고 쭈그리고 앉아 멍하니 있곤 했다. 아무리 내색을 안 한다 하더라도 영수 어머니가 왜 아니 힘들었겠는가? 언제부터인가 영수 어머니는 영수를 불러 막걸리 심부름을 시켰다. 그럼 영수는 찌그러진 양은 주전자를 들고 날 찾아와 같이 가자고 했다. 그 주전자는 영수 아버지가 평소 마시던 막걸리 주전자였다. 우리 둘은 언덕 너머 동네 구판장으로 달려갔다. 주전부리로 사탕 하나씩 사 먹는 재미 때문이었다. 막걸리 심부름을 마치고 집

노랫가락이 들리는 듯한 대구 수성구 고모령 고개

앞마당에서 놀다 보면 부엌 문틈 사이로 영수 어머님의 읊조리는 노랫소리가 들리곤 했다.

'어머님의 손을 놓고 돌아올 때엔~ 부엉새도 울었다오 나도 울었소~'

비 내리는 고모령. 그 당시 나는 노래 가사를 알 턱이 없는 대여섯 살의 어린 나이였지만 이 노래가 무척이나 슬프게 들렸다. 지금도 길거리를 가다가 이 노랫소리가 들리면 그 당시 부엌에 멍하니 앉아 있던 영수 어머니의 슬픈 얼굴이 떠오른다.

이제 고모령을 지나 경산시로 접어들었다. 대구월드컵경기장을 멀리 앞에 두고 좌측으로 돌면서 경산시를 지나기 시작했다. 우측의 경부고속도로를 끼고 있는 노변동을 지나 계속 걸으면 25번 국도로 접어들게 되고 그 길을 따라 계속 걸으면 오늘의 목적지 청도읍에 도착하게 된다.

25번 국도는 왕복 4차선으로 넓고 차량은 뜸해서 오히려 걷기에 쓸쓸할 정도였다. 경산시에서 청도읍 가는 25번 도로는 가로수 하나 없는 뻥 뚫린 시멘트 포장길이었다. 시야가 트여 좋다고는 하지만 한낮의 더위와 시멘트 포장도로에서 느껴지는 삭막함이 마치 황량한 사막 위를 혼자 걷는 기분이었다. 먹는 물도 떨어져 가는데 주유소나 가게도 없어서 나는 경산시 남천면 대명리에서 25번 국도를 벗어나 남천면사무소 방향으로 틀어 구길로 걸어 들어갔다. 좀 돌아가는 것이지만 한낮 내리쬐는 태양을 그대로 받으며 넓은 길을 걷는 것보다는 훨씬 좋았다. 남천면사무소 인근의 가게에서 생수와 빵을 사서 배낭에 넣었다. 한참을 걸으니 중앙고속도로가 위로 지나가고 고속도로 다리 밑 널찍한 평상에 할머니들이 쉬고 있었다. 어디나 다리 밑은 더위를 피해 쉬기 좋은 피서지다. 할머니들은 여기가 자기들의 경로당이라며 나보고 쉬어가길 권했다. 배낭을 풀고 앉는데 한 할머니가 먼저 말을 걸어왔다.

"시방 걸어서 다니는감?"
"네~."
"이 더위에 왜 걷남? 참 할 일도 없지 원. 쯧쯧!"

난 할 말을 잃었다. 화제를 돌리려고 내가 물었다.

"할아버지들은 어디 계시고 할머니들만 있어요?"
"영감들 다들 일찍 하늘나라로 가부렀제."
"적적하지 않으세요?"

"아이구 뭐가 적적혀. 혼자 사니깐 세상 편허구 좋은디."

동네에 50가구 정도 사는데 할아버지는 한 분뿐이란다. 남정네들은 젊어서 노름하고 술 먹고 속만 지질히 썩이다가 일찍들 돌아가셨다는데 그래도 살아 계시는 게 낫지 않냐 했더니 절대 아니라며 손사래를 쳤다. 그러면서 자기들도 산송장이라며 자려고 누우면 온 데가 쑤셔서 잠을 잘 수 없다며 영감 따라 빨리 가야지 하는 것이었다. 여든 살은 족히 되어 보이는 할머니들인데 시골에서 평생을 죽어라 고생한 대가로 노년에는 잠자리마저 편하지 못하니 할머니들의 마지막 삶이 애잔하게 느껴져서 코끝이 찡했다. 할머니들에게는 아름다운 노후, 그런 사치스러운 말보다는 하룻밤만이라도 아프지 않고 편히 자 봤으면 하는 게 꿈이었다. 우리네 어머니들은 모두 이렇게 고생을 고생이라고 생각지 않고 사셨나 보다. 할머니들을 보며 고모령에서 봤던 영수 어머니의 얼굴이 다시 떠올랐다.

남천면을 지나 나는 다시 25번 국도로 걸었다. 오늘 목적지 청도읍까지는 20km가 채 남지 않았다. 오후 시간에는 걷기에 좀 지루하더라도 쭉 뻗은 청도까지 이어진 25번 국도를 빨리 걸어 저녁 6시 전에 도착하여 일찍 쉬는 게 낫겠다 싶었다. 오늘은 청도읍에서 야영할 계획인데 장소를 정하지 않아서 일찍 도착하여 적당한 장소를 알아봐야 했다. 오후 1시가 넘어갔지만, 배는 고프지 않았다. 아침에 샀던 김밥 두 줄을 간식처럼 먹으며 걸었는데 그것도 점심으로 괜찮았다. 어떤 때는 식당에 앉아 쉬는 시간도 아깝긴 하다. 오늘 점심은 자연스레 그런 시간을 절약한 셈이었다. 점심이나 저녁을 식당에서 해결할 땐 휴대전화나 보조배터리 충전도 또 하나의 목적인데 충전은 어제 대구의 사우나에서 밤새 다 했다.

25번 국도는 여전히 한낮의 사막처럼 강렬한 태양과 도로의 지열로 뜨거웠다. 경산시를 빠져나와서는 좌측에는 태봉산, 우측에는 동학산, 저 멀리 앞에는 안산이 펼쳐져 있었다. 아름다운 산으로 둘러싸여 있는 도로를 걷는 것은 나름의 재미가 있었다. 연이어 이어진 산들이 겹치듯 펼쳐지는 그림은 넓고 길게 뻗은 25번 국도를 걷는 지루함을 그나마 달래주었다. 한참 만에 주유소가 하나 나와 쉬고 있는데 주유소 사장이 말하길 이곳은 대구, 부산 사람들이 트레킹으로 많이 찾는단다. 역시 사람 보는 눈은 비슷했다.

여기는 출발지인 경북대학교 인근에서부터 31km 지점. 시간은 오후 3시 반. 대구 시내를 빠져나오며 경산시까지는 대략 한 시간에 3.8km로 걸었고 경산시 지나 25번 국도를 걸을 때는 한 시간에 4.5km로 걸어온 셈이었다. 아무래도 번잡한 대도시 시내를 지날 때는 신호등도 많고 차량도 많아서 천천히 걸을 수밖에 없다. 남은 15km를 지금 속도로 걸으면 저녁 6시 전에 청도읍에 도착할 거 같았다. 시간은 넉넉했다. 배낭에서 빵을 꺼내 먹으며 걸었다. 마실 물은 주유소에서 보충했기에 충분했다. 나는 첩첩이 겹쳐 펼쳐진 산들의 아름다운 경치에 사진도 찍고 콧노래도 흥얼거리며 걸었다. 이 넓은 도로에 오가는 차들도 거의 없어 크게 소리 지르며 노래 부른들 누구 하나 뭐랄 사람도 없었다. 이런 길이 나기 전엔 청도는 아마도 깊은 산골 마을이었을 것이다. 그 정도로 내가 걷고 있는 이 길은 사방이 산으로 겹겹이 둘러싸여 있었다.

지금 온도는 33도. 오후의 햇볕이 따갑다. 나는 동반자를 불렀다. 내 그림자. 이놈은 어떤 땐 내 뒤를 쫓다가, 어떤 땐 내 옆에 나란히 가다가,

어떤 땐 나를 앞서 질러가기도 한다.

"피곤하지 않니?"
"아니. 넌?"
"난 좀 피곤한데 늘 네가 곁에 있어 좋아, 고마워."

이렇게 얘기하며 걷다 보면 그림자는 어느덧 나의 오랜 친구가 되어 있었다.

24일간 늘 나와 함께한 친구, 그림자

청도읍 도착 7km 전 소싸움경기장에 도착했다. 소싸움은 청도 하면 제일 먼저 떠오를 정도로 청도의 대표적인 문화축제가 되었다. 하지만 와서 보니 주말만 경기가 열리기에 경기장 문은 굳게 닫혀 있었다. 망설이다가 경기장 옆의 사무실에 가서 사정 얘기를 했더니 팀장이 손수 안내를 해 주며 경기장 안도 볼 수 있게 해 주었다. 휑한 경기장 안이었지만 나는 두 마리의 투우를 봤고 관중들의 함성도 들었다. 둘 중 누군가는 이겨야 끝나는 세상, 승자만이 웃는 그런 세상이 주말마다 이곳에서 펼쳐지고 있었다. 우리는 승자만 기억한다. 그래서 패자는 더욱 슬프다.

청도군은 소싸움경기장 운영에서는 패자가 된 듯했다. 운영하면서 계속되는 적자로 가뜩이나 재정이 취약한 청도군에서는 계속 운영해야 할지를 고민 중이라는 팀장의 말이었다. 듣고 보니 우리나라 대부분의 지자

청도군의 명물 소싸움 경기장

체가 홍보성 수익사업이 전시성 운용에 그쳐 지역 특성에 맞는 콘텐츠나 아이디어 고갈로 비슷한 처지가 아닐까 하는 생각이 들었다.

청도읍에 도착하니 저녁 6시 7분. 해는 아직도 서쪽 하늘에 걸쳐 있었다. 나는 오늘 대구에서 출발하여 여기까지 44.5km를 4.3km/1h(쉬는 시간 제외)로 걸었다. 이른 시간에 목적지에 도착하니 여유라는 놈이 갑자기 긴장에서 나를 풀어놨다. 서너 시간의 저녁 여유는 나에겐 정말 소중한 시간이다. 나는 저녁밥을 짓기 전에 청도 읍내 구경부터 나섰다. 청도읍은 청도군청이 있는 소재지이지만 작고 아담해 보였다. 읍내 인구가 만 명 조금 넘는다니 그럴 만도 했다. 청도군 전체 인구가 4만 3천 명(2017.1. 주민등록인구통계) 정도라니 청도읍에서만 사는 사람들이 적은 건 아니었다. 하지만 읍내는 조용했다. 읍내를 돌아보기에 30분이면 족했다. 나는 읍내의 느림이 좋았다. 여기는 모든 게 느렸다. 사람들 걸음걸이조차도.

청도읍 하천변 공원은 조성된 지 얼마 안 되어서 깨끗했다. 하지만 식수나 화장실이 없었다. 할 수 없이 하천변 공원 둑을 올라와 가까운 식당에서 식수를 얻었다. 식당 주인이 날 보며 깜짝 놀란다. 정말 걸어왔냐며 몇 번을 물었다. 아마도 이렇게 걸어서 여기까지 온 사람은 내가 처음일 거라나. 그럴 리가 없지. 하지만 순간 내가 영웅이 된 느낌이 들긴 했다. 식당 주인이 물도 맘껏 가져가고 식당에 딸린 안집에서 샤워도 하라는데 염치가 없어 세수만 하고 물만 담아 야영지로 다시 왔다. 청도의 인심이 나의 맘을 훈훈하게 만들었다. 청도 읍내를 구경하며 마트에서 사온 먹을거리로 밥을 지었다. 이제야 해가 넘어가는지 서쪽 저녁노을이 붉게 물들어 있었다. 도시에서 볼 수 없는 아름다운 풍경이었다.

슬리퍼로 갈아 신고 공원 하천변을 혼자 걸었다. 크지 않은 읍내라서 저녁 산책 나온 사람들은 많지 않았다. 슬리퍼에 반바지 차림이니 누가 보면 꼭 바닷가에 놀러 온 차림이었다. 나는 혼자만의 편안함에 취해 공원 여기저기를 한참 거닐었다.

어둠이 깔리고 공원에 덩그러니 혼자 남아 있는 나를 보고 누군가는 물을 것이다. 왜 걷느냐고. 이번 도보여행에서 많은 사람이 내게 그렇게 물었을 때 답을 할 수가 없었다. 나도 그 답을 알지 못하기 때문이다.

청도 읍내는 밤 9시가 넘자 대부분 불이 꺼졌다. 읍내는 그렇게 잠이 들었다. 하천변 공원이 25번 국도와 인접해 있어 가끔 자동차 소리가 들릴 뿐 사위가 조용했다. 나도 지금 자야 했다. 여러 생각이 떠오르면 고독해지고 그럼 또 왜 걷느냐고 나한테 물을 수도 있기 때문이었다.

제12장
새마을, 새 마음

■ 12일 차. 2017년 6월 15일
경북 청도읍 – 밀양시 – 경남 삼랑진읍 생태문화공원 (44.2km)

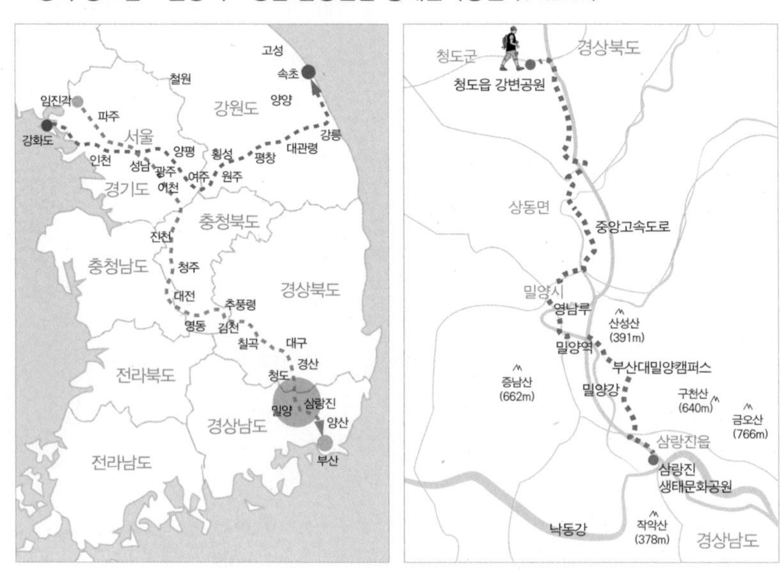

오늘은 국토종단 12일 차, 청도군은 새마을운동의 발상지다. 새마을 정신, 새 마음으로 하루를 시작해도 나쁘진 않으리라. 오늘 걸으면 국토종단은 이틀밖에 안 남는다. 나의 마음은 이미 종착점을 향해 걸어가고 있었다.

내 어린 시절에는 시골 동네마다 새마을 노래가 울려 퍼졌다.

새벽종이 울렸네~ 새 아침이 밝았네~

너도나도 일어나~ 새마을을 만드세~

살기 좋은 내 마을~ 우리 힘으로 만드세~

이 가사를 내가 아직도 생생하게 기억하고 있으니 얼마나 오랫동안 세뇌되었다는 말인지…….

새마을운동은 1970년에 박정희 정권이 농어촌 환경개선사업을 목적으로 시작했지만 정권의 수단으로 활용한 측면도 있었다. 그 당시 국민학교(지금의 초등학교), 중·고등학교 교과서에는 새마을운동에 관한 내용이 많이 있었고 이는 당시 정권의 치적을 부각하는 수단으로써 학생들을 세뇌한 면도 있었다. 하지만 새마을운동은 긍정적인 면도 많았는데 특히 농어촌의 주거환경이나 소득 증대, 농어촌 사람들의 폐쇄적 봉건적 사고를 깨치는 데 일조한 건 사실이었다.

나는 어제 걸어왔던 25번 국도를 타고 밀양시 방향으로 걷기 시작했다. 지금 걷고 있는 이 도로는 도로명부터 새마을로라고 쓰여 있었다. 조금 더 걸으니 초록색 새마을운동 깃발이 촘촘히 이어져 바람에 나부끼고 있었다. 아직도 이곳은 새마을운동이 한창인가 하는 착각이 들 정도로 온통 초록빛 새마을 깃발이었다. 이곳은 청도군 청도읍 신도1리, 새마을운동의 발상지였다. 사위는 산으로 둘러싸여 있고 그 옛날 변변한 길도 하나 없었을 테니 그만큼 외지고 못살아서 이 마을부터 새마을운동을 시작했는지도 모르겠다.

신도1리는 새마을운동이라는 이름을 업고 관광지로 변해 있었다. 지금은 없어진 신거역 광장 앞에는 조그만 전시관과 함께 맞은편에는 시골

청도읍 새마을로에 나부끼는 초록색 새마을운동 깃발

마을에 어울리지 않는 고급스러운 커피숍까지 있었다. 새마을운동이 오랜 시간을 거치며 낳은 이질적 마을 풍경처럼 보였다. 이 마을은 집들도 잘 정돈되어 있고 시골치고는 꽤 여유 있게 사는 것처럼 보였다. 하지만 새마을운동에 대해 말하자면 어린 시절 힘들게 살았던 기억이 더 많다.

새벽부터 스피커에서 울려 퍼지는 새마을운동 노랫소리는 온 마을을 깨웠고, 아침부터 마을 사람들을 다그쳐 마을 한가운데로 모이게 하기도 했다. 동네 사람들이 다 모이면 이장쯤 되는 사람이 오늘 할 일을 얘기해 줬다. 그럼 집으로 돌아가 밥을 먹은 후 삽이나 괭이를 들고 이장이 얘기했던 각자의 장소로 흩어져 나갔다. 새마을운동 때 내가 살던 시골의 가장 큰 공사는 도로포장 공사였다. 마을 사람들은 도로포장 공사장에 품삯 일꾼으로 나가 파헤쳐진 도로에서 돌을 골라 삼태기에 담아 길옆으로 쏟아 버렸고, 움푹 파인 도로는 흙을 날라 메꾸는 작업을 했다.

동네 아주머니들은 들일이나 고기잡이배 청소나 그물 정리의 품삯일이 없을 땐 도로포장 공사장에 나가 품삯을 벌었다. 영수 어머니도 그랬다. 어린 시절 새마을운동은 새 마을을 만들기 위한 운동이라는 기억보다는 힘들게 사는 사람들이 먹고살기 위해 막노동했던 기억이 더 많다. 나는 어린 시절의 힘들었던 기억을 되살리고 싶지 않아 서둘러 마을을 빠져나와 다시 25번 국도로 걷기 시작했다. 출발지인 청도읍에서 밀양시까지는 22km. 오늘 목적지인 밀양시 삼랑진읍 낙동강변에 있는 생태문화공원까지는 44.2km다.

새마을운동 발상지인 이곳까지 겨우 6km 걸었으니 이제 시작이었다. 지금 걷는 이 길에서 밀양시까지는 시골길 걷듯이 마냥 걸으면 된다. 걸으며 특별히 가 보고 기록할 곳은 없는 듯했다. 그저 눈에 보이는 대로 보면 된다. 어제 청도읍에 일찍 도착해서 충분한 휴식을 취했고 이제 국토종단도 거의 다 왔다고 생각되니 맘이 한결 가벼웠다. 나는 배낭의 무게도 잊은 채 걸었다. 점심은 가다가 길가 맛있는 식당을 찾아보자는 여유까지 생겼다.

6월 중순인 요즘 더위가 연일 맹위를 떨치며 34도를 넘나들기에 지열까지 고려하면 상당히 더운 날씨였다. 그래서 지금 몸이 가볍다 하더라도 방심은 금물이었다. 이럴수록 12시부터 오후 서너시까지 한낮 더위에는 무리하지 않고 나의 신체 리듬을 잘 읽을 필요가 있다.

아직 오전인데도 서서히 더위가 느껴지기 시작했다. 점심때는 꽤 더울 테니 시원한 콩국수로 메뉴를 결정했다. 지금은 몇 시간 뒤에 먹을 시원한 콩국수가 나를 걷게 만드는 동기인 셈이다. 나는 10여 km를 쉬지 않고 걸었다. 정오가 다가오니 하늘 꼭대기에서 내리쪼이는 태양이 모자를 뚫을 기세다. 모자를 쓴 이마에서 땀이 송골송골 맺혔다. 길가 나무 밑에 앉아 얼굴과 목덜미에 선크림을 덧바르며 잠시 더위를 식혔다. 한낮의 자외선은 특히 피부에 위험하다. 그을린 피부지만 더 손상이 가지 않게 적당히 선크림을 발라 줘야 했고 피부가 약한 얼굴이나 목덜미, 손등 등에는 더 많은 주의를 필요로 했다. 아내는 나의 피부 손상도 끔찍이 걱정했다. 선크림의 향기에 아내의 마음이 묻어 나왔다.

가끔 오가는 읍내 버스 기사가 앉아 쉬는 나를 보고 손을 흔들어 주었다. 나도 반갑게 손을 흔들어 주고. 대개 이런 시골에서는 읍내 버스가 짧은 거리를 한 시간에 한두 번 왔다 갔다 할 테니 기사들이 걸어가는 나를 틀림없이 봤을 것이다. 우린 이미 구면인 셈이었다.

걸을 땐 모르지만 쉬다 보면 잡생각에 입도 궁금해진다. 배고픔이 느껴졌다. 콩국수로 점심을 정했으니 콩국수 간판만 찾게 된다. 그런데 한적한 도로라 식당도 드물고 콩국수집은 더더욱 없었다. 나는 기다린다는 심정으로 계속 걸으며 찾기로 했다.

한낮 더위가 너무 심하니 주변 경관이 눈에 안 들어왔다. 고개를 들어 하늘을 쳐다보면 높고 청명했다. 실내에서 창밖을 통해 봤다면 황홀한 하늘 풍경이겠지만 도로 위에서 보는 지금의 하늘은 순간 나의 머리를 핑 돌게 했다. 그만큼 한낮에 걷고 있는 나는 지금의 청명한 하늘과는 이질적 조화였다. 직설적으로 말하면 걷기에 부적절한 매우 더운 날씨라는 얘기다. 쉬고 싶어도 나무 그늘 길바닥 외에는 쉴 만한 곳이 없었다.

조금 더 걸으니 커다란 초등학교가 보였다. 폐교였다. 좀 쉬고 갈 겸 호기심도 생겨 운동장을 가로질러 폐교 안으로 들어갔다. 폐교는 지역 영농조합이 임차하여 음식문화예술촌으로 바꾸는 중이었다. 학교 운동장 모퉁이에 있는 폐교 표지석을 보니 1929년에 설립되었다가 작년에 폐교가 된 학교였다. 역사나 규모로 봐서 한창때는 학생 수가 꽤 많았을 거 같았다. 폐교를 활용한 다양한 변화는 지역사회에 활력을 불어넣어 줄 것으로 기대되지만 운영자의 마인드, 콘텐츠의 부족, 위치적 한계 등으로 실패하는 경우가 더 많다. 비즈니스와 지역 문화를 연결하는 것은 그만큼 쉽지 않다는 얘기다. 어제 청도 소싸움경기장은 그나마 많이 알려졌는데도 적자에 문을 닫을까 말까 고민한다는데 이곳 폐교를 이용하여 지역 특색을 살린 비즈니스로 성공시킬지 의문이 들었다.

음식문화예술촌이라길래 먹을 게 있나 봤더니 교실 한쪽을 시식 장소로 해서 떡을 팔고 있었다. 먹을거리는 떡 종류 몇 개와 지역 특산물 정도였다. 배가 고팠던 나는 급한 대로 인절미 몇 개로 배를 채웠다. 덕분에 콩국수 생각은 잠시 사라졌다.

밥이나 빵, 떡은 탄수화물이 많은 음식으로 비만의 주원인이지만 걷거나 뛸 때는 반드시 필요한 영양소다. 이때의 탄수화물은 에너지의 근원이기 때문이다. 똑같은 영양소도 상황에 따라 달리 작용하니 무턱대고 좋다 나쁘다 할 건 아니다. 세상살이가 다 그렇다. 상대방을 배려한다는 것은 상황에 따라 처지를 바꿔 생각해 보는 것이다.

이곳은 밀양 시내로부터 5km 정도밖에 안 떨어진 곳이다. 시내와 이렇게 가까운 곳의 초등학교도 없어지니 요즘 시골, 농촌의 인구 감소를 피부로 느낄 수 있었다.

꽤 걸은 것 같은데 밀양 시내가 시야에 보이질 않으니 내가 제대로 가는가 싶어 길가 비닐하우스에서 일하는 농부에게 물어 보았다. 그는 계속 가다가 삼거리에서 산을 끼고 우측으로 돌면 밀양시청 가는 길이라고 가르쳐 주었다.

농부에게 물으며 서 있는 길 한쪽에 무슨 표지석이 보였다. 통합기준점. '이곳 통합기준점은 국토해양부 국토지리정보원의 지리좌표며 이곳은 위도 35도 31분 33.15초, 경도 128도 46분 01.97초, 표고 23.1m'라고 쓰여 있었다. 무슨 뜻인지 이해가 되진 않았지만 내가 디디고 있는 땅의 높이가 23.1m라는 것은 알 거 같았다. 이 길은 거의 평지나 다름없는 평평한 길이었다.

걸으며 검색해 보니 통합기준점이란 게 전 국토의 2~3km마다 있다는데 나는 오늘 처음 봐서 신기할 따름이었다. 이곳 통합기준점 안내판에는 근처에 콩국수 식당이 어디 있고, 밀양 시내까지는 몇 킬로미터 남았는지 그런 내용이 없어 아쉬웠다. 나는 농부가 가르쳐 준 대로 쭉 앞으로 걸어갔다. 통합기준점만큼 정확하진 않지만, 나의 추측 거리 기준점으

옛 정취를 느끼게 하는 녹슨 이정표

로는 여기는 출발지 청도읍으로부터 19km 지점인 듯했다. 지금 시간이 오후 한 시를 넘기고 있으므로 중간에 한 시간 정도 쉬며 걸었다 치더라도 시간당 4km도 안 되게 걸어온 것이었다. 빨리 걷겠다고 걷긴 했는데 맘만 그렇지 발걸음은 그렇지 않았던 거였다. 걷다 보면 이런 경우가 있다. 꽤 많이 걸어온 거 같은데 알고 보면 얼마 못 왔고. 이런 경우는 대개 여유를 부려서 그렇다. 오늘도 어제에 이어 야영이 예정되어 있기에 너무 늦게 도착해선 안 된다. 한낮의 더위가 나의 걸음걸이를 지루하게 만들었지만 서둘러 걸어야 했다.

밀양 시내에 접어드니 아파트와 식당들이 즐비하게 늘어서 있었다. 당연히 인절미 몇 개로는 오후를 견딜 수가 없다. 나는 점심을 먹어야 했다. 길가 중국집의 콩국수 그림이 한눈에 들어왔다. 찌는 듯한 더위에 배낭을 짊어진 등판에선 땀이 줄줄 흐르고 있었다. 나는 들어가자마자 콩국수 곱빼기를 외치고 배낭을 내려놓은 채 화장실로 가 세수를 하며 땀을 닦았다. 늘 하듯이 휴대전화와 보조배터리도 충전했다. 어제 청도읍 야영으로 보조배터리가 반만 남은 상태였다. 이 더위에 20여 km를 걸은 후 먹는 얼음 콩국수가 어찌 맛이 없겠는가! 하지만 꼭 그래서만은 아닐 것이다. 이곳 중국집의 콩국수 면발은 소면과는 다른 짜장면 면발을 사용하여 굵기가 굵고 먹는 느낌이 찰져서 입안이 풍성했다. 주인의 호의로 더 쉴 수도 있었지만 지금 시간으로 보면 나는 빨라야 저녁 7시에나 삼랑진읍에 도착할 수 있을 거 같기에 배터리 충전을 중도에 그만두고 식당을 나왔다. 23km 남았는데 시간은 오후 2시 15분, 여유 부리지 말고 꾸준히 걸어야 하는 거리다.

밀양 하면 영남루다. 밀양강을 한눈에 내려다보는 영남루는 영남제일

루라는 현판 글씨대로 영남 제일이라는 데 손색이 없었다. 영남루는 밀양강을 굽어보며 아름다운 자태를 뽐내고 있었다. 내가 밀양 시내를 어떻게 지나 삼랑진읍으로 갈 건가를 손으로 집어 알 수 있을 정도로 영남루에서는 밀양시가 한눈에 들어왔다.

영남루는 정면 다섯 칸, 측면 네 칸의 익공식(翼工式) 겹처마 팔작지붕 건물인데, 조선 시대 밀양도호부의 객사 부속 건물로 손님을 접대하거나 사람들이 주변 경치를 보면서 휴식을 취하던 건물이었다. 나는 영남루 경치에 취해 잠시 쉬어 가기로 했다. 운동화도 벗고 배낭도 풀고 영남루 누각에 기대어 누웠다. 영남루가 세워져 있는 곳은 절벽은 아니지만 몇 발짝만 나가면 절벽이었다. 문득 이걸 이렇게 지탱하고 있는 게 뭔가 싶어 영남루 밑으로 내려가 보았다. 가로세로 다섯 줄 씩 납작한 주춧돌에 큼지막한 나무기둥이 영남루를 받치고 있는데 내 눈에 비친 25개의 주

밀양강이 한눈에 내려다 보이는 영남루

춧돌과 나무기둥은 어깨에 무거운 짐을 짊어 멘 25명의 힘센 장사의 모습처럼 보였다. 나는 그 나무기둥의 의연함에 저절로 고개가 숙여졌다.

영남루만 보고 갈 수는 없었다. 영남루와 이어진 산을 올라가면 밀양읍성이 있는데 이곳은 영남루보다 더 높은 곳이기에 밀양강과 밀양시는 물론 저 멀리 낙동강 지류까지도 한눈에 보였다. 국토종단 4일 차 곤지암에서 광혜원 가는 일정에서 죽산의 죽주산성을 그냥 지나칠 수밖에 없었던 아쉬움을 밀양읍성 길을 오르며 위안으로 삼았다.

밀양은 사명대사가 태어난 곳이라는 사실을 영남루 뒤편에 있는 사명대사 동상을 보고 알게 되었다. 여러모로 밀양은 나의 발걸음을 붙잡았다. 강과 읍성, 느림과 여유. 하루 묵으며 이곳에서 쉬고 싶었다. 하지만 계속 걸어야 했다. 나는 밀양 시내, 밀양역을 지나 삼랑진 방향으로 걸었다.

삼랑진으로 걸어가는 길은 두 갈래 길이 있다. 하나는 낙동강변을 따라 걷는 것이요 다른 하나는 부산대학교 밀양캠퍼스를 지나 미전고개를 넘는 길이다. 물론 낙동강 길을 따라 걷는 게 낭만도 있어 좋겠지만 많이 돌아가기에 빠른 길처럼 보이는 미전고개를 택했다. 그런데 이건 결과적으로 잘못된 선택이었다. 삼랑진 음달산 미전고개 정상이 187m밖에 안 되지만 지루하게 구불구불 이어지는 8km의 길이었고, 내가 고갯길을 걷기 시작할 즈음은 시간은 이미 오후 4시 반을 넘기고 있어서 내 신체는 빨간불이 들어오기 시작하는 상태였다.

영남루와 밀양읍성을 돌고 내려온 나는 밀양 시내에서부터 미전고개 오르막길이 시작되는 삼랑진읍 청학리 청용마을까지 7km를 급한 마음에 정신없이 걸어왔다. 오늘은 여러모로 신체 균형 유지에 실패한 날이었다. 오전엔 너무 여유롭게 걸었고, 영남루에선 너무 쉬었고, 거길 내려와서는 뛰다시피 걸었고.

미전고개의 오르막은 4km 정도 계속되었다. 두 다리가 무거웠다. 얼굴을 찌푸리며 한참을 낑낑대며 걸어 올라가는데 저 위에서 근처 사찰의 스님 한 분이 내려오고 있었다. 정상이 멀었냐니깐 아직 좀 더 가야 한다며 스님이 나보고 "왜 그렇게 걷느냐?"라고 물었다. 아마도 내가 인상을 찌푸리며 힘들게 걷는 게 안쓰러웠나 보다. 내 얼굴은 스님의 평온한 얼굴과는 너무나 대조되었다. "스님은 왜 사세요?" 내가 되물었다. 그랬더니 자기도 지금 수행 중이라 잘 모르겠다며 그저 웃었다. 나도 웃을 수밖에 없었다. 나도 내가 왜 걷는지 모르기 때문이었다.

이 정도의 고개는 정상적인 상태라면 쉽게 넘는 고개였다. 하지만 오늘은 오후 들어 왠지 모르게 지쳐 갔고 마치 마라톤 마지막 구간을 지나는 느낌이었다. 배낭이 두 배로 무겁게 느껴졌다. 6월이라고 한낮의 더

미전고개 정상에서 바라본 낙동강 평야

위를 너무 가볍게 본 건 아닌지. 게다가 길고 지루하게 늘어진 고개가 나를 더욱 지치게 했다.

미전고개를 그렇게 걸어 올랐다. 그렇게 힘들게 걸어 올라온 고개는 정상이랄 것도 없이 슬그머니 내리막이 시작되었다. 그만큼 완만하고 지루한 길이었다. 미전고개 정상을 지나 내려가다 보니 보도연맹학살사건 표지가 보였다. 그냥 지나치면 모를 정도로 외진 곳이었다. 지금은 다른 데로 도로가 나서 차량도 거의 다니지 않는 한적한 이 미전고갯길, 6·25 때 밀양국민보도연맹 사건으로 알려진 학살사건이 고갯길 정상 후미진 이곳에서 왜 일어났을지 알 것 같았다. 이곳의 상처는 이념이라는 괴물이 만든 동족 간의 살육이었다. 같은 혈육의 이웃들이 이념의 괴물에게 홀려 서로를 죽였으니 시대를 잘못 타고 난 혼령들이 불쌍할 따름이었다.

미전고개 내리막길이 계속되었지만 빠르게 걷기가 겁났다. 많이 피로한 상태에서 욕심을 부리다가는 다 나은 왼쪽 발목이 또 문제가 될 수도 있기 때문이었다. 조심스럽게 걷다 보니 시간은 어느덧 저녁 7시. 내리막이 끝나 가는 지점의 미전삼거리에 도착했다. 직진하여 삼랑진 읍내로 진입하여 낙동강 방향으로 우회전하면 오늘의 목적지가 나온다. 여기서 목적지 삼랑진 낙동강변 생태문화공원까지는 약 3km. 많이 지쳐 있던 나는 빨리 가서 쉬고 싶은 맘에 스스로 방향을 판단하여 앞으로 걷지 않고 미전삼거리에서 우측으로 걸었다.

아뿔싸! 그 길은 삼랑진에서 밀양으로 다시 나가는 또 다른 도로 삼상로였다. 내가 길을 잘못 들었다고 깨달았을 땐 이미 2km 더 걸어 들어온 뒤였다. 몸이 지치고 피곤할 때 길을 잘못 들면 난감하기 짝이 없다. 잘못 걸어온 길만큼 되돌아 나가야 하니 그걸 깨닫는 순간은 몇 배 손해

콰이강의 다리가 있는 삼랑진 낙동강생태문화공원

본 느낌이 든다. 이럴 땐 오히려 나를 달래는 게 좋다. 긍정의 힘. 2km 걸었으니 망정이지 더 걸었다면 어쨌을까. 나는 스스로 위안하며 잘못 걸었던 길을 되돌아 나왔다.

목적지에 도착했을 때 시간은 밤 8시를 훌쩍 넘기고 있었다. 나는 오늘 44.2km를 3.8km/1h(식사, 쉬는 시간 제외)로 걸어 이곳에 도착했다. 날이 이미 어두워져서 그런지 낙동강 공원에는 산책하는 사람들조차 보이지 않았다. 조그만 손전등에 의존해서 간신히 텐트를 쳤다. 강변 둑을 올라와 가까운 식당으로 들어갔다. 사정 얘기를 하고 식당 마당에 있는 수돗가에서 간단히 씻고 이곳의 명물이라는 민물수제비매운탕으로 저녁을 했다.

오늘은 예상치 못한 몹시 힘든 하루였다. 하지만 나는 이번 국토종단에서 그렇게 걷기를 바랐던 낙동강 유람의 시작점에 와 있다. 부산이 코

앞에 다가와 있었다. 내가 오늘 묵을 이 드넓은 낙동강변이 모두 내 집처럼 느껴졌다. 어둠 속 낙동강은 나를 덮을 이부자리처럼 포근하게 나에게 다가왔다. 나는 별들을 보며 깊은 감상에 빠졌다. 조금 전까지 느꼈던 극심한 피로는 서서히 나를 떠나가고 있었다. 이렇게 나의 신체는 다시 원래의 상태로 돌아오고 있었다. 나는 내일 또 걸을 수 있다.

드넓은 삼랑진읍 낙동강변 생태문화공원에 텐트 하나, 그 속에 한 사람. 가끔 야생의 소리가 들렸다. 나는 외로움뿐만 아니라 무서움도 극복해야 했다. 나는 낙동강의 이불을 덮고 깊은 잠에 빠졌다.

제13장
낙동강 물줄기 따라

■ 13일 차. 2017년 6월 16일
경남 삼랑진읍 생태문화공원 – 부산 금정산 – 부산 동래 (45.7km)

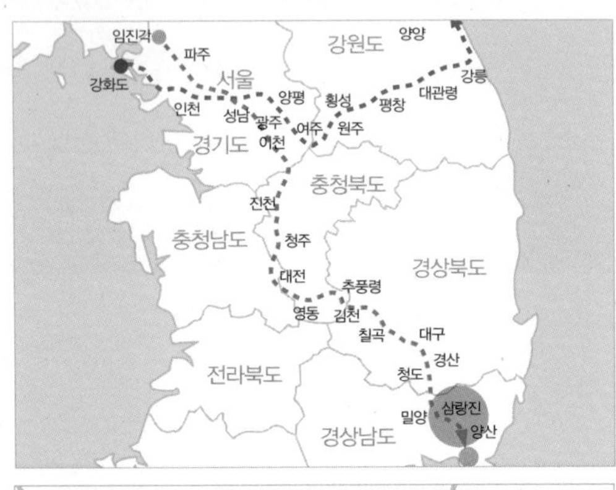

삼랑진읍 생태문화공원 낙동강변의 아침은 어느 곳과 비교해도 손색이 없을 정도로 아름다웠다. 어제는 밤늦게 도착해서 잘 볼 수 없었던

아름다운 광경이 아침 햇살에 눈부시게 펼쳐졌다. 갑자기 이곳에서 오랫동안 살고 싶어졌다. 그만큼 아름다웠다. 조금이라도 이곳에서의 여유를 더 즐기고 싶었던 나는 평소보다 늦은 아침 7시 반에 출발하기로 했다.

강변에는 아침 산책을 나온 사람도 여럿 보였다. 강아지를 끌고 산책하던 한 젊은이가 내게 다가왔다. 나의 얘기를 듣더니 놀라며 자기는 내년에 자전거로 유럽을 여행할 계획인데 이뤄질지 모르겠단다. 요즘같이 젊은이들이 힘들어하는 시대에 꿈마저 잃는다면 그들에겐 무슨 희망이 있겠는가. 나중에 기회가 되면 용기 주는 한마디라도 해 주고 싶어 젊은 친구의 전화번호를 저장했다. 그는 나를 보고 용기를 얻은 듯했다.

나는 늘 꿈을 꾸며 살아왔다. 때론 허황한 꿈도 꾸었지만 꿈이 있었기에 30년의 직장생활도 잘 해낼 수 있었다. 나에게 꿈은 희망이었다. 나는 지금 58세의 청년이다. 청년이라면 당연히 꿈을 꾸어야 한다. 꿈을 꾸는 나는 그래서 늘 청년으로 살고 싶다.

삼랑진 낙동강 철교는 일명 '콰이강의 다리'로 불린다. 6·25 전쟁 당시 파죽지세로 밀고 오는 인민군에 맞서 1950년 8월 국군과 미군은 이곳 낙동강 철교를 최후의 마지노선으로 삼았다. 그때의 처절함을 조금이라도 기억하기 위해서인지 사람들은 지금 이 다리를 베트남전 영화 속 다리인 콰이강의 다리라고 부른다. 나는 콰이강의 다리와 작별을 하고 낙동강 자전거 길을 걸으며 하루의 첫발을 내디뎠다. 이 길은 한강 아라뱃길과 마찬가지로 자전거 길과 걷는 길이 나란히 가기에 걷기에도 좋았다. 자전거 타기나 걷기나 모두 좋은 길이었다. 국토종단 13일 차에 나는 드디어 부산을 향해 아래로 걸었다.

낙동강은 본류의 길이가 525km로 남한에서는 제일 긴 강이며, 한반

아름다운 낙동강의 아침과 어울리는 삼랑진 철교

도 전체로는 압록강 다음으로 길다. 총 유역 면적은 남한 면적의 25%에 해당한다. 지금 내가 걷고 있는 곳의 낙동강은 삼랑진 부근에서 밀양강과 합쳐져 흐른다. 이 강줄기는 남쪽으로 흘러 부산의 서쪽에 닿은 후 바다로 흘러간다.

금요일 평일이라 라이더는 많지 않았다. 한 라이더가 내 배낭에 쓰여 있는 임진각~부산역의 글씨를 봤는지 "대단하심더! 부산 다 왔어예."라며 용기를 북돋아 주었다. 삼랑진읍을 벗어나 양산시로 접어들면서 낙동강은 더욱 내게로 가까이 다가왔다. 낙동강 위에 구름다리처럼 걸쳐진 길은 환상적이어서 감탄이 절로 나왔다. 나는 마치 구름 위를 걷는 선녀처럼 넘실대며 걸었다. 이 맛을 느끼려 여기까지 걸어왔구나! 13일간 쌓였던 피로가 한 방에 가시는 듯했다. 구름다리 왼쪽 절벽 위에는 경부선 철로로 기차가 지나가고 있었다. 말로 표현할 수 없는 자연과의 조합이었

구름 위를 걷는 듯한 환상의 낙동강 길

다. 나는 가던 발을 멈추고 되돌아 걷고 또다시 걷고, 몇 번이나 그렇게 걸었다. 그만큼 한 번으로 지나치기 아쉬운 절경이었다.

이번 국토종횡단에서 가장 아름다운 곳을 손꼽으라면 나는 단연 이곳 삼랑진에서 양산 가는 낙동강 구름다리 길을 꼽을 것이다. 이 길이 전국 자전거 길에서 환상적인 코스로 손꼽힌다니 그 또한 당연하다. 절벽을 끼고 도는 기차, 낙동강의 한쪽을 휘감으며 걸쳐 있는 구름다리. 그동안 살아오면서 내 몸에 몇 겹으로 걸쳐 있던 가식의 꺼풀이 낙동강의 바람에 벗겨져 날아가 버렸다.

이 길에서는 지금까지 얼마를 걸었으며 어느 속도로 걸었는지는 중요치 않았다. 오히려 더 천천히 걷고 싶었다. 나는 지금 낙동강의 일부분이 되었다.

낙동강 위 구름다리 길을 걸으며 고개를 들면 보이는 왼편 깎아지른

몇백 년 전에도 조상들이 걸었을 낙동강 황산잔로 벼랑길

절벽 위 철길은 그 옛날 조선 시대 사람들이 도성으로 가기 위해 걸었던 길이었다고 한다. 그 험준한 벼랑길을 걸으며 오줌을 지리지는 않았을까 할 정도로 경사가 가파른 절벽 길이었다. 낙동강 황산지역의 험준한 벼랑 끝에 세워진 길이라는 뜻의 황산잔로는 1694년 이 길을 정비한 것을 기념한 황산잔로비를 봐도 역사가 꽤 긴 것을 알 수 있었다.

경관이 좋아 가게나 화장실은 이곳에 어울리지 않는다는 듯 이 길에서는 물과 먹을거리는 스스로 챙겨야 했다. 거의 10km에 하나 정도 쉼터가 있었다. 나는 양산시 가야진사까지 신선이 되어 걸었다. 양산시 가야진사 쉼터에는 많은 라이더가 쉬고 있었다. 나도 냉커피를 한잔하며 정자에 배낭을 풀었다. 낙동강은 앉아 쉬면 풍류였다. 나그네는 시조 가락에 풍류가객이 되었다. 내일이 마지막이라는 안도감마저 더해지자 나는 가야진사 쉼터 정자에 그냥 벌렁 누워 버렸다. 잠깐 잠이 들어 꿈을 꾸었다.

"옛날 양주 도독부의 한 전령이 공문서를 가지고 대구로 가던 길에 주막에서 하룻밤을 묵었다. 꿈에 용 한 마리가 나타나 남편용이 첩만을 사랑하고 자기를 멀리하니 첩용을 죽여 주면 은혜를 갚겠다고 했다. 전령이 사정을 딱하게 여겨 다음 날 첩용을 죽이기 위해 용소에 갔는데, 실수로 남편용을 죽이고 말았다. 슬피 울던 본처용은 보답으로 전령을 태우고 용궁으로 갔다. 그 후 마을에 재앙이 그치지 않아, 사당을 짓고 용 세 마리와 전령의 넋을 위로하기 위해 매년 봄과 가을에 돼지를 잡아 용소에 던지며 제사를 지내고 있다." 가야진사에 전해지는 전설의 내용이었다.

지금까지 걸어온 거리는 고작 9km. 오늘 45.7km를 걸어야 하고 부산 금정산 고개 넘기가 쉽지 않다는 것도 모르고 나는 정자에서 계속 쉬었다. 그래서 결국 오늘 나는 오전엔 천당을, 저녁엔 지옥을 왔다 갔다 했다.

사실 낙동강을 그냥 빠른 걸음으로 지나치기엔 너무나 아쉬웠다. 낙동강 황산언은 양산시 물금읍 가기 전에 있었다. 황산언 넓은 지역에서 발견된 유물들은 오래전부터 이곳에서 사람들이 살아왔고 물을 이용하면서 농경 생활도 했음을 보여 주고 있었다. 내가 걷는 이 길은 아마도 수천 년 전에 그 누군가도 걸었을 것이다. 가야진사에서 황산언을 지나 물금읍 방향으로 걷는데 자전거 한 대가 내 곁에 섰다. 자전거로 국토종단 중인 할아버지였다. 임진각에서부터 진짜 걸어오는 거냐고 물었다. 힘내라고 양갱을 하나 주는데 나는 줄 게 없었다. 한국 사회에서는 나이를 무척 따진다. 하지만 길 위에서 나이는 무의미하다. 이번에 걸으며 만난 라이더 할아버지들은 기꺼이 나를 친구로 맞아 주었다.

감사하다는 말로 나의 뜻을 전하고 다시 낙동강 길을 걸었다. 자전거 할아버지는 뒤에서 걷는 나를 몇 번이나 뒤돌아보며 손을 흔들어 주었다. 좋은 사람들과의 인연은 항상 맘을 기쁘게 한다. 이번 1,000km 국토 종횡단 도보여행에서 많은 사람을 만났다. 대부분 맘이 따뜻하고 순박한 사람들이었다. 그런 사람들에 대해서는 특별하게 적을 게 없었다. 미사여구가 더 가식이기 때문이다. 내가 그저 맘속에 아름다운 사람으로 기억하는 게 최고의 글이기도 했다.

양산시 물금읍을 지나니 부산이 성큼 앞으로 다가왔다. 낙동대교가 보였다. 저길 넘으면 부산이다. 나는 빨리 부산 땅을 밟고 싶은 맘에 서둘러 걸었다. 서둘러야 했던 것은 낙동강 길을 너무나 천천히 걸은 탓도 있었다. 낙동대교까지는 출발지 삼랑진에서부터 23km 지점. 앞으로 남은 거리는 22.7km. 근데 지금 시간이 오후 3시. 어찌 됐든 아침 7시 반에 출발하여 오후 3시인데 이제 반 걸었으니 정말 너무나도 한가로운 낙동강 유람 길이었다.

나는 정신을 바짝 차려야 했다. 더 여유부리다가는 오밤중에 목적지인 부산 동래온천에 도착하게 생겼으니.

부산시 북구 화명대교에 왔다. 부산 지리를 모르니 동래 가는 길을 다시 한번 물어봐야 했다. 산책하던 중년의 아저씨가 나의 행색을 보고 알아봤는지 걸어간다면 금정산을 넘는 게 제일 빠른 길이라고 말했다. 나는 애초 계획대로 금정산을 넘는 수밖에 없었다. 걸어서 더 빠르게 가는 길은 없었다. 금정산을 넘으려면 화명대교에서 빠져나가라는 아주머니의 말을 안 듣고 혹시 만덕터널 쪽으로 질러 가는 다른 길이 있나 해서 직진하는 바람에 다시 화명대교까지 돌아와야 했기에 4km는 족히 더 걸은 꼴이 되었다. 다시 물어 금정산 고갯길로 들어가는 초입에 접어들었을 때 시간은 이미 저녁 6시 반을 지나고 있었다.

오늘은 아침부터 삼랑진읍 낙동강 경치에 빠져 평소보다 한 시간 늦은 7시 반에 출발하기도 했거니와 낙동강 길을 유람한다고 걷다 쉬다 했고, 양산시 가야진사에서는 정자에서 낮잠까지 즐겼으니 여유를 부려도 너무나 부렸다.

그래서 결국은 아침 7시 반에 삼랑진 낙동강을 출발하여 36.5km를 걸어 금정산 고갯길 입구에 저녁 6시 반이나 돼서야 도착했다. 사위는 어둑어둑해지는데 아직도 11.2km가 남았다. 그것도 평지가 아닌 금정산 고개를 넘어야 했다. 금정산 고갯길 초입에서 내가 걸어서 간다니 사람들이 의아한 표정으로 날 쳐다봤는데 그 이유를 고갯길을 걷기 시작하면서 금방 알게 되었다. 나는 금정산을 걸어 넘는 게 쉽지는 않을 거라는 말을 귀담아듣지 않은 대가를 톡톡히 치렀다.

금정산은 해발 801m의 높은 산이다. 내가 걷고 있는 이 고갯길의 정

어둠이 깔리기 시작하는 부산 금정산 고갯길

상도 해발 400m가 넘었다. 추풍령고개로 미리 겁먹었던 그 높이가 221m였는데 금정산은 추풍령이나 어제 걸었던 미전고개와는 차원이 다른 고갯길이었다. 게다가 사위는 이미 어두워져서 갓길도 없는 고갯길은 걷기에도 위험했다. 길고 지루한 오르막은 그 길이만도 5km가 족히 되는 거 같았다. 요즘 이 고개를 걸어서 넘을 부산 사람은 아무도 없을 것이다. 하지만 만덕터널이 개통하기 전에는 이 산길 도로를 통해야만 동래로 갈 수 있었다고 한다. 거의 두 시간을 걸어 정상에 다다르니 금정산성 먹을거리촌이라는 성문 모양을 한 큰 간판이 보였다.

평일 늦은 시간이라 그런지 대부분의 식당이 문을 닫았고 불이 꺼져 있었다. 식당가 안쪽으로 더 들어가 보고 싶지도 않았다. 빨리 하산하고 싶은 맘뿐이었다. 이미 시간은 밤 8시 반을 넘기고 있었다. 내려가는 길은 꾸불꾸불 어디가 어딘지 알 수도 없었다. 갓길도 없어 가끔 오가는 차들에 주의하느라 발걸음도 빨리하기 어려웠다. 계속해서 내려가는데 가끔 오가는 차량 불빛이 이곳이 내려가는 길임을 확인해 주었다. 나는 그냥 도로 바닥만 보고 내리막길을 내려왔다. 얼마를 걸었을까. 정신없이 걸어 내려오니 숲 사이로 아파트 단지 불빛이 보였다. 반가운 불빛이었다.

시간이 너무 늦었기에 나는 어디 묵을 곳을 찾는 게 급했다. 부산 동래의 기억은 희미했다. 그곳의 여관이나 장은 온천물이 나온다는 기억만이 있었다. 지금 나는 온천물이 나오든 안 나오든 상관이 없다. 그저 빨리 씻고 눕고 싶은 맘뿐이었다. 온천장역 방향을 물어 조금 더 걸으니 온천 모양의 네온사인이 보이는 여관들이 눈에 들어왔다. 여관이 맘에 드는 것은 둘째고 제일 먼저 보이는 여관으로 들어갔다. 녹초가 된 나는 배낭을 벗어 던지고 침대에 벌렁 누워 버렸다. 시간은 밤 10시 반을 넘기고 있었다. 드디어 지옥을 빠져나온 것이었다.

아침 7시 반에 삼랑진읍을 출발한 나는 밤 10시 반이 넘어 목적지 부산 동래에 도착했다. 오늘 나는 45.7km를 3.7km/1h(식사와 쉬는 시간 제외)로 걸었다. 자만과 방심이 나에게 큰 교훈을 준 하루였다.

꿈은 있어야 한다. 하지만 그 꿈을 이루기 위해서는 해야 할 것들이 있다. 자만심과 만용도 경계해야 한다. 결과적으로 오늘 나는 고생을 자처했다. 출발 시각을 한 시간 늦춘 것에서부터 낙동강에 푹 빠져 어정어정 걸은 것, 가여진사에서 한 시간 넘게 잔 것, 금정산 고갯길을 우습게 본 것 등. 늦은 오후부터 밤 시간 무거운 두 다리를 질질 끌며 걸었던 대여섯 시간은 이번 국토종단에서 내가 만난 마지막 시련이었다.

부산역을 하루 앞두고 혹독한 시험을 치렀다. 시간에 쫓기어 저녁도 먹지 못한 게 이제야 생각났다. 하지만 배고픈 것도 잊었다. 나는 여관 온천물에 몸을 담갔다. 그리고 하마터면 욕조에서 그대로 잠이 들 뻔했다. 눈꺼풀이 무거워 욕조에서도 자꾸만 잠이 들었다. 뭐 먹고 싶지도 않았지만 허기를 채우러 나가기도 귀찮았다. 배낭을 뒤적이니 초코바 한 개가 남아 있었다. 초코바 하나 먹고 바로 침대에 누워 버렸다. 그대로 곯아떨어졌다. 피곤하니 뭔지도 모를 무수히 많은 꿈이 들어왔다 나갔다. 나는 '끝났다 끝났어'라며 마구 잠꼬대를 중얼거리고 있었다.

제14장
걸어서 도착한 부산역

■ 14일 차. 2017년 6월 17일
부산 동래 – 남포동 – 부산역 (15.5km)

국토종단 마지막 날의 아침은 여느 날과 다름없었다. 출발 준비로 하루를 시작했다. 다만 13일 전 임진각을 출발하면서 까마득했던 560km가 이제 15km 앞으로 다가와 있었다. 지난 13일간 두 발로 밟았던 순간순간의 점들은 이어져 선이 되었다. 점에서 선으로.

잠깐 잔 것 같은데 아침이었다. 깊은 잠이었다. 고행의 대가는 늘 달콤한 잠자리로 보상받는다. 국토종단 부산에서의 하룻밤은 잠깐 잔 듯한 기억으로 순식간에 끝났다.

늦게까지 자고 싶었지만 아침 일찍 눈이 떠졌다. 마지막 날의 아침을 조금이라도 빨리 맞고 싶어서일 게지. 마지막이라는 것이 모든 피로를 잊게 했다. 몸도 마음도 하늘을 날 듯했다. 하지만 기분이 좋다고 배 속까지 채워지는 건 아니다. 모든 게 제자리로 돌아오니 허기진 배가 먹을 걸 계속 요구하고 있었다. 오늘 나는 오후 1시 즈음 부산역에 도착해서 국토종단을 마무리할 계획이다.

아침 7시. 토요일이라 부산의 도심 속은 아직도 잠이 덜 깬듯 거리엔 사람들이 별로 없었다. 식당들도 거의 문을 열지 않았다.

나는 최종 목적지인 부산역 방향으로 마지막 날의 도보를 시작했다. 지금 나는 어제 아침의 그 모습 그대로다. 마지막이라는 사실 외에 변한 건 없었다.

배가 고파 편의점이라도 들어갈까 하는데 교대역이 보이는 전철역 근처에 샌드위치 파는 아줌마가 보였다. 우선 급한 대로 샌드위치와 우유로 허한 속을 달랬다. 이것도 먹은 거라고 빈속의 속쓰림은 어느 정도 사라졌다. 여기서부터 부산역까지는 10km, 12시 안에는 도착하고도 남을 충분한 시간이다. 하지만 나는 부산역을 그냥 지나쳐 먼저 남포동으로 갔다가 부산역으로 다시 돌아올 계획이었다. 부산역을 지나 되돌아오면 왕복 4km를 더 걷는 것인데 '부산' 하면 그래도 영도다리, 남포동이니까. 나는 그곳에서 부산의 향취를 느끼고 부산역으로 다시 돌아와 마지막 한 점을 찍을 생각이다.

오전 9시가 지나면서 길가의 가게들도 하나둘 문을 열고 차량도 점점

부산의 아침을 여는 노점상 할머니

늘어났다. 부산의 아침은 활기를 띠기 시작했다. 인도에서 행상을 하는 할머니들도 좌판을 깔기 시작했다. 샌드위치로 대충 때운 내 배 속은 금방 허기를 느꼈는지 다른 뭔가를 또 요구했다. 부산을 잘 모르는 나는 막연히 자갈치 시장에서 6·25를 떠올리곤 했다. 지금 시대가 어느 시대라고 6·25 때 먹을거리를 상상하는지 내가 봐도 가당치도 않다. 한참을 걸으니 부산진시장이 나왔다.

부산진이라는 말은 조선 시대에 세워진 부산진성에서 유래되었고 부산진시장도 1913년 형성되었다니 역사가 꽤 깊은 시장이다. 역사가 있으니 다양한 먹을거리도 있지 않을까 해서 시장 안쪽으로 들어갔다. 쭉 늘어선 노점식 식당들이 보였다. 어제저녁도 굶고 아침도 샌드위치였으니 배가 꽤 고팠다. 맨밥보다는 국물 있는 게 좋을 듯한데 쭉 늘어선 노점식 식당들은 칼국수 김밥 떡볶이가 주메뉴였다. 시장의 역사에 비해 메뉴는 다른 시장과 별반 차이 없어 보였다. 나는 국물 있는 칼국수로 정하고 한 곳으로 들어갔다. 3,000원. 맛이 독특했다. 비릿한 듯 고소하고 그 담백함이 겉치레가 없는 맛이었다. 칼국수면 다 같은 칼국수인지 알았는데 다름이 느껴졌다. 밥은 공짜였다. 칼국수 한 그릇으로 부산의 맛과 인심을 느끼기에 충분했다. 3천 원의 호사였다. 밥 두 공기를 말아먹으니 스르르 눈이 감기며 졸음이 쏟아졌다.

부산진시장을 나온 나는 부산 시내를 두리번거리며 천천히 걸어 부산항 방향으로 향했다. 부산항은 바다는 안 보이고 높은 크레인과 대형 선박, 부둣가의 차량 등으로 복잡하게만 보였다. 나는 그 복잡함이 인체의 핏줄처럼 느껴졌다. 우리 몸은 피가 고이면 동맥경화로 병이 생긴다. 하지만 우리는 정신이 굳는 건 잘 느끼지 못한다. 어쩌면 나는 그렇게 되지 않기 위해서 부산역까지 걸어서 왔는지 모른다. 부산항의 피는 부지런히 움직이고 있었다.

나는 부산항을 앞에 두고 우측으로 걷고 다시 우측의 지하차도를 빠져나와 걸었다. 부산 시내의 넓은 도로와 만나며 좌회전해서 몇 발짝 가니 초량역. 그다음 역이 부산역이었다. 부산역을 옆에 두고 그냥 지나쳤다. 시간은 오전 11시. 두 시간 뒤에 이곳으로 되돌아와 나만의 마침표를 찍을 것이다.

남포동, 영도다리, 자갈치 시장. 부산에 여행 오는 사람들이 해운대와 함께 꼭 들르는 이곳은 토요일 한낮이라 거리에는 수많은 사람으로 북적였다. 각지에서 각각의 사연을 안고 온 사람들은 자기만의 이야기를 만들기에 여념이 없었다. 나처럼 큰 배낭을 메고 있는 사람들은 없었다. 나는 주변과 어울리지 않는 듯했다. 임진각을 출발할 때 쏟아져 들어오던

6·25 피난 시절을 떠오르게 하는 조형물과 그 뒤에 보이는 영도대교

관광객들을 보며 느꼈던 이질감. 하지만 지금은 아니다. 나는 여기 이들과 함께였다.

나는 남포동 형형색색의 군중 속을 빠져나와 부산역으로 걸었다. 부산역을 향해 가는 내가 약간 상기되어 있음이 느껴졌다. 부산역에 도착하면 뭘 하지? 사실 특별한 의식은 생각한 게 없었다. 오늘의 흥분도 내일이면 어제의 일일 뿐. 삶이란 늘 그런 거니까.

토요일 오후 부산역은 많은 사람으로 북적였다. 나는 오늘 국토종단의 마지막 날, 부산 시내를 아주 천천히 걸어(15.5km, 3.1km/1h) 종착점인 부산역에 도착했다.

역 광장 한쪽이 공사 중이라 부산역은 더욱 혼잡스럽게 느껴졌다. 특별한 이유는 없었지만 부산역 광장에 도착한 나는 부산역 안으로 들어갔다. 임진각을 출발할 때 끊어진 자유의 다리는 나에게 은연중 남쪽으

드디어 도착한 14일의 마지막 그곳, 부산역

로는 부산역을, 북쪽으로는 두만강역을 떠오르게 했다.

부산역 사무실에 가서 내가 걸어온 사연을 얘기했더니 부역장 역할을 하는 팀장이 사인으로 나의 완주를 축하해 주었다. 나이를 묻기에 그냥 청년이라고 대답 했더니 놀란다. 난 청년이니까 그렇게 말한 거뿐인데.

부산역 광장에서 사진 몇 장을 추억으로 만들며 잠시 쉬었다. 14일간의 560km 국토종단은 끝났다. 부산역 광장, 지금 내 앞을 오가는 수많은 사람들. 여기도 나에게 관심 두는 사람은 아무도 없었다. 여전히 나는 혼자였다. 지난 14일간의 시간이 마치 먼 이야기로 들려왔다.

이번 국토종단의 완주는 내가 보지 못한 것을 보게 하였고, 나에게 작고 소소한 것에 대해 감사하도록 가르쳐 주었다. 그리고 바로 이어질 국토횡단에 자신감도 갖게 했고. 나의 두 발은 벌써 국토횡단 첫날 출발지인 강화도로 향하고 있었다.

제15장
설레는 출발, 국토횡단

■ 15일 차. 2017년 6월 24일
강화도 외포리 - 강화읍 - 강화도 초지대교 (42.0km)

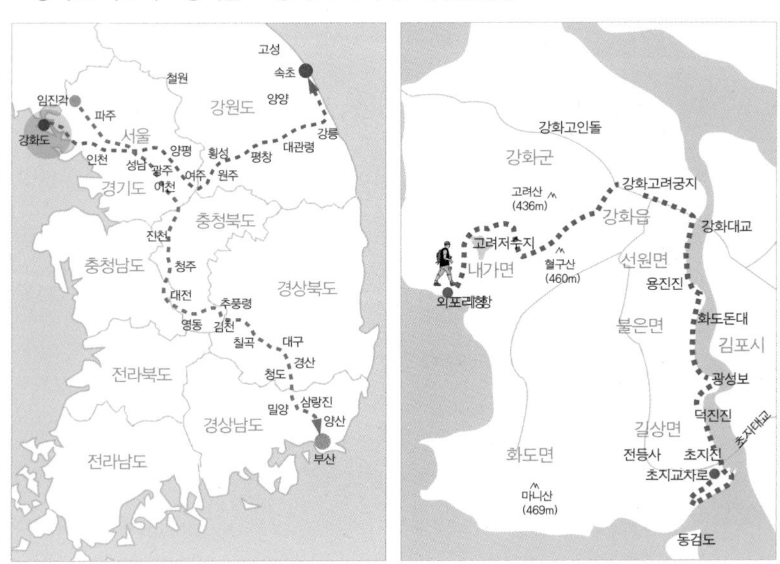

560km 국토종단을 마치고 돌아왔을 때 아내는 '그렇게 고생했으니 어디 또 걷겠다는 말은 안 하겠지' 하는 표정이었다. 국토종단을 극구 반대한 아내가 한 번만 허락한다는 조건으로 시작한 국토종단이었기에 아내의 이런 반응은 당연한 거였다.

나는 처음부터 계획 자체가 국토종횡단 1,000km에 맞춰져 있었다. 하지만 처음부터 아내에게 1,000km를 얘기한다면 반대가 엄청날 것이기에 우선은 560km 국토종단만 얘기했던 것이었다. 국토종단에서 돌아온 후 나는 우선 아내의 눈치를 볼 수밖에 없었다.

이리저리 며칠 눈치만 보고 있는데 6월 일기예보에는 다행히 장마가 없었다. 하지만 장마가 좀 늦어진다고 해서 아주 안 오진 않을 테니 하루라도 빨리 출발해야 했다. 어찌 보면 아내의 걱정도 당연하기에 우기기도 그랬다. 30년 직장 생활하다가 퇴직하고 바로 1,000km를 걷겠다는데 어느 아내가 찬성할까? 특히 아내는 야영 때문에 반대가 심했다.

하지만 여기서 멈추면 내 인생의 첫번째 버킷리스트는 물거품이 된다. 나는 맘속으로 이번 주 토요일을 디데이로 잡았다. 어차피 아내는 반대할 것이다. 나는 아내와의 충돌을 최소화하는 방법을 찾아야 했다. 국토종단을 마치고 6일 차 되던 금요일 저녁에 나는 주섬주섬 배낭을 꾸렸다. 이미 국토종단에서 경험했던 배낭이기에 신속하게 짐을 꾸렸다. 그 모습을 보던 아내는 설마 하는 눈초리로 나를 쳐다봤다.

"나 내일 국토횡단 떠나. 본래 계획이 국토종횡단 1,000km였어. 당신이 반대할 것 같아서 국토종단만 얘기했던 거였어."

사실 이런 상황은 상의의 여지가 없다. 다행히 장마가 늦어졌기에 나는 지금이라도 결정을 내려야 했다. 더 지체한다면 장마와 겹쳐 포기해야 할지도 모른다.

나는 출발해야만 했고 아내는 붙잡는다고 안 떠날 남편이 아니라는 걸 알고 있다는 듯 더는 말을 하지 않았다.

"고마워, 여보."

아내에게 한마디 하고 나는 먼저 방으로 들어와 억지로 잠을 청했다.

솔직히 아내의 불편한 심기보다는 내일 드디어 국토횡단을 시작하게 된다는 설렘이 컸다.

잠결에 달그락거리는 소리에 잠을 깼다. 5시도 안 된 거 같은데 아내가 아침밥을 준비하고 있었다. 갑자기 미안한 맘이 들었다. '이게 뭐 큰일이라고 아내를 이렇게 고생시키나?' 하는 후회가 밀려왔다. 가끔 아내가 나를 이기적인 사람이라고 말하곤 했는데 이번 국토종횡단은 확실히 이기적인 결정이라는 생각은 들었다.

나는 아내가 끓여 준 북엇국으로 아침을 먹고 배웅을 받으며 집을 나왔다. 27년을 함께해 준 아내가 오늘따라 더욱 고맙게 느껴졌다.

2017년 6월 24일 토요일 강변역 첫차 전철 플랫폼에는 주말이라 네댓 명의 사람만이 있었다. 이럴 때 맘이 약해진다. 출발 전에 느끼는 외로움 때문이다.

'나는 지금 440km를 열흘간 걸어야 해. 감상주의에 빠져서는 안 돼!'

나는 스스로 다짐하면서 전철 안에서 국토횡단 지도와 오늘의 도보 계획서를 천천히 훑어봤다. 어느덧 나는 신촌 전철역을 빠져나와 강화도행 3000번 버스에 몸을 싣고 있었다.

강화도행 버스는 이른 시간인데도 주말에 놀러 가는 사람들로 제법 붐볐다. 강화도 버스터미널에 도착하여 마을버스로 갈아타고 30분 정도를 더 가서 출발지인 외포리 선착장에 도착했다. 집에서 아침 5시 20분 아내의 배웅을 받고 출발한 나는 강화도 외포리에 9시 반에 도착했다.

오늘 나는 강화도에서 속초까지 V자 형태로 걸어 총 1,000km 도전거리 중 나머지인 국토횡단 440km를 드디어 시작한다. 나에게 한반도 북남서동(출발지를 우선으로 하니 동서남북이 아니다) 국토종횡단 1,000km

도보 도전은 언젠가는 이루려던 꿈이었다. 14일간의 국토종단도 무사히 마쳤으니 국토횡단은 가벼운 맘으로 시작해도 될 듯했다. 국토종단을 두려움에 출발했다면 국토횡단은 설렘의 출발이었다.

국토횡단의 출발지인 강화도 외포리. 30년 전 아내와 석모도에 가기 위해 왔던 기억이 생생하다. 결혼해서 나중에 다시 한번 와 보자고 했는데 그 후가 오늘이었다. 그것도 혼자서. 세월도 많이 흘렀고 모든 게 많이 변했다. 내일 석모대교 개통이라는 현수막을 보니 이젠 석모도는 배가 없이도 갈 수 있는 섬 아닌 섬이 되었다. 이번 국토횡단도 마뜩잖게 생각하는 아내지만 나에 대한 걱정 때문이니 그저 아내에게 감사할 뿐이다.

집에서 여기까지 오는 시간이 있었기에 시간은 벌써 오전 10시를 가리키고 있었다. 국토종단 첫날 임진각에서 오전 9시 반에 출발했고 31km였던 거에 비해 국토횡단 첫날인 오늘은 벌써 오전 10시고, 거리도 42km로 짧지 않다. 서둘러야 했다.

강화도는 멀리는 고인돌로부터, 고려 항몽의 유적, 개화기의 외세 저항의 역사 등 섬 전체가 하나의 역사다. 두 발로 강화도의 역사를 더듬으며 나는 440km의 국토횡단을 시작했다.

강화도는 사전 계획을 세우면서 답사지로 선정한 곳이 많아서 빨리 걸어야 했다. 그나마 국토종단 후 6일간의 휴식이 있었기에 최상의 몸 상태를 유지할 수 있었다.

강화도 하면 제일 먼저 떠오르는 것이 고인돌이다. 외포리를 출발하여 방금 타고 들어 왔던 마을버스 도로를 걸어 바로 강화 읍내로 진입할 수도 있었다. 그러나 나는 고인돌을 보기 위해 길을 돌아 오상리 고인돌군으로 먼저 가기로 했다. 외포리에서 나와 삼거리에서 좌측으로 강화서로 국도로 걸어가니 내가면 방향으로 나지막한 고개가 나왔다. 주말이라 그런지 떼로 다니는 자전거 라이더들이 심심찮게 보였다. 사실 자전거는 타는 재미가 있고 먼 데도 하루에 갔다 올 수 있는 장점이 있다. 그러나 두 발로 걸으며 느끼는 것과는 차이가 크다. 나도 한때는 자전거로 먼 곳을 여행해 본 적이 있지만 두 발이 느끼는 자연과 차이가 컸다. 두 발로 보는 것은 눈이 아니라 마음으로 보는 것이기 때문이다.

강화서로길 고개를 넘으니 바다는 안 보이고 산에 둘러싸인 농촌 풍경이다. 내가면. 길가에 있는 내가초등학교 벽에 쓰인 글씨가 이채롭다. 내가 '최고'인 초등학교. 이런 학교는 성적만을 최고로 치는 교육은 안 하겠지.

순수하고 정이 많은 아이들이 다니는 내가초등학교를 끼고 우회해서 들어가면 우측에 고려저수지가 보이고 이 길이 바로 강화나들길 5코스 길이다. 말 그대로 나들잇길이었다. 호젓하고 선들선들 바람까지 부니 걷기에 최고였다. 국토횡단 첫날 나들길을 걸으며 맑은 공기와 자연을 벗한다는 건 매우 즐거운 일이었다. 우리 신체는 자연과는 같은 방향으로 반응한다. 날씨가 좋고 적당한 온도에 바람까지 선선하면 내 몸도 신바람이 나서 힘든 줄 모르고 걷는다. 고려저수지는 인근의 고려산에서 나온 이름이라는데 고려저수지에서 고려산이 나온 건지 고려산에서 고려저수지가 나온 건지는 알 수 없었다. 하지만 고려저수지와 고려산을 끼고 걷는 강화나들길 5코스는 힐링하기에 좋은 코스임엔 틀림없었다.

고려저수지 앞 소매점을 끼고 좌회전해서 1km를 더 걸으니 오상리 고인돌군이 있다. B.C. 10세기경으로 추정되는 12기의 고인돌군으로 모두

북방식 고인돌이었다. 강화도에는 고인돌이 많기로 유명한데 청동기시대에는 강화도에 꽤 많은 사람이 살았나 보다. 그러니 청동기시대엔 혹시 강화도가 우리나라 수도였을지도 모른다는 엉뚱한 생각을 해 봤다. 국토종단 3일 차 경기도 광주시 초월읍 길가에 있던 산이리 지석묘를 보면서 국토횡단 강화도 길에서 고인돌을 보면 뭔가를 같이 느껴 보고 싶었는데 오상리 고인돌군은 경기도 광주가 본가인 처자가 멀리 강화도로 시집온 느낌이랄까 (혹은 그 반대) 그런 친근함이었다. 멀리 떨어져 있는 두 곳의 고인돌이 형식이나 모양이 비슷하니 그저 신기하고 놀랄 따름이었다.

고려산에 위치한 고천리 고인돌군은 고려산 서쪽 능선을 따라 해발 350~250m 지점에 18기의 고인돌 무덤이 흩어져 있는 곳이었다. 나는 오상리 고인돌군에서 고천리 방향으로 비포장도로를 걸어 한참을 가다 고천리 마을회관 삼거리에서 좌회전하여 올라갔다. 고천리 고인돌군에 가기 위해서는 산을 타야 했다. 산행은 별로 안 내켰지만 빨리 올라갔다가 와야 다음 강화읍 행선지로 갈 수 있기에 헐떡거리며 올라갔다. 한참 올라가니 초입에 고분군 안내 글과 함께 경사진 산자락에 지석묘가 보였다. 여기저기 흩어져 있기에 더 올라가 봐야 했지만, 어느덧 맘이 급해 초입의 몇 개만 보고 내려왔다. 이제 겨우 10km 걸었는데 벌써 12시를 훌쩍 넘고 있었다. 그나마 이번 국토횡단은 6일간의 휴식 기간과 함께 답사할 곳에 대한 충분한 사전 지식을 익혔기에 답사지에서 머무는 시간을 줄일 수 있었다.

고천리 마을회관을 빠져나와 좌측이 강화읍으로 가는 국도였다. 고비고개로. 왼쪽은 방금 고천리 고인돌군 보러 산 중턱까지 올라갔던 고려산, 오른쪽은 혈구산이다. 완만한 경사로로 고개 정상의 해발은 178m.

국토횡단 첫날인 오늘 이 정도 고개는 빠른 걸음으로 넘을 수 있었다.

고비고개를 넘어 내려가 한참을 걸어 강화읍이 가까워져 오자 제일 먼저 강화산성이 눈에 들어왔다. 그리고 산성의 문인 강화서문. 강화산성은 1232년 고려가 몽골의 제2차 침입에 대항하기 위하여 착공한 것으로 내성, 중성, 외성으로 이루어졌는데 가장 긴 중성의 길이는 5천 미터를 넘었다고 한다. 원래 이 성들은 모두 흙으로 쌓은 토성이었는데, 고려가 1270년 다시 개경으로 천도한 후 몽골의 요청으로 헐어 버렸다. 조선 전기에 규모를 축소하여 다시 축성하고 병자호란 때 또 파괴되고, 1677년 강화유수가 대대적인 개축을 하면서 지금의 산성이 되었다 하니 아픈 역사만큼이나 굴곡진 삶을 가진 산성이었다.

외포리에서 오전 10시에 출발하여 지금 시간이 오후 2시. 17km를 걸었다. 한 시간에 4.3km로 걸었으니 나름의 계획대로는 걸었다. 남은 거

아름답지만 아픈 역사를 간직한 강화산성

리를 생각하여 식당에 들어가 점심 먹는 건 포기해야 했다. 출발이 워낙 늦었기에 점심 기다리는 시간도 절약해야 했다. 그리고 지금 내 두 다리는 계속 걸어도 문제가 없었다. 첫날 강행군도 괜찮다. 나는 김밥과 인절미를 사서 걸으며 먹었다.

강화도는 발 딛는 곳마다 역사의 흔적이기에 앞만 보고 갈 수는 없었다. 강화 서문 맞은편 연무당 옛터에 한참을 서 있었다. 아픈 역사의 현장, 연무당 옛터라고 쓰여 있는 안내문을 읽고 또 읽었다. "연무당은 1870년(고종 7년) 강화유수부의 군사들을 훈련하기 위해 세워진 조련장으로 1876년 일본과의 강압적인 강화도 조약이 체결된 장소이기도 하다." 덩그러니 남은 화강암의 사각형 주춧돌은 이곳이 아픈 역사의 터였음을 알려 주고 있었다.

나는 한 손에는 김밥, 한 손에는 물을 들고 강화 읍내로 걸어 들어갔다. 좌측으로 고려궁지가 있다는 표지판을 보고 꺾어 들어갔다. 크진 않지만 공원 같은 것이 있고 우측에는 한옥 모양의 건물이 있는데 영락없이 옛 궁궐 모양의 한옥이기에 저곳이 고려궁지인가 하고 발걸음을 옮겼다. 하지만 그곳은 천주교 강화성당이었다.

1900년에 세워진 강화성당은 한옥 양식의 건물로 서양의 종교와 한옥이 절묘하게 어우러져 조화를 이루고 있었다. 100여 년 전의 모습을 그대로 담고 있었으며 경내가 어찌나 숙연한지 발걸음도 조심스러웠다.

강화성당을 내려와 고려궁지 쪽으로 걸어 올라갔다. 고려궁지는 1232년 몽골군의 침입에 대항하기 위하여 왕도를 강화도로 옮긴 후 개성으로 환도할 때까지 39년 동안의 왕궁터였다. 하지만 고려궁지의 흔적은 어디에도 없었다. 다만 조선 정조가 의궤를 보관하기 위해 세운 외규장각이 한쪽에 복원되어 있었다. 원래의 것은 병인양요 때 프랑스군이 이곳의 의궤나 도서를 약탈해 가면서 불태워져 없어졌다니 몇백 년을 두고 이어진 이곳의 역사가 나를 더욱 슬프게 만들었다.

강화도는 눈물의 섬이기도 하다. 항몽의 역사와 개화기 프랑스, 미국, 일본에 당했던 눈물의 역사가 나의 혼을 일깨워 줬다. 국토종단 첫째 날 임진각에서 본 분단의 역사, 둘째 날 서대문형무소에서 느낀 일제의 역사, 오늘 내가 본 눈물의 강화도가 하루 이틀 지나면 또 잊힐까 두려웠다.

고려궁지에서부터 갑곶돈대까지는 4km. 강화읍을 둘러본 나는 강화대교를 향해 걸었다. 강화해협을 따라 초지대교 방향으로 걷기 위해서다. 강화대교는 초지대교가 개통되기 전에는 강화도와 육지를 연결해 주는 유일한 다리였다. 지금도 대부분의 노선버스는 이 다리로 다닌다. 나는 강화대교를 건너기 전의 갑곶돈대에서부터 시작하여 강화해협 해안 길을 걸어갈 예정이다. 나는 강화도의 중심도로인 강화대로를 따라 걸었다.

강화 읍내를 빠져나와 갑곶돈대에 오르니 강화해협이 한눈에 내려다 보였다. 갑곶돈대에서 본 강화해협은 강화도와 김포를 사이에 두고 수천 년을 변함없이 흐르고 있었다. 강화해협은 김포평야와 같은 풍요를 주기도 했지만 강화도를 군사적 요충지의 섬으로도 만들었다. 고기잡이배를 지척에 두고 아직도 길게 드리워진 해안가 철책은 저 멀리 고려 시대의 몽골군에서부터 병인양요의 프랑스군, 신미양요의 미국군, 운양호 사건의 일본군으로 이어졌던 항전의 역사가 아직도 끝나지 않았음을 보여 주고 있었다.

갑곶돈대를 내려와 샛길로 접어드니 강화나들길 2코스 길이었다. 이 길은 초지진까지 이어졌으며 강화해협 둑을 걸어 이어지기도 하고 해안

동로와 나란히 가는 산책길로 이어지기도 했다. 맨땅의 길이기도 하고 해안가 산길을 따라 걷기도 하여 진정한 둘레길을 걷는 느낌을 주었다. 강화해협을 끼고 걸으며 유적지를 답사하는 건 강화도에서만 느낄 수 있는 도보여행의 백미였다.

강화나들길 2코스는 말 그대로 자연친화적인 둘레길이었다. 주의하여 걷지 않으면 돌부리나 풀섶에 걸려 넘어질 수도 있을 정도였다. 어린 시절 시골에서 걸었던 논둑길 같은 그런 길이었다.

갑곶돈대에서부터 초지진까지는 12.5km. 주변 경관은 좋지만, 어디는 맨땅의 울퉁불퉁한 둑길이고 간혹 산길로 이어지기도 했다. 나는 해안가 돈대(墩臺)나 보(堡), 진(鎭)도 답사하면서 걸었기 때문에 평탄한 거리에 비해 적잖은 시간이 걸렸다. 그렇더라도 좀 더 빨리 걸어야 했다. 지금처

갑곶돈대에서 바라본 강화해협 철책

럼 걷다가는 밤 10시나 돼서야 목적지에 도착할 거 같았기 때문이다. 나는 해안가 나들길 2코스를 빠르게 걷기 시작했다. 아스팔트길보다는 발디딤의 느낌은 훨씬 좋았다.

더러미 포구를 지나 용진진을 거쳐 화도돈대 가는 길은 해안가를 바로 옆에 끼고 둑길을 따라 걷는 아름다운 길이었다. 이름 모를 꽃들이 활짝 피어 나를 반겼다. 둑길 좌측으로 길게 이어지는 강화해변의 갯벌은 자연 그대로였다.

지금 걷고 있는 속도로 오늘 저녁 몇 시쯤 목적지에 도착할 건지 셈해보니 발걸음을 늦출 수가 없었다. 자칫 늦으면 해안가 밤길을 걸을지도 모르기 때문이었다. 용당돈대, 화도돈대, 오두돈대의 산길은 말 그대로 낮은 산 산행이었다. 뛰어 올라가 재빨리 보고 다시 내려오고. 나는 다시 광성보로 향했다. 광성보에 도착하니 저녁 6시. 간신히 표를 끊고 들어갔다. 광성보는 크기도 크고 둘러볼 곳이 많았다. 용두돈대, 손돌목돈대 등.

광성보는 강화해협을 지키는 중요한 요새로, 강화 12진보(鎭堡) 중 하나다. 이곳은 1871년 신미양요 때 가장 치열했던 격전지였다. 그해 통상을 요구하며 강화해협을 거슬러 올라오는 미국 극동함대를 초지진, 덕진진 등의 포대에서 사격을 가하여 물리쳤는데 4월 미국 해병대가 초지진에 상륙하고, 덕진진을 점령한 뒤, 여세를 몰아 광성보로 쳐들어왔다. 이 전투에서 조선군은 열세한 무기로 분전하다가 포로 되기를 거부하고 전원이 순국하였다. 손돌목돈대 앞 희미한 흑백 사진에서 보이는 당시의 참혹한 패배의 모습은 나의 피를 거꾸로 흐르게 했다.

광성보에는 손돌목돈대의 전설이 있다. 고려 시대의 한 왕이 피난을 위해 손돌이라는 뱃사공에 의지하여 이곳을 지나다가 물살이 위태롭게 움직이는 것을 보고 손돌을 의심하여 참수했는데 결국 안전하게 건너온 후 왕이 잘못을 뉘우친다는 이야기다. 하도 어이가 없는 슬픈 전설이라 사실이 아닌 그저 전설이길 바랐다.

그만큼 손돌목돈대에서 본 강화해협은 강의 간격이 좁고 물살이 빨라 배가 쉽게 지나기 어렵게 보였다. 이곳이 왜 군사의 요충지인지를 손돌목돈대는 말해 주고 있었다.

강화나들길 2코스는 광성보 입구로 다시 나오지 않고도 갈 수 있게 안쪽 해안가로 길이 이어져 있었다. 횡단의 첫날 아무리 늦더라도 답사하고자 했던 모든 계획을 마무리해야 했기에 나는 아주 빠른 걸음으로 산길을 헤쳐 덕진진으로 향했다. 저녁 6시 반을 넘은 덕진진은 매표소가 문을 닫아 그냥 들어갈 수 있었다. 신미양요 때의 격전지. 유난히 해안가에 우뚝 서 있는 경고비가 눈에 들어왔다.

'海門防守他國船愼勿過 : 바다 관문을 지키고 있으니 다른 나라 선박은 지날 수 없음'

안내문에는 1867년 흥선대원군 명으로 강화 덕진첨사가 건립하였다고 쓰여 있었다. 이 경고비는 그 당시 혼란기의 급박한 국제 정세를 잘 말해 주고 있었다.

덕진진에서 가까이 있는 초지진에 닿으니 날은 이미 어둑어둑해졌고 저 멀리 초지대교의 불빛이 아름다운 야경을 만들어 냈다. 초지대교 한쪽의 오래된 소나무가 초지진의 아픈 역사를 기억하고 있었다.

"조선군은 근대적인 무기를 한 자루도 보유하지 못한 채 낡은 전근대적인 무기를 가지고서 근대적인 화기로 무장한 미군에 대항해 용감히 싸웠다. 조선군은 그들의 진지를 사수하기 위해 용맹스럽게 싸우다가 모두

다른 나라 선박은 지날 수 없다는 대원군의 경고비

전사했다. 아마도 우리는 가족과 국가를 위해 그토록 강렬히 싸우다가 죽은 국민을 다시는 볼 수 없을 것이다."(병인양요 당시 참전했던 미군 대령의 글)

시간은 저녁 7시 반을 넘기고 있었다. 강화해협을 따라 개화기의 슬픈 역사를 두 발로 보고 온 나는 초지대교를 지나 황산도 방향의 해안남로 강화나들길 8코스를 마지막 코스로 걷기 시작했다. 사위가 어두워졌으니 낙조는 고사하고 걷기도 조심스러웠다. 어둠 속의 해안가는 적막하기 그지없었다. 해안가의 배들은 잠들어 있었다. 나도 잠들어야 했다. 나는 강화나들길 8코스를 되돌아 나와 초지대교 못미쳐 있는 24시간 해수사우나에 도착했다. 밤 9시 반. 정신없이 걸은 첫날이었다. 배가 고팠지만, 국토횡단 첫날을 완주하는 게 우선이었다. 그래서 걸으며 답사했고, 걸으며 먹었고, 저녁은 참고 걸었다.

사우나 인근에는 늦은 시간이라 몇 개 있는 식당들도 문을 닫았다. 다행히 근처에 편의점이 있어 도시락으로 저녁을 해결할 수 있었다. 점심은 김밥과 인절미, 저녁은 편의점 도시락. 첫날 오전 10시부터 시작해 거의 쉼 없이 11시간을 바쁘게 걸었다. 강화도 역사를 두 발로 훑어야 했기에 빠듯한 하루였다. 하지만 강화도를 언제 오늘만큼 샅샅이 훑어볼 수 있겠는가?

나는 강화도를 'ㄱ'자로 훑어 내려오며 42km를 4.1km/1h(쉬는 시간 제외)로 걸어 국토횡단의 첫날을 마무리했다. 오전 늦게 출발했기에 맘이 급한 하루였지만 큰 무리는 없었다. 마무리 시간이 좀 늦은 것밖에. 첫날 완주의 기쁨이 밀려왔다. 나는 천천히 배낭을 풀고 여유롭게 내일을 준비했다.

제16장
한강 아라뱃길

■ 16일 차. 2017년 6월 25일
강화 초지대교 – 인천 서해갑문 – 서울 가양대교 구암공원 (46.5km)

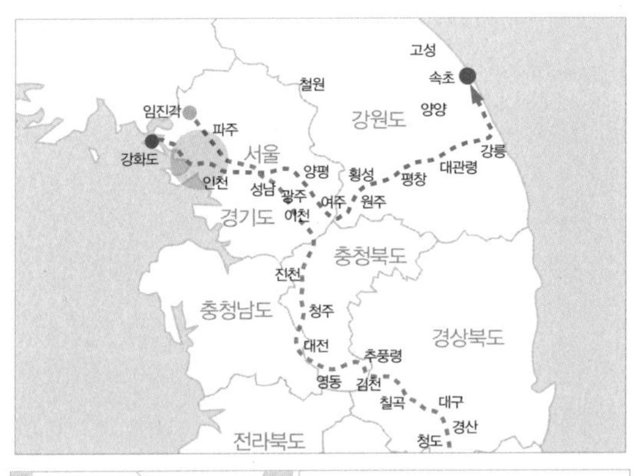

첫날을 만족스럽게 마친 것에 비해서 어젯밤 수면은 만족스럽지 못했다. 사우나가 강화도에서 좀 알려진 곳이라서 토요일 가족 단위의 손님

들이 꽤 많았다. 두런두런 얘기 소리와 어린아이들의 떠드는 소리까지 더해 편안한 잠을 잘 수가 없었다. 나는 새벽녘이 돼서야 겨우 잠들 수 있었다.

오늘은 강화도 초지대교를 건너 김포 해안가를 걸어 서해아라뱃길을 거쳐 가양대교까지 46.5km. 강화도, 인천, 서울로 이어지는 코스다. 새벽잠이 충분한 수면은 아니었지만 졸릴 정도는 아니었다. 아침 신체 상태도 나쁘지 않았다. 오늘 걸어야 할 거리가 짧지 않으니 아침 일찍 출발했다.

아침 6시 좀 넘은 시간이니 식당이 문을 열었을 리 없어 어젯밤에 갔던 편의점으로 갔는데 문이 닫혀 있었다. 이곳은 사람이 거의 살지 않는 한적한 강화 바닷가에 위치해서 24시간 영업하지 않았다. 배낭을 뒤지니 사탕밖에 없다. 할 수 없이 아침을 거르고 출발할 수밖에. 나는 동쪽에서 떠오르는 태양을 마주 보며 초지대교를 건넜다. 초지대교 가운데서 나는 어제 걸어온 길을 다시 한번 더듬어 봤다. 왼쪽은 어제 강화 해변을 쭉 걸어 내려왔던 해안가. 덕진진, 초지진이 보였고 저 멀리 광성보는 굽어진 해안선에 감춰져 보이지 않았다. 오른쪽은 서해로 이어지는 바닷길이었다.

초지대교를 건너니 약암교차로가 나왔다. 이 교차로에서 우측으로 약암로를 계속 걸으면 서해아라뱃길의 시작점인 서해갑문이 나온다. 이 길은 좌우로 김포평야를 끼고 걷는 시골 국도다. 5km 정도 걸었는데도 문을 연 식당을 발견할 수 없었다. 계속 걷다 보니 저 앞에 희미하게 철책이 보였다. 철책 너머가 서해바다. 거기서부턴 철책을 끼고 가는 약암로 해안도로였다. 그 길에서는 먹을 데가 없을 건 더 분명해 보였다. 철책과 나란히 가는 약암로는 철책 너머 서해안 바닷가를 끼고 한강 하구(河口)

의 서해갑문까지 황량하게 이어지는 10km의 길이기 때문이다. 국토횡단 둘째 날 한강에서 시작하여 한강으로 끝나는 유람은 철책이 드리워진 저 앞에서부터 본격적으로 시작되는 것이었다.

나는 먹을 것을 찾는 게 급했다. 이대로 빈속으로 서해갑문까지 걸어갈 수는 없었다. 아무 데서나 라면이라도 하나 끓일까……. 아침 8시인데도 태양은 오늘 더위를 예고하는 듯했다. 날씨가 매우 더울 거라는 일기예보를 알고 있었기에 나의 체력을 철저히 점검해야 했다. 체력은 제때에 잘 먹는 것이 기본이다. 그러고 보니 나는 어제 집을 나올 때 아침을 먹은 것 외엔 제대로 밥다운 밥을 먹질 못했다. 어제 점심은 김밥과 떡, 밤에는 편의점 도시락, 오늘 아침은 아직이니 말이다. 오늘 한강 서해아라뱃길 뙤약볕 길을 완주하기 위해서는 꼭 아침밥을 먹어야 했다. 그리고 간식으로 먹을거리도 사야 했다.

걱정스럽게 먹을 곳을 찾아 두리번거리던 나는 약암로 해안도로 진입하기 전 주유소에 붙어 있는 작은 편의점을 발견했다. 작아도 있을 게 다 있는 우리나라 편의점. 편의점 뒤쪽으로 돌아 작은 식당도 보였다. 식당은 금방 문을 열었는지 주인아주머니가 채소를 다듬고 있었다. 식사는 밥을 새로 지어야 해서 한 시간을 기다려야 했다. 지금 아침밥을 먹으려고 한 시간을 기다리는 건 오늘 일정으로 보면 상당히 긴 시간이다. 오늘 낮이 무척 더울 것으로 예상되고 46.5km의 거리가 짧지도 않기에 오전에는 쉬지 않고 빨리 걸으려던 참이었다. 있는 밥에 있는 반찬으로 그냥 달라고 했더니 밥통에 남아있던 밥에 이것저것 반찬을 함께 내왔다. 집밥 먹는다고 생각하니 맛도 괜찮았다.

배 속은 금방 든든해졌다. 배 속이 든든하면 몸은 다시 활력을 얻게 마련이다. 서해아라뱃길에는 편의점이 많지 않다고 들었기에 식당 옆 편의점에서 김밥 두 줄과 빵 2개, 초코바 5개, 생수 2개, 구운 달걀 3개를 사서 배낭에 넣었다. 걸으며 먹을 간식이 주종이었다. 한강을 따라 걷는 길은 아름답기도 하지만 때론 지루하고, 햇빛을 그대로 받으며 걸어야 한다. 먹을거리를 넉넉히 확보하니 배낭 무게도 묵직해졌다. 하지만 이 정도 배낭 무게는 오전에는 크게 문제 될 게 없었다. 나는 서해아라뱃길이 기다려졌다.

잠시 후 철책과 나란히 가는 약암로를 따라 걷기 시작했다. 철책이 주는 의미는 여러 가지다. 어제 갑곶돈대에서 내려다본 강화해변의 철책은 돈대를 대신해 방어선을 구축한 새로운 설치미술품 같았다면 약암로 약 10km에 거쳐 일직선으로 드리워진 철책의 촘촘한 철망은 열병식에 늘어선 수많은 장병의 눈처럼 보였다. 오늘은 공교롭게도 6월 25일. 철책

철책 너머 보이는 서해바다 영종대교

너머 저 멀리 보이는 영종대교의 수많은 차량은 철책을 비웃듯 질주하고 있었다.

걷다 보니 서해아라뱃길의 역사가 궁금했다. 한강과 서해를 안전하면서도 빠른 뱃길로 연결하려는 아라뱃길 개척 노력은 의외로 역사가 깊었다. 최초의 아라뱃길 개척 시도는 800여 년 전인 고려 고종 때였다. 당시 각 지방에서 거둔 조세를 중앙정부로 운송하던 조운(漕運) 항로는 김포와 강화도 사이 강화 해변을 거쳐 서울의 마포 경창으로 이어졌다. 강화해협은 만조 때만 운항할 수 있었고, 내가 어제 손돌목돈대에서 보았던 손돌목 부근은 뱃길이 매우 위험했다. 이에 안정적인 조운 항로를 개척하기 위해 손돌목을 피해서 갈 수 있도록 인천 앞바다와 한강을 직접 연결하기 위한 시도가 있었으나 실패했다. 해방 이후에도 간헐적으로 운하 시도가 있었으나 추진되지 못했다.

그러다 1987년 굴포천 유역의 대홍수로 큰 인명과 재산 피해가 발생하자 홍수 예방을 위한 대량 수송로 확보와 평상시에는 운하로 사용하기 위해 1995년도부터 경인운하사업을 추진하게 되었다. 이후 오랜 기간 경인운하 사업계획 및 타당성에 대한 재검토가 계속되다가 2008년 국가정책조정회의에서 민자사업에서 공공사업으로 전환하여 사업시행자를 K-water로 변경, 2009년 드디어 첫 삽을 뜨고 2011년에 완공되었다(경인아라뱃길 홈페이지에서 인용).

철책과 나란히 하는 약암로 길을 걸으면서 갑갑한 맘이 드는 건 나 혼자만의 느낌은 아닐 것이다. 철책을 옆에 두고 걷는 것이 먹은 게 체한 느낌처럼 썩 유쾌하지만은 않았다. 철책은 부정적 의미를 담고 있다. 나는 생각이 부정적인 사람을 싫어한다. 부정적 성격의 소유자는 자기방어

적이고, 핑계가 많고, 뭘 하려 들지도 않는다. 부정적 사고를 긍정으로 바꾸는 건 쉽지 않다. 하지만 바꾸어야 한다. 나의 도전도 긍정에서부터 출발했다.

철책이 끝나는 지점, 모래 자갈 등을 고르는 공사장을 지나니 중고차 수출단지가 나왔다. 그길로 들어가면 서해갑문 해넘이 전망대로 바로 갈 수 있다. 걸어온 철책의 약암로 길은 나무 한 그루 없는 뙤약볕 길이었기에 지름길을 찾아 서해아라뱃길로 접어들고 싶었다. 하지만 여기는 건너는 다리가 없었다. 초지대교 출발지에서 철책이 끝나고 서해갑문이 보이는 한강하구 이곳까지의 거리는 15km. 지금 시간은 오전 11시. 한낮의 더위는 점점 정점을 향해 치닫고 있었다.

나는 강 건너 여객터미널 쪽의 아라빛섬과 해넘이전망대를 감상만 한 후 아래로 한참을 걸어 내려가 서해아라뱃길 첫 번째 다리인 청운교를

서해아라뱃길의 시작 서해갑문

건넜다. 드디어 나는 그렇게 걷고 싶었던 서해아라뱃길로 접어들었다. 인천공항에 갈 때마다 리무진 버스 창가에서 보던 서해아래뱃길은 언젠가는 걸어 보고 싶었던 길이었다. 지금 내가 걷고 있는 서해아라뱃길은 출발지 서해갑문에서 보면 오른쪽 길이다.

서해아라뱃길은 라이더들에게는 천국이지만 도보로는 접근성이 떨어져서 걷는 사람은 나밖에 없었다. 하긴 한낮 그늘 한 점 없는 뙤약볕 아래 이 길을 걷는 사람도 미친 사람일지도 모른다. 나는 이럴 땐 더위를 일부러 무시하려고 노력한다. 그래서 경치에 더 몰입한다. 하지만 너무 덥고 지치면 어쩔 수 없이 지루해지기 마련이다.

오늘이 일요일이라 그런지 라이더들이 꽤 많이 보였다. 서해아라뱃길은 어디 쉬고 싶어도 쉼터가 없고 마땅히 앉아 간식을 먹을 자리도 없었다(나는 어느 정도 예상을 했기에 아침에 편의점에서 먹을거리와 물을 충분히 준비했다). 라이더들은 쉼터에 자전거로 어렵지 않게 갈 수 있을지 모르지만 걷는 나에게는 두 시간은 걸어야 쉼터가 하나 나올 정도로 편의점이 안 보였다. 2, 3km마다 있는 다리 밑이 그나마 그늘이 있는 쉼터였다. 한낮 더위에 지루함까지 더하니 발걸음도 더뎌졌다. 이런 한낮의 더위는 피하고 한 시간 정도 쉬었다 가는 게 맞다. 하지만 나는 그렇게 오래 쉴 수가 없었다. 나는 매일 걸어야 할 거리가 있고 도착시간이 있다. 한낮의 더위를 피하겠다고 오래 쉬다가는 오늘 46.5km가 한없이 길어진다. 늦어지면 저녁 야영 준비도 문제다. 더위를 피하며, 체력도 유지하고, 쉬며 걷기를 잘 조절하는 수밖에 없었다.

뙤약볕을 피하며 시천교 밑 시천가람터에서 아침에 사 온 김밥 한 줄 반을 먹었다. 김밥 반 줄은 늦은 오후 허기질 때 저녁 전까지의 허기를 때우기 위해 남겨 두었다. 서해아라뱃길 오후 2시경의 태양은 아스팔트도 녹일 듯 작열하고 있었다. 이런 더위는 어쩔 수 없는 듯 시천가람터는 라이더들로 북적였다. 상당수가 6, 70대 할아버지들이었다. 몸에 착 달라붙는 옷에 어떤 자전거는 꽤 비싸 보였다. 할아버지들의 자유분방한 삶이 부러웠다. 한 할아버지가 내게 말을 걸어왔다. 어디까지 가느냐고. 어제 강화도를 출발해서 속초까지 간다고 하니 놀란다. 여행 중에 만나면 금방 친구가 된다. 나이는 상관없다. 76세라고 자기를 소개한 할아버지는 자기도 젊었다면 꼭 한번 그렇게 걸어 보고 싶었다며 완주하라고 덕담을 건네 주었다. 배낭에서 캔 음료수를 하나 꺼내 주는데 차마 거절할 수 없었다. 음료수는 할아버지 배낭에서 한참을 있었는지 뜨듯하기까지 했다. 그것은 뜨듯한 정이었다. 나는 이곳에서 30분 넘게 쉬었다. 더위 핑계로는 충분한 휴식이었다.

이제부터 또 더위와의 싸움이다. 나는 더위를 이겨내야 했다. 어차피 시간은 가고 늦은 오후에는 더위도 지나간다. 그래서 나는 한낮의 더위 속에서 어느 정도 속도로 걸을 것인지 생각했다. 덥다고 시속 4km 미만으로 걷다 보면 오늘 밤 8시 넘어 목적지에 도착할 것이다. 그러면 너무 늦는다. 나는 그 이상으로 걷기로 했다.

다시 배낭을 메고 그늘 한 점 없는 서해아래뱃길을 걸었다. 걸으며 지금 나의 신체 컨디션을 진단해 봤다. 다리의 피로는 없었다. 점심도 방금 김밥으로 해결했던 차라 배 속도 든든했다. 물도 자주 마셨다. 가끔 사탕으로 당도 보충했다. 그래서 그런지 더위가 두렵게 느껴지진 않았다. 나는 배낭 허리끈을 꽉 조여 맸다. 배낭을 멘 어깨와 허리끈을 조인 허리가 한 몸이 되었다.

뜨거운 한낮 혼자서 걷는 서해아라뱃길

조금 빠른 걸음으로 걷기 시작했다. 지루함을 이기기 위해 한강 경치에 너무 신경 쓰지 않고 목표지점만을 향해 걸었다. 느렸던 발걸음을 시속 4.5km의 속도로 재촉하니 걷기가 우선이 되어 땡볕 아래 주변 경관에서 느꼈던 지루함이 덜했다. 생각하는 순서가 바뀌는 것이 걸음걸이에 무슨 영향을 줄까 하지만 그렇지 않다. 조금 전까지만 해도 나는 서해아라뱃길을 거리, 시간 개념 없이 지루하게 걸었다. 지금의 나는 도착지와 도착시간을 예상한 채 시간당 몇 킬로미터를 걸어야 할지 알면서 걷고 있다.

리무진 버스에서 인천공항 가는 길에 가장 아름답게 봤던 서해아라뱃길 인공폭포는 물은 없고 죽은 동물의 갈비뼈처럼 흉물스러운 모습이었다. 물이 있어야 할 곳에 물이 없으니 상상 이상으로 추한 몰골이었다. 아무리 인공으로 꾸민다 해도 자연의 멋을 이기긴 어렵다. 서해아래뱃길

서해아라뱃길 두 갈래 물줄기로 갈라지는 굴포천의 노을가든

은 사람 손을 빌려 물길을 만들어서 어느 곳은 자연과 인공의 조화가 어색하기 짝이 없어 보였다. 결국, 인공은 가식이다.

한강을 향해 흐르는 서해아래뱃길은 굴포천에 이르러 두 갈래로 갈라진다. 노을가든은 한강으로 흐르는 서해아라뱃길과 부천, 부평, 계양 등 내륙으로 흐르는 굴포천의 물 갈림길에 있는 공원인데 그곳에서 보는 저녁노을이 아름다워서 그렇게 붙여진 이름이었다. 오후 시간이라 저녁노을을 못 보고 가는 게 아쉬웠다. 서해아라뱃길을 만들게 된 이유 중 하나가 매년 발생하는 굴포천의 범람 때문이다 해서 홍수의 흔적이 어디 있나 봤더니 지금은 말끔하게 정돈된 공원의 모습뿐이었다.

서울 쪽에 다가오니 주말을 맞아 가족 단위로 캠핑 온 사람들이 많이 보였다. 대개는 서해아라뱃길 다리 밑이나 주위 잔디밭에 텐트를 쳤는데 모두가 행복한 표정이었다. 내일은 나도 가족과 함께한다. 국토종단 때는

2일 차에 집에서 묵었다. 국토횡단 때는 내일 3일 차에 집이다. 집 떠난 지 하루밖에 안 되었는데 캠핑 온 가족들을 보니 아내와 두 딸이 보고 싶어졌다. 무모한 도전으로 아내 속 썩이는 남편이고 두 딸에게 걱정 주는 아빠니 가족에게 미안하면서도 감사할 따름이다.

누군가 얘기했다. 극한 도전의 가장 큰 장애물은 감상이고, 그 감상의 상당 부분은 가정과 연관되어 있다고. 가끔은 나도 혼자였으면 좋겠다는 생각을 한다. 이번 국토종횡단 계획 수립 시에도 그런 생각이 들었다. 하지만 혼자일 때 내가 얻는 것보다 가족은 훨씬 많은 걸 나에게 줬다. 가족으로부터 어렵게 허락받은 1,000km 도전이기에 지금 나에게 가장 중요한 것은 24일간의 도전을 성공적으로 마치는 것이다.

애틋한 감정을 추스르며 걸어 아라대교 밑에 도착했다. 앞으로 쭉 걸으면 일산대교 방향의 한강이다. 저 앞의 맞은편에는 아라뱃길 선착장이 보였다.

어느덧 더위도 한풀 꺾이는 오후 4시. 출발지 강화도 초지대교부터 걸어 이곳 아라대교까지의 거리는 34km. 약암로 한강 어구 철책이 쳐진 해안도로에서부터 아름답지만 걷기에는 약간 지루한 서해아라뱃길을 걸어 아라대교까지 왔다. 이곳까지의 총거리 34km 중 29km의 길은 쉼터도 별로 없고 그늘도 없는 길이었다. 한낮 온도는 34도를 넘나들고. 더위와 지루함을 이기기 위해 걷기에 충실하며 빨리 걷자고 결심했고 그 결정을 충실히 이행하며 걸어왔다.

나는 아라대교에서 우회전하여 김포터미널 물류단지를 끼고 돌았다. 갑자기 번잡한 시내로 들어오니 지루함은 없어졌다. 하지만 이 길은 차선과 자전거도로 표시가 헷갈려 주의해서 걸어야 했다. 아라육로 58번 길이었다. 걸으며 느끼는 지루함이나 자연과 동떨어진 도시의 번잡함 모두 내가 걸으며 이겨내야 하는 숙제였다. 김포터미널 물류단지를 빠져나와 한강 올림픽대로 방향으로 향했다.

강서 한강습지생태공원에 접어드니 서서히 두 다리가 무거워지기 시작했다. 이곳은 출발지로부터 39km 지점이다. 서해아라뱃길 시천교 지점부터 빠른 걸음으로 18km를 쉬지 않고 걸었으니 지칠 만도 했다. 곧 비가 뿌릴 것처럼 날씨가 흐려지기 시작했다. 그래서 나는 걷는 걸 멈출 수가 없었다. 그나저나 오늘은 야영인데 비가 오면 큰일이다. 아직은 비가 안 오니 빨리 목적지에 도착해서 날씨 상황을 봐야 했다.

가양대교를 몇백 미터 앞두고 시간은 저녁 7시. 날은 어둑어둑해지며 날씨도 흐려 빨리 야영할 곳을 찾아야 했다. 방금 지나쳐 온 방화대교 한강변 공원에는 야영장이 있는데 가양대교 부근 한강변에는 아무것도 없었다. 나는 가양대교 좀 못미쳐 오른쪽의 굴다리를 지나 들어갔다. 아파트 사이에 작은 공원이 보여 그곳을 야영지로 정했다. 날도 흐리고 어두워서 사람은 없었다. 공원 아무 데나 텐트를 치고 하룻밤 지내도 될 듯했다.

하늘은 어둠 속에서도 날씨가 흐려 보였다. 이런 상황에서 밥을 해 먹기는 어려웠다. 근처 식당에서 저녁부터 해결해야 했다. 아파트를 끼고 돌아 아파트 상가의 식당에서 제육볶음으로 배를 채웠다. 고기가 들어가서 배 속의 포만감이 엄청났다. 재빨리 공원으로 돌아온 나는 텐트를 폈다. 어차피 오늘 야영을 결정한 상태였다. 티셔츠만 갈아입고 침낭 속으로 들어갔다. 내일은 집이다. 이틀간 못 씻은 건 내일 다 씻어 낼 테니 오늘 하루쯤 이렇게 견딘들 뭐 어떠랴!

제발 비만 오지 말라고 기도하며 잠이 들었다. 얼마나 지났을까. 후드득 빗소리에 잠을 깼다. 텐트를 때리는 가벼운 빗소리가 정겹게 느껴졌다. 다시 잠을 청하려는데 비가 굵어지는지 소리가 점점 크게 들렸다. 순간 나는 어떤 판단을 해야 했다. 나의 1인용 텐트는 무게가 1.4kg로 아주 가볍고 납작해서 멀리서 보면 장난감처럼 보일 정도로 작다. 그나마 두 겹의 텐트라 비나 바람은 어느 정도 막아 주겠지만 폭우가 쏟아진다면 감당할 수가 없다. 특히 질퍽한 바닥에서는 도저히 잘 수가 없다. 나는 텐트를 걷기로 했다. 시간은 밤 11시. 텐트를 걷는 중에 빗줄기는 폭우로 변했다. 텐트를 대충 배낭 위에 동여매고 나는 아파트 인근에 있는 사우나로 뛰었다. 결국, 그날 밤 엄청난 비가 쏟아졌다.

나의 장비는 그런 폭우를 감당할 수가 없으며 나 또한 진흙탕을 침대 삼아 밤을 견뎌 낼 준비가 안 되어 있었다. 사우나 뜨거운 욕탕에 들어가 몸을 녹이는데 욕탕이 아닌 진흙탕 위에 둥둥 떠다니는 내 모습이 떠올라 웃음이 났다.

24일간의 국토종횡단에서는 스스로 판단해서 결정해야 하는 상황이 많았다. 신체 리듬에 맞게 걷는 속도와 거리를 조절하는 것에서부터 날씨에 따라 코스나 출발 시각 등을 조정하는 일, 매일 무엇을 먹고, 어디서 잘지 오로지 나의 두 다리를 믿고 스스로 모든 걸 판단해야 했다. 이런 과정을 통해 나는 환경에 적응하는 능력과 한계를 극복하는 자신감을 갖게 되었다.

오늘 거리 46.5km, 4.4km/1h (식사, 쉬는 시간 제외).

제17장
맨발의 귀가

■ 17일 차. 2017년 6월 26일
서울 가양대교 구암공원 – 여의도 – 서울 강변역 (26.8km)

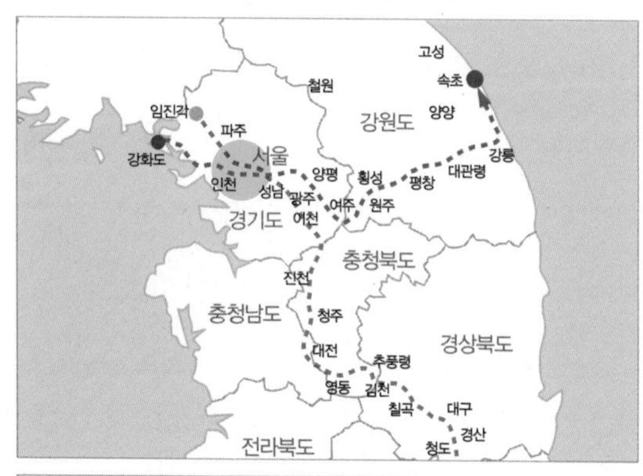

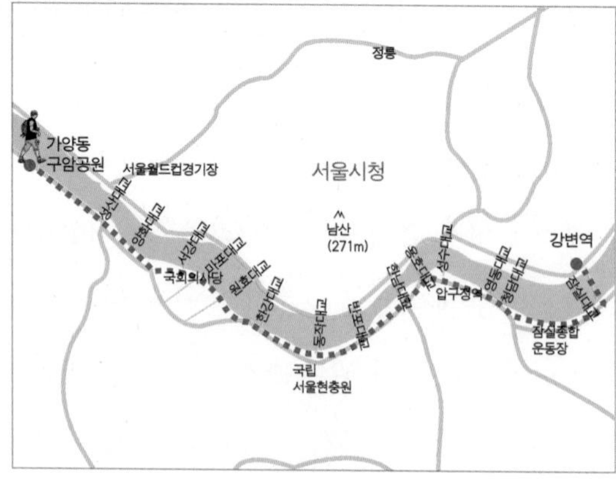

결국, 어제 나의 판단은 옳았다. 간밤에 서울, 경기 지방에 폭우가 쏟아져 어디는 물난리가 났으니. 오늘 오전에도 비가 계속 내린다는 일기예

보였다. 지역에 따라서는 국지성 호우가 내린다니 오늘 내가 걸을 한강에 비가 적게 오기만을 바랐다. 오늘은 집에서 묵는 계획으로 걸을 거리가 짧다. 26.8km는 산책 거리다. 출발하려는데 비가 오락가락했다. 하지만 아무리 비가 온들 이 정도 거리를 못 걸을까 하는 자신감이 넘쳐 났다. 오늘의 목적지가 집이기 때문이었다.

오늘은 되도록 일찍 집에 도착해서 아내, 두 딸과 저녁을 함께할 생각이다. 어제 나의 변경된 잠자리 장소와 오늘 집 도착시간을 이미 가족들에게 알려 주었고 집 도착은 오후 4시 전으로 잡았다. 아파트 인근 식당에서 아침을 해결한 후 근처 김밥집에서 김밥도 한 줄 샀다. 점심은 한강변을 걸으며 김밥으로 할 생각이다. 오늘 저녁은 풍성할 테니 위를 최대한 비워 놓는 게 좋을 듯했다.

한강변을 걷기 시작하며 시계를 보니 아침 8시. 오늘 거리가 짧아서 여유를 부린 탓도 있지만 출발이 좀 늦긴 했다. 하늘은 잔뜩 찌푸린 채 비가 계속 흩뿌렸다. 영락없는 저녁 굶은 시어머니 얼굴이었다. 해는 없고 약간 습했지만 아침이라 어제 한낮 같은 더위는 없으니 걷기에 나쁘지는 않았다. 전날 흙탕물 잠자리의 위기를 모면하고 사우나에서 푹 잠을 잤고 아침밥도 든든히 먹었으니 신체 상태는 좋았다. 무엇보다도 오늘은 집이라는 확실한 동기부여가 있었다.

나는 아주 빠른 걸음으로 한강변 여의도 방향으로 걸었다. 비가 언제 또 폭우로 변할지 모르기에 최대한 빨리 걸었다. 평일 아침 한강변은 나 혼자 독차지였다. 간간이 비가 흩뿌리고 날씨가 잔뜩 흐려 있으니 아침에 산책하는 사람이 있을 리 없었다. 여의도 63빌딩이 보이는 지점에서 7, 8km 정도 걸으면서 만난 사람은 연습 중인 마라토너 한 명뿐이었다.

다행히 걷는 동안 큰비는 오지 않았다. 여의나루역까지 10km의 거리를 2시간 14분 만에 걸어왔으니 시간당 4.4km 속도로 꽤 빨리 걸었다. 비가 올 듯 말 듯한 선선한 날씨도 빨리 걷는 데 한몫했다. 이 길은 올 2월에 서울레이스 마라톤을 달렸던 코스였기에 기억이 생생하다. 눈에 익은 코스라 특별히 감상하고 쉬고 할 그런 길이 아니었다.

국토종횡단 1,000km 도전 준비 4개월의 첫 달인 올 2월 말, 나는 체력을 테스트해 볼 겸 이 대회에 출전했고 젖 먹던 힘을 다해 달려 sub4(마라톤 풀코스를 4시간 안에 완주하는 것)를 달성했다. 그 당시 30km를 지나서부터는 체력에 한계가 와 속도가 현저히 떨어지기 시작했고 성산대교를 지나는 36km 구간부터는 뛰다 걷다를 반복했다. 질질 발을 끌며 뛰는데 골인 지점 100m를 앞두고 전광판 시계가 3시간 55분을 가리키고 있었다. 그때의 기억이 새롭다. 그때 그 길을 지금은 배낭을 메고 걷고 있다. 물론 그때의 체력이 지금 나의 밑거름이 되었다.

여의나루 공원은 전철역과 바로 이어져 있고 한강변을 끼고 아름답게 조성되어 있어 사람들로 항상 북적이는 곳이다. 하지만 지금은 월요일 오전 10시 20분, 흐린 날씨 탓인지 공원엔 사람이 보이지 않았다. 나는 잠시 쉬어 가기 위해 그늘막 벤치에 앉았다. 그때 기다렸다는 듯이 비가 쏟아지기 시작했다. 비는 점점 굵어지고 금방 장대비로 변했다. 빗줄기가 어찌나 굵은지 앞이 안 보일 정도였다. 비를 피해야 했다. 굵은 빗줄기로 한강 맞은편 남산도 희미하게 보였다. '그래, 쉬다 가자. 좀 지나면 잦아들겠지!' 이런 비를 맞으며 걸으면 틀림없는 미친 사람이다. 오늘 걸을 거리가 짧고 한강변을 따라 계속 걷는 거라 쉬는 나의 맘도 편했다.

그늘막에서 비를 피하며 쉬고 있는데 저쪽에 장대비를 맞으며 걷는 한 사람이 보였다. 망토를 걸치고 쓰레기통을 뒤지고 있는 한 사람. 1947년생. 백마부대원으로 월남전에도 참전했다는데 무슨 연유로 이런 생활을 하는지 알 수는 없었다. 보라매공원에서 노숙을 하다가 3년 전부터 이곳에서 노숙을 한다는 그는 이곳이 남이 먹다 버린 음식으로 끼니를 때우기에는 좋은 곳이라 했다.

그의 인생이 언제부터 이렇게 변했는지 모르겠지만 지금 그에게 남은 건 생존의 몸부림뿐. 우리 둘은 공원 그늘막에서 비를 피하며 얘기를 나눴다. 그는 뭔가를 계속 얘기하고 싶어 했지만, 오랜 노숙 생활에 몸이 망가져서 그런지 말이 어눌해 잘 알아들을 수가 없었다. 그에게 어제 산 구운 달걀 한 개를 주고 내가 한 개를 먹었다. 구운 달걀 하나인데 먹으면서도 연신 고맙다는 말에 나는 갑자기 그가 친형님처럼 느껴져 와락 껴안을 뻔했다. 빗속에서 우리 둘은 말없이 그저 강 건너 희미한 남산만

빗속의 여의도 노숙자

바라보고 있었다.

분위기가 어색하니 난 자리를 뜨고 싶었다. 같이 있다 한들 어차피 내가 그에게 해 줄 수 있는 건 없었다.

비는 멈출 것 같지는 않았지만, 다행히 빗줄기는 좀 가늘어졌다. 나는 배낭에서 우비를 꺼내 걸치고 건강 잘 챙기라는 인사를 전하며 그와 헤어졌다. 나는 우비를 입고, 그는 망토를 입고, 우리는 서로 반대의 길로 걸어갔다. 아침부터 흩뿌리는 가랑비를 맞으며 걸어왔고 한강변 길에 듬성듬성 물이 고여 있기에 옷은 물론 운동화와 양말도 이미 물이 흥건했다. 빗줄기가 굵어져 어쩔 수 없이 입은 우비는 습기로 끈적끈적하여 걸으면서도 눅눅한 느낌이었다. 도보 환경은 최악이었다. 하지만 나는 걸어야 했기에 도보만 생각하고 비를 맞으며 걸었다. 이미 국토종단 4일 차에 경기도 곤지암에서 충북 광혜원까지 55.4km 빗속의 도보를 경험해 봤다. 계속 비가 내리고 있으니 어딜 보며 여유 부릴 상황도 아니었다. 남산은 아까보다 더 뿌옇게 보였다. 지금은 비를 맞더라도 그저 빨리 걷는 게 최상이었다.

세찬 비를 맞고 여의도를 빠져나오니 한강철교, 한강대교가 눈앞에 펼쳐졌다. 다행히 여기서부터는 한강변 자동차도로의 밑을 걷는 것이기에 비를 맞지 않고 걸을 수 있었다. 동작대교까지 약 2.7km는 내 머리 위에 걸친 자동차도로가 우산인 셈이었다. 한강에 부딪히는 빗줄기를 바라보며 한강철교와 한강대교 다리 밑을 걷는다는 건 대단히 흥분되는 일이었다.

차를 타고 다니며 많이 봤지만 한강철교나 한강대교를 바로 밑에서 볼 기회가 흔치 않다. 한강철교를 지탱하고 있는 화강암 교각은 인간의 척

추같이 강건하게 보였고 그 위에 놓인 철로와 수시로 지나가는 기차는 음식이 식도라는 레일을 통해 창자로 내려가는 것과 같은 느낌이었다. 철교 밑에서 본 한강철교는 그만큼 인체의 구조와 흡사하게 느껴졌다.

한강철교 옆 제1한강교는 6·25 때 패퇴하던 이승만 정권이 북한군의 공세를 저지하기 위해 폭파했던 다리다. 무너져 내린 다리를 수만 명의 피란민이 아슬아슬하게 건너던 한 장의 사진은 그 후 6·25를 상징하는 대표적인 사진이 되었다.

비는 거센 폭우로 변했다. 하지만 나의 자동차도로 우산은 든든했다. 한강철교에서 동작대교 전까지 2.7km를 빗속에 있으며 비를 맞지 않고, 비 오는 날의 운치를 느낄 기회를 얻었다는 게 뜻밖이었다. 지금 이 길은 라이더도 없다. 여전히 나 혼자 걷고 있다.

오랜 풍파에도 옛 모습 그대로인 한강철교 교각

동작대교 거의 다 와서 자동차도로 우산은 사라졌다. 나는 한강변으로 걸어 나가야 했다. 비는 그칠 줄 모르고 퍼부었다. 도보여행자는 이럴 때 고민을 한다. 갈 거냐 아니면 큰비는 피하고 쉬다가 갈 거냐. 이런 상황에서 나는 주로 가는 길을 택한다. 주저하면 꼭 숙제를 미룬 거 같은 느낌이 들기 때문이다. 물론 성격 탓도 있다. 나의 이런 조급증은 긍정의 자신감을 주기도 하지만 어떤 땐 잘못된 판단의 결과를 불러오기도 했다. 신중한 판단은 도전을 주저하게 하고 무모한 도전은 때로는 예기치 않은 실패를 가져오니 어떤 게 좋다고 말하긴 힘들다. 문제는 우리는 매일 뭔가를 판단하며 살아야 한다는 것이다. 우리네 삶이 피곤하다고 말하는 건 이런 이유 때문인지도 모르겠다. 하지만 판단을 미루고 문제를 회피하는 게 답이 아닌 이상 난 도전을 즐기기를 권하고 싶다.

비를 맞으며 계속 걷기로 한 결정에 따라 나는 반포대교 방향으로 한강변을 따라 빗속을 걸었다. 온몸이 젖었으니 물속을 걷는 것처럼 그냥 비를 받아들였다. 그렇게 반포대교까지 왔다. 조금씩 잦아들던 비는 반포대교를 지나니 언제 그랬냐는 듯이 그치고 해가 쨍하고 떠올랐다. 비 온 뒤 내리쪼이는 햇볕은 더 강렬했다. 비에 젖은 옷도 말릴 겸 나는 햇빛을 받으며 걸었다. 아까는 빗속이고 지금은 태양 아래라는 차이뿐이었다.

장거리를 걷다 보면 신발 속도 후끈후끈해진다. 마라톤을 할 때 운동화 속 온도가 43도 정도라고 한다. 온종일 걸을 때 내 운동화 속 온도도 30도는 족히 된다. 그러니 이런 햇빛 아래 걸으면 젖은 운동화도 저절로 마를 것이다. 지금 질척질척 젖은 운동화와 양말은 몇 시간 뒤엔 원래의 모습이 될 것이다.

언젠가 한강에 다리가 몇 개 있는지 찾아본 적이 있었다. 일산대교에서 팔당대교까지 31개였던가? 대개 다리 간 간격이 2~3km 정도니 (전부 가 그런 건 아니다) 나는 다리 하나를 지나며 몇 킬로미터 걸었는지 가늠할 수 있었다.

반포대교를 지났으니 한강을 건너 집으로 갈 잠실철교까지는 다리가 몇 개 남은 건지 세어 보았다. 집이 가까워지고 있다는 건 확실했다. 555m의 잠실 롯데월드타워가 저 멀리 보였다. 그 맞은편이 우리 집이다.

어느 정도 걸으니 젖었던 옷은 다 말랐다. 오히려 한낮의 강한 햇빛으로 걷기 힘들 정도의 태양열이 온몸을 감쌌다. 어제 오후 느꼈던 서해아라뱃길의 더위와 비슷했다. 온도도 거의 34도. 지금 걷는 한강변 길의 지열까지 더하니 오후 2시인 지금 최고의 열기가 뿜어져 나왔다.

태양을 피할 길 없는 나는 일광욕이라도 즐기자는 생각이 들었다. 배낭은 벗어 던질 수 없으니 운동화와 양말을 벗었다(오늘은 거리가 짧고, 비도 예상되기에 발에 테이핑을 하지 않고 출발했다). 나의 맨발은 박세리의 맨발이었다. 1988년 외환 위기 당시 US오픈에서 연못에 빠진 공을 치기 위해 양말을 벗던 골퍼 박세리의 발을 기억한다. 지금 내 발은 하얀 양말을 신은 듯 당시 박세리의 발과 똑같다. 오늘까지 17일간 내가 걸은 피와 땀이 이 두 발에 그대로 담겨 있는 거 같아 뿌듯함이 느껴졌다.

성수대교에서 잠실철교 집까지는 7km. 아주 천천히 걸어도 두 시간이면 집에 도착할 수 있다. 맨발로 걷는 것이 혈액순환에도 좋다고 하고 한강변 이 길은 맨발로 걷기에도 좋은 매끈한 바닥이다. 비 그치길 기다렸다는 듯이 라이더들이 쏟아져 나와 한강변을 달리고 있었다. 나는 한 손에 운동화를 들고 맨발로 계속 걸었다. 여름 피서 왔다는 생각마저 들었다. 사실 한강변은 여름 캠핑 피서지로도 손색은 없다.

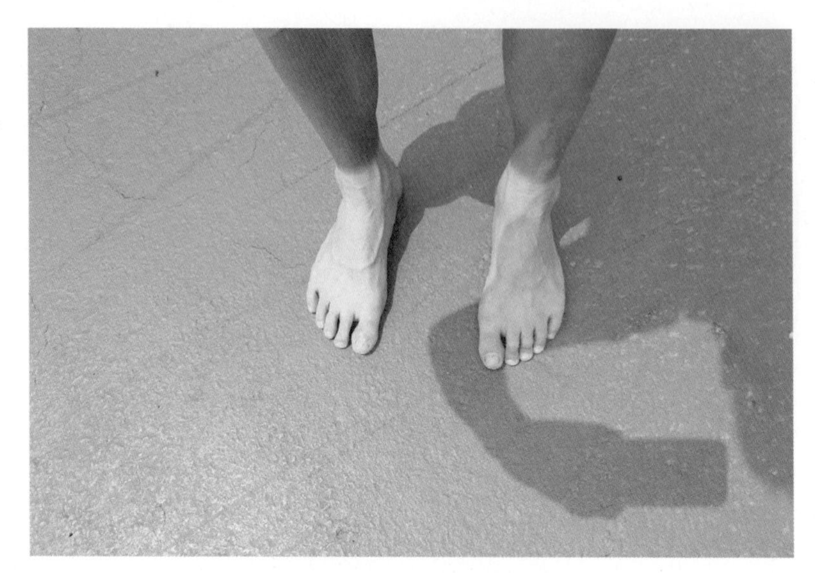

마치 흰 양말을 신은 듯한 나의 맨발

나는 이번 도보에서 자연에 순응하며 긍정적인 사고로 걸었다. 사실 자연은 늘 그대로다. 자연을 탓하는 건 인간의 이기심이다. 내가 자연에 따르면 되는 것이다. 긍정의 사고는 힘들고 지칠 때마다 나를 일으켜 세웠고 또 내일을 기약하게 했다.

맨발로 걷고 있는 지금, 나는 맨발에 피서를 즐기고 있다. 발바닥 마찰로 인해 혈액순환도 좋아지고, 햇빛 비타민이라는 비타민D도 섭취하는 중이니 더 바랄 게 없었다. 게다가 조금 있으면 집에 도착하여 3일 만에 가족과 만나 저녁을 함께할 테니 지금 맨발의 발걸음이 왜 아니 가볍겠는가?

청담대교를 지나 종합운동장 밑 탄천으로 갈라지는 길은 나에게 아주 익숙한 길이다. 평소 운동할 때 구리 방향은 구리한강공원까지, 잠실 방향은 이곳까지 오곤 했다. 나는 종합운동장을 등에 지고 잠시 벤치에 앉아 쉬었다. 잠실운동장에서 보이는 맞은편 뚝섬유원지는 국토종단 2일 차에 걸었던 길이었다. 그때 나는 뚝섬유원지에서 지금의 내 자리를 사진 찍었는데 지금은 반대로 맞은편을 사진 찍고 있다.

맨발의 느낌이 좋아 나는 계속 맨발로 걸었다. 맨발로 걸어서 잠실철교를 건넜다. 잠실철교를 건너 강변역과 인접한 철교 끝에 멈춰 서지 않을 수 없었다. 이곳은 국토종횡단의 교차지점이었다. 나는 천천히 사위를 훑어보았다. 허공에 +를 긋고 그 교차점에 방점을 찍었다. 지금 서서 마주 보고 있는 맞은편 롯데월드타워 방향은 국토종단 3일 차 아침에 걸어 내려갔던 길이고, 오른쪽은 3일간 국토횡단으로 걸어왔던 한강하구, 강화도 쪽 길이다. 왼쪽은 내일부터 걸어갈 국토횡단 7일의 시작점인 구리, 양평 방향의 한강변 길이다. 이번 국토종횡단의 교차점이 집 앞이라는 게 신기하기만 했다.

걸어온 시간이 많았지만 앞으로 계속될 국토횡단의 시간이 나에겐 더 중요했다. 강원도로 가는 길은 기대가 되면서도 강한 체력이 필요하다. 나는 아직 청년임을 다시 한번 맘속에 새기고 집으로 향했다.

오후 4시 조금 넘은 시간, 아내가 반갑게 나를 맞아 줬다. 아내는 괜한 고생이라며 핀잔주지만 나를 걱정해서 하는 말이었다. 씻고 쉬면서 이런 저런 얘기 나누는데 아내는 내 얘기에 별로 흥미가 없다. 나는 혼자서 영웅담을 쏟아 냈다.

저녁은 돼지보쌈. 내가 가장 좋아하는 메뉴다. 국토종단의 둘째날 집에서 하룻밤 묵을 때도 돼지보쌈이었다. 아내의 보쌈요리는 아무리 먹어도 질리지 않는다. 나는 기름기 쫙 빠진 돼지고기를 상추에 얹혀 새우젓과 된장을 더해 한입 가득 쑤셔 넣었다. 허겁지겁 먹는 나의 모습을 보며 아내는 사서 고생하는 내가 안쓰럽다는 표정을 지었다. 그건 애정의 표정이기도 했다.

집만한 데가 없다. 오죽하면 집 나가면 개고생이랄까. 늘 자던 방이지만 3일 차 국토횡단의 하루를 묵고 있는 거라 생각하니 묘한 기분이 들었다. 마치 나그네 잠자리처럼 어색하다고나 할까. 하지만 나는 내가 늘 자던 잠자리에서 금방 깊은 잠에 빠졌다.

오늘 거리 26.8km, 4.0km/1h (쉬는 시간 제외).

제18장
한강에서 남한강으로

■ 18일 차. 2017년 6월 27일
서울 강변역 – 팔당역 – 경기도 양평읍 생활체육공원 (55.0km)

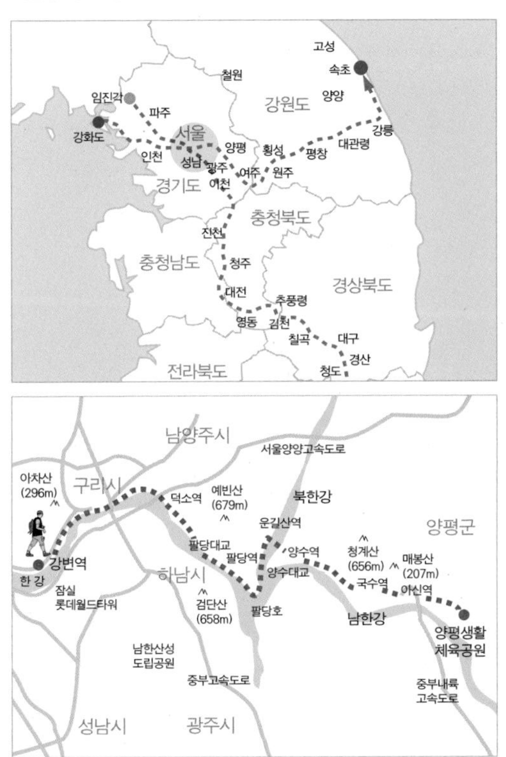

아침 5시 반에 일어났다. 아내가 깰까 봐 조용히 혼자서 아침을 먹고 배낭을 메고 나오려는데 인기척에 깼는지 아내가 일어나 배웅을 했다.

집 떠날 땐 늘 아쉬움이 많다. 그래서 몰래 나오려 했던 건데……. 걱정하지 말라며 아내를 가볍게 포옹해 주고 집을 나오니 이제부터 본격적인 국토횡단이 시작된다는 생각이 들었다. 집 떠나는 아쉬움은 간데없고 내 머릿속은 바로 나머지 국토횡단을 위한 생각들로 꽉 채워졌다.

평소 집에서 운동할 때의 시작점. 강변역 잠실철교 밑 쉼터의 벤치가 오늘따라 더욱 쓸쓸하게 보였다. 먼 길을 떠나야 하는 지금 왠지 이곳에 다시는 못 올 것처럼 외로움이 느껴졌다. 매일 보던 이정표도 다시 봤다. 상념에 빠지면 걷고 싶어지지 않는다. 나는 내 머리를 쥐어박으며 '정신 차려!' 하고 구리 방향으로 걷기 시작했다. 그래, 걷자.

아침 6시부터 걷기 시작한 건 오늘 걸어야 할 거리가 55km로 매우 길기 때문이었다. 집에서 구리 한강시민공원까지는 나의 마라톤 훈련 주 코스다. 강변역에서 구리 한강시민공원까지 왕복하면 12km, 거길 지나 강동대교까지 갔다 오면 15km다. 나는 국토종횡단을 결정한 후 올 2월부터 훈련 계획에 따라 매주 토요일 오전에 이 코스를 달렸다. 지금은 배낭을 메고 걸어가고 있다.

이 길은 양평을 거쳐 강원도로 이어져 있다. 그리고 길의 마지막은 국토종횡단의 종착점 속초였다. 길이 눈에 익으니 발걸음도 익숙했다. 이른 아침 덥지도 않고 햇살도 적당해 집에서 강동대교까지의 7.5km는 수월하게 걸었다. 강동대교에서 팔당대교까지는 13.5km. 오전에 빨리 걸어 놓아야 55km가 부담스럽지 않다. 어제 저녁 집에서 포식하고 잠을 푹 잔 것도 발걸음을 가볍게 했다.

나는 오전 10시 반에 팔당역에 도착하여 팔당의 먹을거리 초계국수를 먹으며 한 시간 정도 쉴 계획이었다. 평소 마라톤 훈련으로 달리던 길이었기에 달리고 싶을 정도로 빨리 걸었다. 한 시간에 4.7km의 속도였다. 나의 두 다리는 나의 의지를 따라와 줬다. 덕소를 지나니 맞은편 강 건너 하남시가 보였다. 저 멀리 팔당대교는 점점 더 눈앞에 다가오고 나는 빠른 걸음을 계속했다. 집 냉장고에서 얼려 온 생수가 나의 갈증을 시원하게 풀어 줬다. 팔당대교를 지나 500m 정도 더 가면 초계국수 식당들이 모여 있는 곳이다. 오전 10시 반이면 점심으로는 이른 시간이지만 집에서 아침 5시 반에 밥공기 절반 정도의 간단한 식사만 했기에 초계국수 한 그릇 정도는 단숨에 먹을 수 있을 것 같았다.

초계국숫집 조금 못미처 팔당과 팔선녀의 전설을 알려 주는 글이 있다. 팔당은 옥황상제를 보좌하던 팔선녀가 한강 팔당대교 근처 바댕이마을로 놀러 왔다가 길을 잃어 농부의 신세를 졌고 그 얘기를 들은 옥황상제가 농부에게 8개의 복주머니를 주고 그 후 마을사람들이 팔선녀가 놀

팔당에서 바라 본 강 건너 바댕이 마을

던 곳에 8개의 사당을 지어 복을 빌었다고 해서 팔당이라는 지명이 생겼다는 글이었다. 모든 것이 8이다. 그런 연유는 아니겠지만 초계국수도 8천 원. 그렇게 비싸지 않게 느껴졌다.

이곳은 앞에는 한강을 뒤에는 예봉산을 두고 있는 넓지 않은 산기슭이다. 듣자니 초계국수는 팔당 맞은편의 하남시 미사리에서 유래됐다는데 한강을 사이에 두고 건너온 미사리 초계국수가 팔당에 와서 더 만개한 듯하다.

이곳 식당들은 양평, 충주를 거쳐 국토종단하는 라이더들로 장사가 쏠쏠하다. 양수리에서 갈라져 가평, 춘천으로 가는 라이더들도 꼭 이곳을 지나가야 한다.

라이더들의 화려한 옷차림 사이에서 나 같은 도보여행자는 배낭을 메고 있지 않다면 그저 평범한 산책꾼으로 비칠 것이다. 하지만 나는 배낭을 메고 라이더들과 함께 여주까지 이 길을 가야 하기에 그들과는 동행인 셈이었다. 다만 그들은 자전거를 타고, 나는 걷는다.

식당에서 한 시간 정도 쉬려다 말고 중간에 일어났다. 나는 라이더만큼 여유로운 게 아니었다. 초계국숫집을 나와 30여 미터 지나 꺾어 도니 옛 경의중앙선 철길인 자전거 길이 나왔다. 자전거 길과 나란히 보행자길도 있었다. 보기만 해도 걷고 싶어지는 길이었다.

경의중앙선은 원래가 단선철도라서 역에서 교행을 했다. 교행할 기차를 기다리느라 기차는 역에서 한참을 서곤 했다. 그리 느리니 복선 철로가 깔렸고, 그것도 느려 지금은 그 길옆으로 새롭게 고속철이 생겼다. 예전의 경의중앙선은 지금은 기차가 아닌 자전거, 사람의 길로 변했다.

아이러니컬하게도 지금은 느린 게 더 각광받는 시대다. 경의중앙선 옛 철길을 따라 걸어서 양평에 가는 동안 오늘 나의 두 다리는 'slow train'인 셈이다.

길을 걷다 보니 터널이 계속 이어졌다. 터널 속은 한낮의 더위를 식히기에 안성맞춤이었다. 터널에 진입하면 서늘함이 바로 피부에 닿아 발걸음은 자동으로 느려졌다. 터널이 끝없이 이어지길 바라며 터널 안을 천천히 걸어 보지만 터널은 이내 앞쪽에서 환한 빛을 드러냈다. 터널의 길이는 대개 500m 남짓했다. 하지만 터널은 한낮의 더위에 지친 나의 땀을 씻어 내기에 아주 유용한 구간이었다.

출발지 강변역 잠실철교에서부터 이곳까지는 24.5km. 한 시간에 4.3km로 걸어왔다. 이곳은 올 3월 지구력 훈련을 위해 몇 번 뛰어온 적이 있기에 익숙한 편이었다(그 당시 돌아갈 때는 버스로 갔다). 걸어온 길에서 양평으로 가는 길은 직진이고, 우측으로 돌아 들어가야 다산유적지다. 유적지를 돌아보고 다시 돌아 나오면 왕복 4km를 걷는 셈이다.

남양주시 조안면 능내리의 다산유적지는 다산이 태어나 유배 기간을 제외한 대부분의 시간을 보낸 곳이다. 오늘은 천천히 걸으며 유적지를 살펴봤다. 여유당(與猶堂). 정약용의 생가로 노자 도덕경의 "여(與)함이여, 겨울 냇물을 건너듯이, 유(猶)함이여, 너의 이웃을 두려워하듯이"라는 글귀에서 따왔다. 요즘 사는 게 원체 빡빡하니 인생을 여유롭게 살자는 의미의 여유당(餘裕堂)이어도 괜찮을 듯했다.

다산유적지를 빠져나와 경의중앙선 옛 철길을 다시 걸으며 보이는 작은 족자섬. 조선 시대 화가 겸재 정선이 두물머리 끝 쪽에 보이는 족자섬을 그린 그림, 독백탄(獨柏灘)의 실제 배경이 된 섬이다. 왼편 높은 산인 운길산에서 내려다보면 절경이라는데 여기서 보니 그 맛은 조금 덜했다.

겸제 정선이 그렸다는 양평 두물머리 족자섬

하지만 남한강과 북한강이 갈라지기 전의 중간에 자리하고 있어 풍수에 문외한인 내가 봐도 살고 싶다는 생각이 들 정도로 아늑하고 아름다웠다. 두물머리는 남한강과 북한강이 만나 하나가 되는 곳, 두 물줄기가 합쳐지는 곳이라 해서 그렇게 불리며 양수리(兩水里)라는 지명 역시 두 개의 물이라는 한자에서 온 것이다.

양평을 향해 걷던 나는 옛 양수철교를 지나면서 아름다운 풍경에 그만 매료되었다. 한낮의 태양 아래 한참을 서서 두물머리를 배경으로 여러 장의 사진을 찍었다. 단선 철교 위에서 느낄 수 있는 작은 것의 위대함. 우리는 이젠 큰 것에 너무 익숙해져서 작은 것은 무시하고 쉽게 버린다. 그나마 이 철교는 자전거 길로 다시 태어났으니 축복받은 거다. 옛 경의중앙선이 철로일 땐 느리고 좌석도 비좁아서 환영받지 못했던 것이 지금은 이렇게 사랑받으니 이 철로도 느리다고 불평하던 시절의 설움은 잊었으리라.

양수역을 지나니 여러 색상의 네온이 현란하게 춤추는 터널과 만났다. 옛 용담터널. 지금은 용담이브터널, 일명 네온터널로 불린다. 터널을 예술로 승화한다는 것이 이런 것인가 보다. 터널 안이라 시원하기도 했지만 화려한 네온의 예술이 발걸음을 멈추게 했다. 터널 안은 나 혼자. 나는 배낭을 벗어 던지고 행위예술가가 되어 터널 안 아스팔트에 벌렁 누웠다. 차가운 바닥의 냉기가 온몸에 전달되니 꼭 냉장고 속에 들어온 느낌이었다. 나는 큰소리를 지르며 터널 밖 세상 사람들에게 나의 존재를 알렸다. 한참을 그렇게 누워 있었다. 멀리서 라이더 두 명이 오고 있었다. 몇 분간의 행위예술을 마친 나는 다시 도보여행자로 돌아와 터널을 빠져나왔다.

오늘 목적지 양평읍 생활체육공원까지 남은 거리는 18km다. 나는 이미 37km를 걸었다. 나의 몸은 아직 피로하다는 신호를 보내지 않고 있었다. 가족의 힘, 집밥의 힘이리라. 오늘 아침 집을 떠나며 아내에게 고맙다는 말 한마디라도 해 줄 걸……. 그러고 보면 우리네는 감사하다 고맙다는 말에 참 인색하다.

신원역, 국수역 방향으로 걸으면서 옛 철길 자전거 길은 끊어지고 자동차도로의 갓길로 연결되었다. 자전거 길을 걷다가 자동차 갓길로 걷게 되면 소음이나 주변 경관이 별로인 것도 있지만 도로 사정이 안 좋은 곳은 신발 안으로 작은 모래 알갱이가 들어와서 민감한 발바닥을 자극했다. 걸으면서 거의 유일하게 짜증나는 것이 바로 작은 모래 알갱이가 신발 속 발바닥에서 느껴질 때다. 우리 인체는 어떤 땐 과도하게 반응한다. 도로포장 상태가 나쁘거나 잔돌이나 흙이 있는 갓길을 걷다 보면 자주 신발을 벗어 털어야 했다. 신발 속 이물질을 털어 내기 위해 배낭을 내리고, 신발 끈을 푸는 행위는 잠시 쉬었다 갈 때 장비를 푸는 것과 똑같은 동작이 필요했다. 그러니 배낭을 멘 상태에서 어디다 다리 하나를 올리고 신발 한 짝씩 털고 하는 게 여간 짜증 나는 일이 아니었다. 그래서 나는 갓길 도로 사정이 좋지 않은 길은 자연스레 천천히 걸었다. 암튼 무시해도 될 정도의 작은 알갱이지만 나의 발바닥은 아주 민감하게 반응했다. 그럴 때마다 사소한 것에 짜증 내는 내 자신이 한없이 작아짐을 느꼈다.

국수역에 도착하니 한 무리의 대학생 자전거 국토순례단이 쉬고 있었다. 오늘이 첫날이라 아직은 쌩쌩하고 약간 상기된 모습들이었다. 서로가 끌고 당기며 국토종단을 완주하길 바란다며 내가 파이팅을 외치자 모두 함께 파이팅하고 외쳤다. 젊은이는 희망이다. 지금은 나도 젊은이다. 나는 안정적인 삶을 추구하는 젊은이보다는 도전하는 젊은이를 좋아한다.

대학생 자전거 국토순례단

요즘은 세상살이가 힘들어서 도전보다는 편안함을 찾는 경향이 많다. 하지만 도전이 없다면 미래도 없다. 그래서 나도 지금 도전 중이다.

단체로 가다 보니 학생들은 준비도 철저했다. 한 친구가 장비 통을 꺼내 자전거를 하나하나 점검하고 있었다. 준비가 철저할수록 더 많은 걸 얻는 법이다. 나도 그런 걸 알기에 이번 국토종횡단을 준비할 때 장비는 물론 나의 체력, 일정 등을 세심하게 계획했다.

오늘의 목적지 경기도 양평읍 생활체육공원을 5km 남겨 두고 시간은 오후 5시 반이 되었다. 오늘의 걷기는 아주 순조로웠다. 조금 빠르게 걷기도 했다. 40km 지점부터는 피로가 느껴졌지만 일부러 무시하며 걸었다. 이 정도 피로는 나 같은 청년이라면 극복할 수 있다. 한계는 자기 스스로 규정짓는 경우가 많다. 그동안 나는 그런 한계에 익숙해졌고 어떤 때는 미리 안 된다는 판단으로 핑계를 만들기도 했었다. 하지만 지금 나를 감싸고 있던 한계라는 껍데기를 깨고 나는 한계 밖의 세상으로 나왔다.

국토종단 4~5일 차 이틀간 109km를 걸었었다. 그때는 비까지 왔었다. 오늘과 내일 이틀간 나는 그때보다 더 긴 113.6km를 걸어야 한다. 이미 국토종단에서 경험해 봤기 때문에 국토횡단 이틀간의 장거리에 대한 두려움은 없다. 지금 나는 스스로 정한 한계는 없다.

이대로 걸어가면 저녁 6시 반에는 목적지에 도착할 수 있고 야영에도 문제없겠다 싶어 한껏 여유가 생겼다. 시간도 넉넉하겠다, 나는 길가 언덕 위 밭에서 감자를 수확하는 농부를 보고 올라갔다. 반갑게 맞아 주는 농부는 잠시 일손을 놓고 요즘 농촌을 얘기해 주었다. 감자 농사는 인건비도 안 나오는데 놀리면 풀밭이 되니 매년 그만해야지 하면서도 또 한다고.

내가 대화에 죽을 맞추니 시간 가는 줄 모르게 시간이 흘렀다. 잠깐을 생각했던 나는 한 시간 넘게 감자밭에 서서 농부와 얘기를 나누었다. 해는 어느덧 산 너머로 뉘엿뉘엿 넘어가고 있었다. 시계를 보니 저녁 7시가 다 되어 가고 있었다. 저녁 6시 반에는 목적지에 도달할 수 있을 거라고 여유를 부린 건데 이젠 오히려 맘이 더 급해졌다. 감자밭을 괜히 들렀다는 후회가 들었지만 이미 지난 일이었다.

밤길을 걸어 목적지까지 가야 하는 5km는 꽤 멀게 느껴졌다. 어둠이 짙게 깔리니 더욱 그랬다. 나는 이미 50km를 걸어왔고 사위가 캄캄해지니 지금까지 괜찮던 몸에 한꺼번에 피로가 몰려오는 것 같았다. 두 다리도 천근만근, 모래주머니를 찬 것 같이 무겁고.

양평읍은 꽤 커서 읍내로 들어와서도 생활체육공원까지는 한참 걸어야 했다. 시간상으로 볼 때 야영지에서 밥을 해 먹는다는 건 불가능했다. 야영지에 일찍 도착하여 자연과 함께하려던 계획은 완전히 망가졌다. 나는 양평군청을 지나 목적지를 앞에 두고 뼈다귀 해장국집을 찾아 들어갔다. 문 닫을 시간 다 되어 안 된다는 걸 30분 안에 먹겠다며 주문했다. 주방의 아줌마들은 빨리 퇴근해야 하는지 나만 쳐다보고 있었다. 입천장이 델 정도로 뜨거웠지만 밥을 말아 한 그릇 비웠다.

양평읍 생활체육공원은 남한강변에 있다. 공원 모퉁이에 텐트를 쳤다. 밤 9시를 넘긴 시간이기에 공원엔 나 혼자였다.

좀 일찍 도착했다면 여유롭게 쉴 수 있는 좋은 공원이었지만 바로 잘 수밖에 없어 아쉬웠다. 사위가 컴컴해서 어디 보고 말 것도 없었다. 괜히 농부와 수다를 떨다가 원. 하지만 그런 만남에서 얻는 것도 많다. 삶은 이야기다. 오늘 걸어온 55km 시간도 내 삶의 이야기다.

나는 오늘 아침 6시에 집을 떠나 55km를 4.3km/1h(식사, 쉬는 시간 제외) 속도로 걸어 양평읍에 도착했다. 꽤 먼 거리였지만 오전 오후 기복 없이 잘 걸은 하루였다. 내일은 더 많이 걸어야 한다. 나는 다른 생각할 여지 없이 내일을 위해 바로 잠을 청했다.

제19장
드디어 강원도

■ 19일 차. 2017년 6월 28일
경기도 양평읍 생활체육공원 - 여주시 - 강원도 원주시 문막읍 (58.6km)

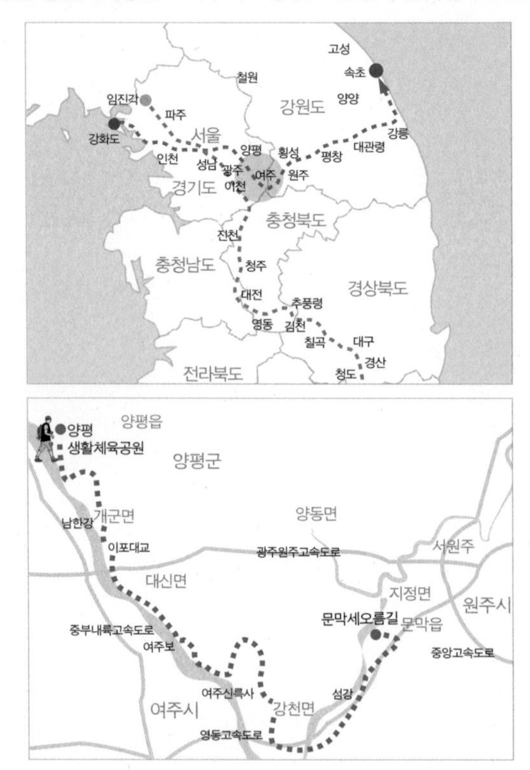

남한강 기슭의 양평읍 생활체육공원은 조용했다. 아침 5시 20분, 알람 소리에 깼다. 오늘은 걸어야 할 길이 58.6km로 아주 멀기에 알람을 이

른 시간에 맞춰 놨었다. 오늘은 무조건 일찍 출발해야 한다. 아침 날씨는 흐렸지만 비는 오지 않았다. 하지만 금방이라도 비를 뿌릴 듯 하늘이 좋지 않았다. 날씨 탓하고 출발을 미룰 순 더더욱 없었다. 10분 만에 배낭을 꾸리고 가까운 편의점으로 갔다. 아침 6시에는 출발하기로 하고 편의점에서 아침을 해결하고 먹을거리도 샀다. 아침은 삼각김밥과 라면을 먹고, 간식으로 김밥, 빵, 초코바, 생수를 샀다.

오늘 걸어야 할 거리 58.6km를 고려하여 나는 배낭의 무게와 먹을거리에 대한 안배가 필요했다. 멀다고 미리 꽉 채워 배낭이 무거워지면 이것도 문제지만 먹고 마실 것에 대한 준비가 소홀해서도 안 된다. 이런 상황을 다 생각하며 배낭의 무게를 최대한 가볍게 해야 했다. 오늘 코스를 미리 본 나는 양평읍에서 여주 신륵사까지 32km 구간에는 먹고 마실 것을 구할 곳이 마땅치 않다는 걸 짐작할 수 있었다.

양평읍 남한강 자전거 길을 걸으며 국토횡단 5일 차, 국토종횡단 19일 차의 여정을 시작했다. 그동안 강화도 초지대교를 건너 강화해협을 따라 걸어 서해 인천의 한강 어구에 닿았고 한강을 따라 3일간 걸어 여기까지 왔다. 한강은 여기서부터는 남한강과 북한강으로 갈라진다. 나는 국토종단 자전거 길의 이정표를 따라 여주, 충주 방향으로 걸었다. 남한강의 풍경이 아침 안개를 머금고 아름답게 펼쳐졌다.

이 길은 양평읍 창대리를 지나 회현리에 와서 남한강과 흑천이 만나는 지점에서는 회현리 마을 안쪽으로 돌아들어 가 걷게 되어 있었다. 회현리 마을을 지나 흑천교를 건너 후미개고개를 넘었다. 이른 아침이라 인적은 없고 등교하는 학생들 몇 명만 보였다. 학생들은 마을 버스정류장에서 통학버스를 기다리는 중이었다. 여기만 해도 마을이 띄엄띄엄 있

양평 남한강의 물안개 아침 풍경

어 학생 수도 많지 않으니 통학버스가 온 마을을 돌아 태우고 가는 것 같았다. 아이들의 초롱초롱한 눈망울은 국토종단 10일 차 지천초등학교에서 만났던 아이들의 모습과 다를 바 없이 천진난만했다. 다른 것이 있다면 이곳의 아이들은 누가 말을 시키면 대꾸를 안 하고 잘 쳐다보질 않는다는 거였다. 아마도 낯선 사람이 아는 체하면 상대하지 말라고 교육을 받았나 보다. 요즘은 친절을 베풀기도 어려운 시대다. 길을 가다가 맞은편 길 아이들 보고 "안녕." 하니 "안녕하세요."라고 답한다. 그래! 가까이서 인사하지 말고 좀 떨어져서 하는 거야. 이것이 내가 나름 터득한 여기 아이들과의 인사법이었다.

양평군 개군면 구미리의 후미개고개를 내려와서 우측으로 돌아가니 개군레포츠공원이 있다. 이런 시골에 꽤 큰 규모, 꽤 괜찮은 시설의 레포츠공원이 있는 게 의아했다. 평일이라 사람이 없는데 주말에도 이용자가 있을까 싶을 정도로 다소 엉뚱한 곳에 있었다. 4대강 사업을 위해 퍼낸 남한강 모래를 이용해 만든 공원이었다. 몇십 년 전의 이곳은 태풍 때마다 남한강이 범람하여 피해가 큰 지역이었다.

개군레포츠공원을 지나 다시 남한강 국토종단 자전거 길로 걸었다. 어제오늘 아침의 날씨는 무덥지 않아 걷기에 좋았다. 하지만 일교차가 심하니 오늘도 한낮은 불볕더위라는 일기예보였다. 오늘 아침 6시가 좀 지나 출발해서 벌써 꽤 많이 걸은 느낌이 들었다. 이건 오늘 내가 얼마나 오랜 시간을 걸어야 하는지를 알려주는 서막이었다. 출발할 때 약간 흐렸던 날씨는 완전히 개었다. 해는 서서히 달아오르고 있었다. 58.6km에서 10km 걸었으니 이제 시작인 셈이었다. 남은 거리를 생각하니 까마득했다.

심호흡을 크게 하고 처음 출발한다는 생각으로 다시 각오를 다지며 여주 방향으로 빠르게 걸어 내려갔다. 오늘 완주한다면 남은 5일은 크게 무리 없으리라는 생각이 들었다. 그래서 오늘이 나에게는 매우 중요했다. 사실 이번 국토종횡단을 통틀어 이틀간 113.6km를 걷는 것은 꽤 힘든 일정임이 분명하다. '나는 청년이다'라고 외치며 걷지만 이렇게 긴 거리는 뭘 먹고, 언제 먹고, 배낭에 충분한 먹을거리나 물은 있는지, 즉 보급이 중요했다.

여기서부터 여주시까지는 인적도 드문 남한강 자전거 길이다. 한적한 이 길에서 이포보를 앞에 두고 산책 나온 젊은 부부를 만날 수 있었다. 그들은 4대강 사업 후 남한강 물이 흐르지 않으니 녹조 현상이 심하다고 했다. 그들이 가리키는 바로 옆 내가 걸어가고 있는 남한강은 그들 말대로 강의 흐름이 멈춘 듯 보였다. 녹조 현상은 없었지만 쓰레기가 강가

한강 하구(河口)로부터 111km 지점의 남한강

에 가득 고여 물도 탁했다. 강이 흐르지 않으면 죽은 것이다.

하지만 지금 내게는 남한강의 물이 맑고 탁하고가 문제가 아니었다. 갈 길이 너무 멀다는 게 문제였다. 이포보에 도착했다. 하지만 남한강을 끼고 조성한 이포보공원은 사람 하나 없이 을씨년스러웠다. 이포보공원 주변을 천천히 다시 봤다. 방금 본 다리 디자인은 뭔지 모르게 어색했다. 그건 자연의 멋이 아닌 인공의 멋이었다. 강물은 흘러야 강이다. 남한강은 예로부터 전략적 요충지였기에 그 옛날 신라와 백제가 치열한 싸움을 벌였던 곳이었다. 옛날 백성들이 지금의 이포보를 보면 무슨 말을 할까? 치수(治水)를 잘하는 왕이 성군이라고는 말했을 것이다.

오늘 걸으며 4대강을 다시 생각해 보려고 했지만 깊이 생각하지 않기로 했다. 내가 오늘 남한강을 걷는 목적은 그게 아니기 때문이다. 나는 오늘 58.6km의 먼 거리를 무사히 완주하는 것이 주목적이다.

이포보에서 여주보까지의 거리는 13km. 자전거로는 최상의 라이딩코스다. 그만큼 길도 널찍하고 깨끗하게 정비되어 있었다. 하지만 쉴 곳이 마땅치 않고 평일에는 그나마 있던 간이 가게마저 문을 닫은 상태였다. 물이나 먹는 것을 여유 있게 담지 않은 나는 당황했다. 아침 배낭 안에 있던 건 김밥 한 줄, 빵 한 개, 초코바 3개, 그리고 500ml 생수 2개. 그나마 생수 한 개는 다 마시고 한 개도 절반뿐이었다.

한낮 온도가 35도를 가리키고 태양은 사람의 피부를 찌를 듯 내리쪼였다. 마땅히 쉴 그늘도 없지만, 이 길을 쉰다고 다음에 오아시스가 나오는 것도 아니기에 마냥 걸어야 했다. 드디어 정신력으로 걸어야 하는 시점이 시작됨을 느꼈다. 어제 55km를 걸었던 피로가 알게 모르게 남아 있었다. 넓게 잘 포장된 자전거 길은 오히려 황량하게 보이며 걸으려는 나의 의욕을 자꾸 꺾었다.

이포보에서 여주보 가는 길은 나무 하나 없는 시멘트 바닥의 길이었다. 넓은 평야의 길 같았다. 이곳은 양평 출발지로부터 26km 지점인데 걸어오며 쉴 곳이 마땅치 않아 계속 걸어왔다. 한낮 더위는 내게 그만 걸으라고 말하고 있었다. 배낭 속 먹을거리도 거의 다 먹고, 물도 이포보 지나서 다 마셨다. 마실 물을 아껴 먹을 정도의 더위가 아니었다. 우선은 있는 물이라도 마셔야 했다. 그만큼 한낮의 태양이 강렬했다.

드넓은 남한강변 한가운데로 나 있는 자전거 길. 이 길을 벗어나 가게를 찾는다면 몇 킬로미터를 나갔다 되돌아와야 하니 가던 길을 계속 갈 수밖에 없었다. 나는 걸으며 어떻게든 먹는 물부터 구해야 했다.

이포보를 한참 지나니 야영장이 보였다. 이곳도 설거지물은 있으나 먹는 물은 없었다. 야영장은 평일이라 아무도 없었다. 목은 타들어 가고 난감했다. 그런데 저쪽에서 야영장을 빠져나오는 차가 한 대 보였다. 나는 막 뛰어가 손을 흔들어 나가려던 차를 세웠다. 사막에서 구세주라도 만난 듯했다. 다행히 그들은 마시고 남은 2L 생수가 하나 있다며 나에게 주었다. 어찌나 고맙던지… 그것이 꽤 무거웠지만 나는 2L의 큰 페트병을 품에 안고 걸었다. 무거움보다도 목마름을 더 이겨내야 했다. 야영객 덕분에 여주시에 도착할 때까지 2L 물로 목마름을 해결할 수 있었다.

걸으면서 나는 생각했다. 지금은 내가 견딜 만한 힘이 조금이라도 남아 있거나 아니면 정신력으로 버티거나 둘 중 하나라고. 나는 마치 누가 이기나 보자는 배짱으로 걸었다. '설마 죽기야 하겠어' 하면서.

계속 앞으로 걸음걸이를 내딛는다고는 하지만 분명 발걸음은 오전과는 달랐다. 나는 자꾸 시계만 쳐다봤다. 이런 현상은 내가 지금 걷는 것을 상당히 지루하게 느끼고 있다는 증거였다. 남은 거리도 몇 배로 길게 느껴졌다. 설상가상으로 여주보를 지나 지름길로 간다고 강가의 샛길로 들었더니 길도 나 있지 않은 산길이었다. 도로 돌아 나갈 수도 없었다. 그런다면 3km를 헛걸음치는 꼴이다. 나는 산길을 헤치며 걸었다. 한참 산길을 돌아내려 와 다시 길을 만날 수 있었다. 지쳐 가는데 산길까지 걸었더니 맥이 쭉 빠졌다. 여주보를 지나 신륵사까지 6.5km를 간신히 걸어왔다. 시간은 벌써 오후 3시였다.

오후 들어 급속도로 떨어진 체력으로 32km를 9시간에 걸려 걸어온 것이었다. 내가 걸어온 길은 자전거 길로는 최상의 길이었지만, 뙤약볕에 지루하고 쉼터도 없어 걷기에는 무척 힘든 길이었다. 평균 시속 3.6km로 걸었으니 20km 지나서부터는 아마도 한 시간에 3km도 못 걸은 게 된다. 엄청 더디게 걸은 것이다. 아직도 가야 할 거리가 26km나 남았다. 지금 속도로 걷는다면 7시간이 더 걸릴 테고 밤 10시는 넘어야 도착지 강원도 원주시 문막읍에 닿을 수 있을 거 같았다.

나의 신체가 걷기를 거부하는 반응을 보였다. 눈앞이 캄캄했다. '오늘은 그만 걸으세요'라고 말하는 듯했다. 오늘까지 19일의 국토종횡단에서 여태껏 크게 겁나거나 두려운 적은 없었다. 한데 지금은 아니다. 무식한 자신감도 한몫했다. 어제 55km나 걸었다면 눈에 보이지 않는 피로가 쌓였을 텐데 '별일 없겠지'라고 안이하게 생각했다. 먹는 것도 제대로 먹지 않고 먹을거리 준비도 소홀했다. 먼 거리에 먹을 곳이 마땅치 않을 것이라고 예상한 것 치고는 아침 식사와 중간의 보급은 너무나 부실했다. 게다가 오늘의 더위는 아침과는 전혀 다른 불볕더위였다. 더위도 더위지만 광활한 평야를 걷듯이 나무 그늘 한 점 없는 길은 두 다리를 더 지치게 했다.

포기하지 않고 신륵사에 나를 닿게 한 건 체력이 아닌 정신력이었다. 나는 시급하게 몸에 영양분을 보충해야 했다. 우선 근처 식당에서 매운탕을 시켜 밥 두 공기를 비웠다. 순간 졸음이 밀려왔다. 한편으로 내 몸은 서서히 충전되고 있었다.

나는 신륵사 남한강이 한눈에 내려다보이는 작은 정자 월송암에 잠시 앉았다. 오래전 아내와의 추억이 떠올랐다. 결혼을 앞두고 이곳에 와서 아내와 했던 얘기들. 당시 나는 결혼에 대해 무거운 책임감을 느끼고 있었다. 그때 보슬비가 부슬부슬 내리는데 이 정자에서 남한강을 바라보며 나는 결심했다. 이 여자를 행복하게 해 주겠다고.

아직도 26km를 더 걸어야 하니 마냥 앉아 쉴 수가 없었다. 신륵사를 나와 남한강 자전거 길이 아닌 여주시 안쪽 길 강천면을 지나 창남이고개를 넘어 문막으로 걸어가기로 했다. 강원도 시골 농촌으로 바로 들어

결혼 전 아내와의 약속을 떠오르게 하는 신륵사 월송암

가기 위해서였다. 신륵사를 끼고 샛길로 조금 걸으니 천송삼거리가 나왔다. 우회전하여 걷다가 금당교를 건너서부터 강문로를 따라 걸었다. 차량은 별로 없고 한적한 시골길의 왕복 2차선 국도였다. 요즘은 대부분의 차량이 고속도로를 이용하여 강원도로 가기에 이 도로는 한적해서 걷기에 좋았다. 간간이 폐가도 보이고 슬레이트 지붕의 집이 아직도 있는 것을 보니 전형적인 시골 농촌의 모습이었다.

1970~80년대에 지붕용으로 많이 사용된 슬레이트는 석면이 함유되어 있어 폐암 석면폐증을 유발하는 발암물질이다. 고등학교 시절 야외에 놀러 갈 때 슬레이트판을 준비해서 거기다 고기를 구워 먹었던 기억이 난다. 정말 아찔한 기억이다. 아주 오래전 일이지만 석면에 관한 치명적인 기사가 하도 많다 보니 지금 걷는 나의 폐가 괜찮은지 괜한 헛기침을 해본다. 담배를 피우지 않는 내 폐는 건강한 편이어서 24일간 내내 두 다리

에 힘을 보태는 역할을 충분히 해냈다.

강천면 사무소를 지나 계속 걸으니 영동고속도로가 나왔다. 시골길을 걷다 보면 이정표가 별로 없다. 그래서 짐작으로 걸어야 하는 경우도 많다. 영동고속도로를 밑으로 지나 한참을 걸었다. 한참을 걷다 이상해서 이 길이 맞는지 물어보고 싶은데 물어볼 사람이 없었다. 겨우 동네 아주머니 한 분을 만나 문막 가는 길을 물으니 오던 길 거꾸로 가서 우측으로 꺾어져 가란다. 다행이었다. 1km 채 안 되게 지나쳤으니 이 정도는 잘못 든 길 치고는 양호한 편이었다.

아주머니가 가르쳐 준 길로 꼬부라지니 길게 이어진 고개가 보였다. 마치 차 광고에 나온 듯한 아름다운 고갯길이었다. 창남이고개. 영동고속도로를 옆에 두고 나란히 가는 이 길은 영동고속도로 개통 전까지는 모든 차가 이 고개를 이용해서 다녔다.

강원도 섬강을 앞에 둔 이름도 정겨운 창남이고개

창남이라는 고개 이름이 정겹다. 어린 시절 친구 이름 같기도 하고. 창남이라는 이름은 창남이고개를 넘으면 마주치게 되는 섬강의 창남나루에서 유래되었다. 지금은 없어졌지만 창남나루는 여주와 원주를 이어 주는 나루터로 유명했던 곳이었다. 창남이고개 넘어 만나는 섬강을 건너서부터는 강원도였다.

신륵사에 도착하여 늦게나마 매운탕으로 영양을 보충하고 정자에서 잠시 휴식을 취해서 창남이고개는 어렵지 않게 넘었다. 섬강 다리를 건너니 강원도 원주시. 원주시 부론면 흥호리 견훤로를 걸어 문막읍을 향해 걷는데도 그다지 힘들지는 않았다. 보급, 장거리 도보에서 특히 먹을 거리의 중요성을 깨달은 하루였다. 지금의 나는 아까와는 확연히 다르다는 게 느껴졌다. 신륵사에서부터 여기까지 13km를 걸어왔다.

앞으로 더 걸어야 할 거리는 10km. 시간은 저녁 6시 반을 넘기고 있었다. 해가 넘어가기 시작하자 맘이 급해졌다. 이런 때 빨리 가려다 무리하면 금방 신체 리듬을 잃기 쉽다. 두 다리의 피로도 신경 써야 하지만 배낭의 무게를 인지하는 것도 중요했다. 나는 신체 상태를 점검해 보았다. 아까보다는 나아졌지만 무리하지 않는 게 나을 듯했다. 왜냐면 나는 어제부터 지금까지 이미 100km를 넘게 걷는 중이었다. 나머지 거리를 한 시간에 3.2km 정도로 천천히 걷기로 했다. 그럼 남은 10km를 걷는데 3시간이면 충분했다. 빠르게 걸을 때의 시속 4.5km와 비교하면 걷는 속도는 25%나 줄어든 것이었다.

신체 상태가 매일 같을 순 없다. 그래서 매 순간 나의 몸 상태를 알고 상황에 따라 대처하는 게 중요하다. 오늘은 자신 있게 출발했지만 역시 58.6km라는 먼 거리와 한낮의 더위가 쉽지 않았다. 상당히 먼 거리를 걸어야 함에도 쉽게 생각하고 중간에 먹고 마실 거에 대한 준비가 소홀했던 게 더 큰 문제였다. 결국, 자만심이 문제였고 준비성이 문제였다. 일상도 똑같은 것을……

오늘 10kg 넘는 배낭을 메고 쉬지 않고 걸어 58km를 14시간 안에 완주한다는 것은 평균 시속 4.2km로 걷는다는 걸 의미한다. 경기도 양평읍에서 오전 6시에 출발하여 밤 8시에 강원도 원주시 문막읍 목적지에 닿기로 한 오늘의 도보 계획 자체가 무리가 따르는 계획이었다.

원주시 부론면 노림리 간이버스정류장에서 잠시 쉬며 나는 오늘 계획의 무모함을 다시 한번 반성하고 무리하지 않고 밤 10시 안에만 목적지에 도착하기로 했다. 무엇보다도 앞으로 5일간의 남은 일정 211km가 있기에 무리하다가 국토종단 때처럼 왼쪽 발목이 붓는 참사를 만나서는 안 되기 때문이었다.

어차피 늦은 거 천천히 걷자 결정하니 무겁던 다리도, 어깨를 짓누르던 배낭도 조금 가볍게 느껴졌다. 어둠이 깔리기 시작했다. 시골은 어둠이 깔리면 모든 게 잠든다. 나는 아무도 없는 길을 혼자 걸었다. 늦은 점심을 먹었기에 배는 고프지 않았다. 알사탕을 한 알 입에 넣으니 단맛이 온몸에 퍼져 기분이 좋아졌다. 경동대학교 옆 나지막한 고개를 넘어 정문을 지나니 문막읍 후용리 동네가 나왔다. 걷는 내 모습이 지치긴 지쳐 보이나 보다. 지나가던 승용차 한 대가 내 옆에 서더니 어디서부터 걸어왔냐며 문막읍까지 태워 주겠단다. 나는 이번 국토종횡단에서 철칙으로 정한 것이 있다. 첫 번째가 '어떤 경우라도 차는 절대로 타지 않는다'였다.

사실 많이 지친 지금의 내 모습은 남들이 보기엔 측은할 것이다. 하지만 나는 나와의 약속을 지키며 걸어왔고, 도전을 두려워하지 않으며 걸어왔다. 지금은 지치고 힘들어 보이지만 내일 또 힘차게 6일 차의 도전을 시작할 것이다.

후용리 앞에 보이는 영동고속도로 밑으로 지나 우회전하니 저 멀리 문막읍 아파트 불빛이 보였다. 힘내라고 준 음료수 한 병이 나를 족히 몇 킬로미터는 걷게 했다. 목표가 보이면 힘이 솟게 마련이다. 어둠이 짙게 깔린 시골길에서 보는 영동고속도로는 수많은 차량의 불빛이 현란하게 오가고 있었다.

문막읍에 들어섰지만, 오늘 묵을 사우나까지 3.5km를 더 걸어야 하는 게 지루했다. 마지막을 잘 견뎌 내는 건 매우 중요하다. 목적지에 거의 와서는 피로감과 지루함으로 집중력도 떨어진다. 그래서 나는 마지막 몇 킬로미터를 이겨내기 위해 도착해서 만끽할 성취감이나 달콤한 휴식을 상상하며 걸었다. 일종의 긍정으로의 사고 전환이었다.

밤 9시가 넘어 문막 읍내를 한참 걸어 목적지 사우나 근처에 도착했다. 문을 연 식당은 없고 편의점만 보여 편의점 도시락으로 저녁을 때웠다. 많이 피곤한지 밥맛이 별로 없었다. 먹으면서도 빨리 씻고 자고 싶은 맘뿐이었다. 사우나에 도착하니 밤 10시 10분. 주인아주머니가 내 모습을 보고 도보여행 중인 걸 한눈에 알아봤다. 청년 한 명도 도보여행 중인데 그는 저녁 6시쯤에 들어왔다며 그 청년은 짐도 간단하던데 나 보고는 웬 짐이 많냐고 물었다. 난 피곤하여 아무 말도 하고 싶지 않았다.

정말 오래 걸은 하루였다. 58.6km. 4.0km/1h(식사, 쉬는 시간 제외). 온몸에 맥이 다 풀렸다. 하지만 행복감이 밀려왔다. 모든 사람에게 감사하고 싶어졌다. 나의 가족, 나의 벗, 내가 만났던 수많은 인연들. 나는 감사하다는 말을 되뇌며 깊은 잠에 빠졌다.

제20장

산골 초등학교 내 집

■ 20일 차. 2017년 6월 29일

강원도 원주시 문막읍 – 횡성읍 – 강원도 횡성군 정금초등학교 (44.1km)

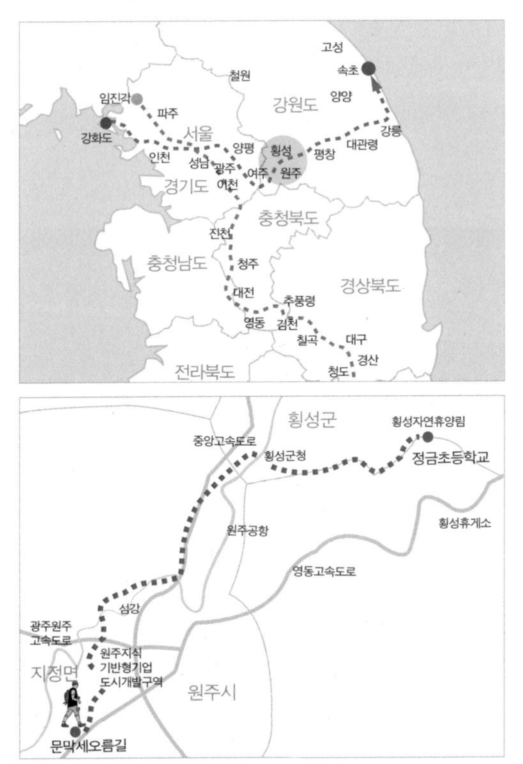

사우나에는 두세 명밖에 없어 편한 잠자리였다. 어제 이곳에 도착해서 느꼈던 성취감의 여운이 아직도 남아 있었다. 가벼운 차림으로 국토종단

중이라던 청년은 꿈속이었다. 그의 여유가 부러웠다.

우선 아침을 먹어야겠는데 주변에 식당도 안 보여 할 수 없이 어제 갔던 편의점으로 갔다. 컵라면에 김밥. 이미 익숙한 메뉴가 되었다. 요즘은 편의점의 먹거리도 괜찮다. 편의점의 김밥과 컵라면은 그렇게 적은 양이 아니다. 맛도 괜찮고. 하지만 몇 끼를 연속해서 그렇게 먹을 순 없다. 오늘 아침의 김밥은 퍽퍽하게 느껴졌다. 억지로 먹었다. 걸어야 하니 그렇게라도 먹어야 했다.

횡성으로 가기 위해서는 북원주 방향으로 걸어야 한다. 어제의 극심했던 피로는 간밤의 사우나 휴식으로 어느 정도 회복되었다. 오늘 걸을 44km를 적당히 안배하니 크게 무리가 없어 보였다. 국토횡단 6일 차는 원주시 지정면 간현리 방향으로 걸으며 시작했다. 아침 7시의 도로는 한산했다. 출근하는 승용차가 가끔 보일 뿐이었다. 원주시로 출근하는 직장인이라면 이 시간에는 집을 나서야 하겠지. 문막읍에서 원주 시내까지는 20km 정도니까.

문막 읍내를 벗어나니 완전 시골 농촌이었다. 옥수수밭이 많았다. 강원도 옥수수는 찰지고 요즘은 간식거리로도 인기가 많다. 옥수수밭을 둘러보던 농부 아저씨는 요즘 낮의 날씨가 너무 더워서 아침 일찍 나와 일한다고 했다(나는 그 한낮을 매일 걷고 있다). 문막은 강원도 내륙보다 열흘 이상 빨리 옥수수를 수확하는데 올해는 가뭄이 심해 잘 영글지 않았다며 걱정했다. 곡식도 먹어야 산다. 나도 먹지 않으면 걸을 수 없다.

어린 시절 고구마와 옥수수는 쌀 대용이었다. 지금은 간식이지만 그땐 밥 대신이었다. 그 시절 우리 동네에는 '쌀계'란 게 있었다. 쌀 한 가마니를 타기 위한 계였다. 열두 달을 조금씩 돈을 부어 자기 순번이 돌아오면

쌀 한 가마니로 받는 것이었다. 계 타는 날이 되어 쌀 한 가마니가 집에 들어오면 어머니는 큰 무쇠솥에 흰쌀밥을 지었다. 어머니는 쌀을 아끼기 위해 고구마를 가마솥 한쪽에 묻어 같이 밥을 했는데, 난 내 밥공기에 얹힌 고구마 대신 흰쌀밥을 더 달라며 어머니에게 생떼를 쓰곤 했다. 그만큼 쌀이 귀했던 시절이었다. 그 당시 집 텃밭에 심어 놓은 옥수수는 누구나 따 먹어도 되는 동네의 인심이었다. 하지만 지금은 남의 옥수수 밭을 함부로 들어갔다가는 봉변당하기 십상이다. 그만큼 시골 인심도 달라졌다.

지정로를 따라 걷다가 지정초등학교를 좌측에 두고 우측으로 걸었다. 이 길은 조선 후기 문신인 조엄의 묘가 있는 곳이라 조엄로로 불리지만 정확한 지명은 원주시 지정면 간현리다. 아침 시간에 조엄로의 한적한 시골길을 걸으니 기분이 좋았다. 무엇보다도 강원도로 깊숙이 들어간다는 기대감이 컸다. 2, 3km를 더 걷다가 대규모로 진행 중인 원주지식기반형 기업도시개발구역을 앞에 두고 좌회전하여 걸었다. 10km 정도 걸었는데 발걸음이 가벼우니 어제의 피로는 잊어도 될 듯했다. 나는 섬강을 옆에 두고 꾸불꾸불 이어진 시골 국도를 따라 계속 걸었다. 단아한 모습의 교회가 보였다. 이런 시골 교회의 하나님은 도시 교회의 하나님보다 더 너그럽겠다는 생각이 들었다. 교회의 현판을 봤더니 50여 년의 역사를 가진 교회였다.

걷다 보면 대개의 마을 입구에는 수백 년 된 나무가 마을을 지키고 서 있었다. 그런 나무 밑에는 쉬는 의자도 있어 나그네를 쉬고 가라고 붙잡았다. 나는 잠시 쉬어 갈 겸 오래된 고목나무 옆의 정자에 앉았다. 꽤 수령이 있어 보였는데 800년이 된 보호수라고 쓰여 있었다. 800년 동안 이

오랜 세월 마을을 지키고 있는 800년 된 나무

나무는 수많은 인간을 봐 왔을 테지. 나는 갑자기 나무에게 뭔가를 물어보고 싶었다. 나무는 아무 말 없이 그저 큰 어른같이 그 자리 그대로였다. 우직함이랄까, 성실함이랄까. 나무는 배울 게 많은 어른이었다.

지정면 월송리의 송정로를 따라 걷다가 섬강을 건너는 옥계 대교를 건너니 호저면이다. 호저면 매호리 마을회관 앞 버스정류장에서 배낭을 벗고 편하게 앉아 쉬었다. 이곳은 문막읍 출발지로부터 17km 지점이었다. 점심때도 되어서 나는 이곳에서 점심을 먹고 갈 생각이었다. 내가 쉬고 있는 버스정류장 맞은편에 구판장인 듯, 식당인 듯한 것이 보였다. 잠시 쉬고 있자니 할머니 한 분이 걸어와 내 옆에 앉았다. 할머니는 소 닭 보듯이 날 쳐다보며 아무 말도 안 했다. 나에 대한 무관심은 좋으나 이럴 땐 할머니의 무관심이 괜히 서운했다. 머쓱해진 내가 어디 가시냐고 물었더니 원주 시내 병원에 간다며 시내 병원 가면 전부 다가 시골 노인들판이라 한다. 버스 올 시간이 다가오는지 노인 둘이 저쪽에서 걸어서 왔다. 다 나 같은 노인들이라고 할머니가 또 한마디 한다. 이곳 노인들도 한 평생을 고생하다 병원을 내 집 드나들 듯이 마지막을 보내고 있었다.

나는 좁은 자리도 비켜 줄 겸 일어나 맞은편 구판장으로 들어갔다. 여기 구판장은 꽤 여러 가지를 갖추고 있었다. 냉장고에 시원한 음료수나 아이스크림도 있었다. 구판장이라는 글씨 밑에 된장찌개 김치찌개라는 작은 글씨를 보지 못했다면 나는 그냥 갔을 것이다. 식사가 뭐 되냐고 물었다. 김치찌개는 뜻밖에도 맛있었다.

돌아가신 우리 어머니는 김치찌개는 비계 맛이라며 고기보다는 비계를 더 많이 넣었다. 김치찌개의 비계는 씹히는 맛도 없고 비계에서 나온 기름으로 국물도 느끼했다. 지금 생각해 보면 아마도 살코기를 살 형편이 안 되니 그랬던 것 같다. 어쨌든 나는 그 맛에 익숙해져 지금도 김치찌개는 돼지비계가 듬뿍 들어간 걸 최고로 여긴다. 어머니 돌아가신 후에는 비곗덩어리가 듬뿍 들어간 김치찌개를 먹어본 적이 거의 없다. 아내는 건강에 안 좋다며 비계를 아예 넣질 않았다. 구판장에서 먹은 김치찌개는 우리 어머니가 해 주시던 그 맛이었다. 나는 주인아주머니에게 잘 먹었다는 말을 몇 번이나 해 주었다.

구판장 식당을 나와 한 시간 반 정도 걸어 호저면의 섬강 장현교를 건넜다. 건너서 좌측 길로 드니 섬강 자전거 길이었다. 지정면을 지나 옥계대교를 건너 옥저면으로 걷기 전 섬강을 타면 자전거 길을 걸을 수 있었다. 그 길이 직선 길이라 거리도 짧았다. 하지만 만약 그 길로 왔다면 돼지비계가 듬뿍 들어간 김치찌개는 맛보지 못했을 것이다. 도보여행의 또 다른 재미는 사람 냄새를 맡는 것이다.

나는 문막읍을 출발해서는 섬강 길이 아닌 시골 국도를 따라 걸어왔다. 강원도 내륙으로 들어가면서 강원도를 더 많이 느끼고 싶었기 때문이다. 강원도에 깊이 들어서면 들어설수록 느낀 것은 우선 사람이 없다는 것이었다. 이는 활력이 없다는 말과 일맥상통한다. 강원도 시골 대부분은 인구가 줄어 폐교가 많고 인적도 드무니 마을은 적막하기 그지없었다. 국토종단 때 충청도, 경상도 시골 마을에서 느낀 한가로움과는 차원이 다른 느낌이었다. 문막읍을 지나 강원도 내륙으로 가면서 쇠락해가는 강원도 농촌의 모습을 점점 더 느낄 수 있었다.

호저면 장현교를 건너 섬강을 발길 아래 두고 섬강 둑길을 걸었다. 섬강은 길이 73km로 한강에서 흘러간 강물이 팔당, 양평의 남한강과 만나서 한줄기 강물은 충주 방향으로 내려가고, 한줄기 강물은 여주에서 갈라져 강원도 원주, 횡성의 섬강 줄기로 이어진다. 섬강은 강원도의 젖줄인 셈이다. 섬강의 섬(蟾)은 두꺼비 섬 자인데 송강 정철의 관동별곡에도 나온다고 하니 섬강으로 불린 지는 아주 오래되었다.

섬강 둑길을 걷다 보니 드디어 강원도의 자전거 길 끝이 나왔다. 인천 아라뱃길 자전거 길에서 시작한 이 길은 여주에서 횡성 방향으로 갈라지면서 강원도 방향의 자전거 길은 이곳 횡성 가기 전 10km 지점 섬강 지류에서 끝났다. 난 비록 걸어왔지만 서해에서 시작한 자전거 길이 여기서 끝난다고 생각하니 매우 아쉬웠다.

다행히 걷는 나는 끝이 아니었다. 나는 섬강 자전거 길을 걸어 올라와 옥산교를 건너 횡성 방향으로 걸었다. 호저면 호저로와 광학로의 길을 따라 7, 8km 걸으니 반곡 저수지가 나오고 저 멀리 횡성읍이 눈에 들어왔다. 강원도 횡성군 횡성읍. 영동고속도로를 지나다가 횡성휴게소는 들

한강에서 시작하여 강원도로 이어진 자전거 길의 끝, 횡성군 호저면 옥산리

러 봤는데 이 먼 데를 걸어서 왔다고 생각하니 나 자신이 믿기지가 않았다. 강원도 깊숙이 들어가면 갈수록 모든 것이 처음이었다.

오후 2시를 넘긴 오늘 더위도 꽤 강렬했다. 연일 한낮은 33, 4도를 넘나들고 있었다. 하지만 나의 몸은 어제와는 많이 달랐다. 국토종횡단 처음 출발할 때만큼이나 신체 상태가 좋았다. 강원도에서 느끼는 모든 게 처음이라는 기대감 때문이었다. 횡성읍을 앞에 두고 이미 20km를 걸었음에도 나의 두 다리는 '횡성읍도 처음 가 보는 곳이니 빨리 걸으세요'라고 말하고 있었다.

횡성읍의 첫 인상은 굉장히 여유로웠으나 나는 뭘 해야 할지 몰라 잠시 머뭇거렸다. 읍내는 한낮의 더위에 지쳤는지 도로에 사람이 그다지 많지 않았다. 횡성문화체육공원을 지나 읍내 중심가로 들어가려니 길 한복판에 성황당이 보였다. 예로부터 성황당은 마을을 지키는 수호신으로 신

누구도 옮기거나 훼손할 수 없는 성황당. 횡성읍 성황당

성한 곳이었다. 하지만 이곳의 성황당은 지금은 아무도 쳐다보지 않는 듯 한복판에 덩그러니 있어 그저 신기할 따름이었다. 원래 성황당은 자리를 옮기는 게 아니라지. 그래서인지 성황당을 그대로 두고 길을 돌려낸 것이 이채로웠다.

읍내의 작은 커피숍에서 더위를 식히며 오후 일정을 점검했다. 여기까지 32km를 걸었고 식사와 쉬는 시간을 빼고 한 시간에 4.3km로 걸었다. 이 정도면 어제의 피로를 완전히 회복했다고 볼 수 있다. 남은 거리는 12km. 지금 시간이 오후 3시 반. 오늘은 모든 것이 순조로웠다. 다만 2, 3일 뒤인 국토횡단 8, 9일 차에는 비가 예상된다니 지켜봐야 했다.

오늘 야영지는 횡성군 우천면 정금리 정금초등학교 운동장이다. 학교 운동장은 야영하기에 안성맞춤이다. 나는 될 수 있으면 학교에 일찍 도착하여 어린 시절로 맘껏 돌아가 보고 싶었다. 6번 국도를 따라 걸으면 오늘의 목적지 정금초등학교에 닿는다. 6번 국도는 내일 둔내면 청태산 방향으로 갈라지기까지는 계속 걸어야 하는 길이다.

횡성읍에서 진입한 6번 국도는 의외로 넓은 왕복 4차선 도로라서 차들도 많이 다녔다. 갓길이 넓게 있어 크게 불편하진 않지만 화물차들이 어찌나 빨리 달리는지 걷는데 여간 신경 쓰이는 게 아니었다. 늦은 오후의 태양은 식을 줄 몰랐다. 오늘 낮 온도는 34도. 하지만 얼마 남지 않은 목적지, 도착 후 즐길 휴식 시간, 초등학교에서의 야영 등 나의 기분을 좋게 만드는 여러 기대감이 더위도 잊게 했다. 몇 킬로미터 지나니 차들은 뜸해지고 그 넓은 도로가 한적해졌다. 차선도 왕복 2차선으로 줄어들고. 길가에 식당이나 주유소도 없고 안쪽에도 민가가 별로 안 보였다. 강원도 내륙에는 사람이 별로 없는 게 실감이 났다.

걷다가 만나는 운영이 폐지된 학교들, 폐교. 횡성군 우천면 산전리 6번 국도 길가의 용둔초등학교 역시 폐교였다. 1941년 설립되어 48회 동안 1,552명 졸업생을 배출했다고 폐교 안내문에 쓰여 있었다. 지금은 예술촌으로 바뀌었다. 교실이나 교정, 운동장, 그네, 아름드리나무들은 원래 아이들의 것이었다. 폐교 문을 나오면서 사라진 아이들의 현실이 더욱 안타깝게 느껴졌다.

나는 6번 국도를 계속 걸었다. 이곳에서 목적지인 정금초등학교까지는 4km. 한 시간 정도 더 걸어 정금초등학교에 도착했다. 정금초등학교 운동장 한쪽에는 잡풀이 무성하고, 놀이터 그네는 녹이 슬어 쇠줄이 끊어져 있었다. 폐교가 아닌지 의심스러울 정도였다. 운동장의 커다란 아름드리나무는 학교의 역사가 짧지 않음을 짐작케 했다. 이 학교는 예술촌의 그 학교와는 달리 아이들의 흔적을 그대로 담고 있었다. 1934년 개교한

이 학교도 폐교 대상이었는데 정신지체아 특수학교로 운용되어 폐교를 면했다고 한다. 전교 학생은 20여 명, 학교 정문 앞 가게 주인의 말을 들으니 운동장의 잡풀이며 놀이터 그네가 이해가 되었다. 운동장의 잡풀은 아이들 키만큼이나 자라 있었다.

목적지에 도착한 시간은 저녁 6시도 안 된 이른 시간이었다. 태양은 아직도 서쪽 하늘에 걸쳐 있었다. 오늘 나는 43km를 4.3/1h(식사, 쉬는 시간 제외)로 걸었다. 일찍 도착하니 맘도 여유로워 잠시 운동장 벤치에 앉아 쉬었다. 그리고 학교 운동장을 천천히 걸었다. 그러다 갑자기 나는 운동장을 가로질러 뛰었다. 어린 시절의 꿈과 추억이 되살아났다. 58세 청년은 어린아이가 되었다.

학교 운동장 한쪽 아름드리나무 아래 텐트를 쳤다. 나는 수돗가로 갔다. 목욕까지 할 기세로. 근데 물이 안 나왔다. 요즘 학교에는 당직 교사

아늑함을 주는 횡성군 정금초등학교

가 없다. 물어볼 사람도 없었다. 나그네가 학교 운동장을 하루 빌리는 거라 누군가에게 허락을 받는 게 좋을 거 같기도 한데 말할 사람이 없었다.

교실 건물 벽면에 보안회사가 붙여 놓은 교무실 전화번호가 보였다. 전화를 걸었더니 자기는 보안회사 직원이라며 선생님들 퇴근하면 자동으로 여기로 연결된단다. 그래서 사정을 얘기했더니 하룻밤 운동장에서 야영하는데 별일 있겠냐며 알아서 하란다. 나는 그 말이 승낙의 말로 들렸다. 수돗물이 어디 있냐고 물었더니 화단 안쪽에 다른 수도가 하나 있다고 알려 주었다. 보안회사 직원이 말하는 곳으로 가 보니 화단에 물 주는 수도꼭지가 하나 있었다. 간단히 세수하고 발도 씻었다. 물을 길어 저녁도 준비했다.

횡성 읍내에서 사 온 쌀로 한 밥, 라면, 햄, 김, 김치가 오늘 저녁이다. 먼저 햄을 데쳐 내고 그릇을 헹군 후 밥을 했다(나의 코펠은 작은 거 달랑

꿀맛 같은 저녁 만찬

두 개다). 작은 코펠에는 라면을 끓였다. 야외에서 먹으면 뭐든 맛있다. 그리고 많이 먹는다.

그사이 해는 넘어갔고 사위는 어둑어둑해지기 시작했다. 청년은 다시 어린아이가 되었다. 아이는 또 학교 운동장을 뛰기 시작했다. 그네를 타고 소리를 지르고. 그러다가 또 운동장을 가로질러 뛰고. 산골 초등학교의 밤은 그렇게 깊어 갔다.

제21장
고개 넘어 또 고개

■ 21일 차. 2017년 6월 30일
강원도 횡성군 정금초등학교 – 황고개 – 청태산고개 – 강원도 평창군 장평리
(38.7km)

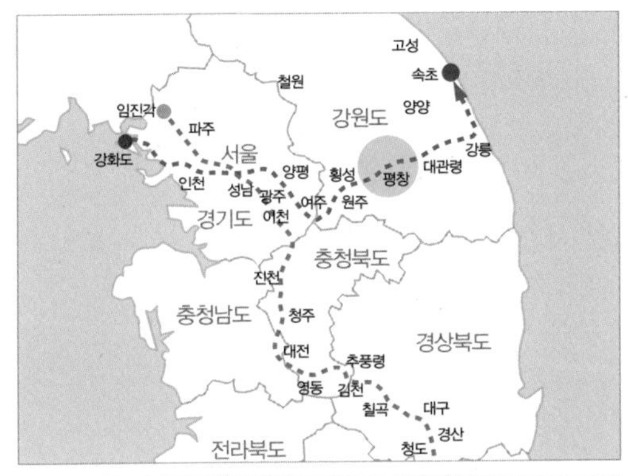

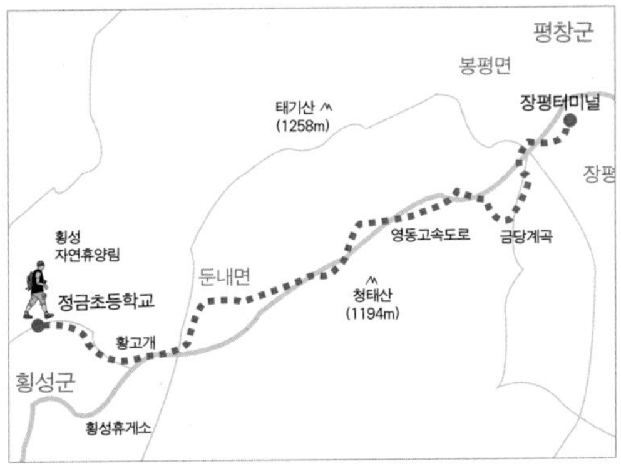

아침 6시. 학교 운동장은 이미 훤히 밝아 있었다. 밤새 운동장을 뛰어 놀던 아이는 다시 현실로 돌아왔다. 산골 초등학교는 야영지로서는 최적

이었다. 자연과 순수를 맘껏 누렸던 밤이었다.

오늘은 금요일. 조금 있으면 아이들이 등교할 테니 나는 일찍 떠나야 했다. 야영 장비를 거두며 혹시나 쓰레기 등 나의 흔적이 남아 있을까 주위를 살펴보았다. 맘 같아서는 교문에서 등교하는 아이들을 맞아 주고 싶었다. 교문을 나오면서도 하루 사이에 정이 들었는지 자꾸 뒤를 돌아다봤다. 이 깊은 산골 초등학교에 다시 와 보기는 쉽지 않을 것이다. 나는 애틋한 추억을 가슴에 담고 아쉬운 발걸음을 재촉했다.

어제 걸어왔던 6번 국도를 따라 걸으며 국토횡단 7일 차를 시작했다. 이 길을 계속 걸으면 횡성군 둔내면에 도착한다. 아침 6시 반을 조금 넘긴 시간, 아침 세상이 모두 내 것이었다. 나는 신이 나서 일부러 갈지(之)자로 걸어 보기도 했다. 조금씩 오르막인 거 같긴 한데 경사가 있다는 느낌은 안 들었다. 방금 걷기를 시작하기도 했고 아침 기분도 한껏 고조되어 있으니 웬만한 고개는 어렵지 않게 넘어가겠다 싶었다.

2, 3km를 더 가니 진짜 고개다. 경사가 급한 고갯길이 이어졌다. 경사도가 5~6%는 될 듯했다. 황재(일명 황고개). 해발 500m의 낮지 않은 고개였다. 어린아이의 기분으로 아침 황고개를 넘는 발걸음은 가벼웠다. 오르막이 있으면 내리막이 있는 법. 이 고개를 넘으면 내리막은 수월할 테니 즐거운 맘으로 걸어 올라갔다. 험준한 고갯길 산을 오르는 것이니 올라갈수록 공기가 상쾌하고 선선한 바람도 더해 오히려 기운이 돋았다. 나는 한껏 여유를 부리며 저 밑에서 낑낑대며 올라오는 화물차를 비웃듯 손도 흔들어 주었다. 정상까지 5km를 금방 올라온 느낌이었다. 그러니 내려가는 길은 저절로 걷는 듯 가벼웠다.

지금 걷고 있는 국도 경강로는 전형적인 강원도 산골짜기의 길인지라

황고개 정상에 있는 예쁜 한옥 모양의 동산교회

좌우 앞뒤로 온통 숲과 길뿐이었다. 집들도 거의 보이지 않았다. 내리막을 걷기 시작하는데 오른편에 한옥 모양의 집이 보였다. 근데 마당에 십자가가 있다. 십자가만 없다면 영락없는 서울 강남 갈빗집 식당같이 근사하게 보이는 교회였다. 그만큼 교회 티가 안 났다. 황고개 정상에 이런 교회가 있다는 게 신기하여 교회 앞마당으로 들어가 봤다.

서울에서 목회 활동하다가 18년 전 고향인 이곳으로 이주해 한옥모양으로 교회를 지었으며 현재 신도는 15명. 주변에 집이라고는 눈을 씻고 봐도 찾을 수가 없는데 이나마 모인다는 게 신기했다. 나이 드신 목사 부부가 커피를 내왔다. 강원도는 대부분 마을이 성황당을 믿는 전통으로 전도가 어렵다며 처음에는 부부 두 명이서 예배를 봤단다. 한옥으로 지은 연유를 묻자 그냥 한옥이 좋아서라고 목사님이 대수롭지 않게 얘기한다. 처음에는 십자가도 안 달았는데 가끔 차 타고 지나가던 사람들이 이곳이 식당이냐고 물어서 달게 되었단다.

목사님 말씀 중 사모님이 귀띔해 주었다. 목사님이 6년 전부터 눈이 안 보인다고. 놀란 나의 표정을 느낌으로 알았는지 목사님이 오히려 나를 위로했다. 처음 눈을 잃게 되었을 때 하나님을 원망하지 않았냐는 나의 질문에 처음엔 그러기도 했지만 지금은 모든 게 하나님의 뜻으로 알고 산다는데 그 말을 하는 목사님이 성자로 보였다. 나는 강원도 깊은 산골짜기에서 성자를 발견했다. 헤어지며 인사를 나누는데 목사님은 이미 교회 구석구석이 익숙한지 난간을 자연스럽게 붙잡고 내려와 내게 인사를 건넸다. 그 모습을 보면서 또 한 번 내 맘은 뭉클해졌다. 나는 달리 인사의 방법을 못 찾아 사모님께만 정중히 머리 숙여 인사드리고 교회를 나섰다.

황고개를 내려오면서 삶에 대해 한참을 생각해 보았다. '왜 살지?' 왜 걷냐는 질문보다 더 어려운 질문이었다. 황고개를 걸어 내려오며 인생, 삶이란 단어는 나를 깊은 상념에 빠지게 했다. 그렇게 심드렁하게 걸어서 내려오니 둔내 면내가 2km 앞이었다. 나는 다시 현실로 돌아와야 했다. 상념을 접자 육체가 반응했다. 점심으로는 짜장면을 먹기로 했다. 황고개 내려오며 한 여러 상념은 결국 내 어머니와의 기억으로 연결되었다. 나는 국토종단 3일 차에 짜장면을 먹기 위해 오후 3시까지 점심도 거르며 걸은 적이 있었다. 경기도 광주시로 걸어가던 그땐 배고픔에 먹고 싶었지만, 지금은 어머니가 그리워 먹고 싶었다.

우리 집은 내가 초등학교 6학년 때 서울로 이사 왔다. 서울에서 크게 성공하신 고모부의 덕으로 그나마 서울에 작은 집이라도 얻을 수 있었다. 초등학교 6학년 때 서울 와서 나는 처음으로 사람은 두 종류의 부류가 있다는 걸 알았다. 돈 있는 사람과 돈 없는 사람. 내가 살던 집의 이웃 동네는 부자들이 사는 동네였는데 그런 집들은 대개가 담이 높아 집 안이 잘 보이지 않았다. 게다가 높은 담벼락 위에는 철조망을 쳐 놨거나 깨진 유리병 조각을 심어 놔서 그 담벼락 길을 걸어 하교할 때는 지레 무서워 담과 좀 떨어져 걷곤 했다.

서울로 이사 온 그다음 해 2월 나는 초등학교를 졸업했다. 졸업식은 부잣집 아이들의 상장 잔치였다. 무슨 이름 붙은 상장은 죄다 부자 동네 애들의 차지였다. 나머지 아이들이 받은 유일한 상은 개근상이었다. 우리 부모들은 그때나 지금이나 아파도 학교는 가야 한다고 떼밀었으니까.

내 졸업식에 어머니는 낡고 오래된 한복을 입고 오셨다. 특별히 입고 올 옷이 없기도 했다. 시골에서 올라온 지 얼마 안 되어 먹고살기 바쁜 1970년대 초 어머니가 무슨 호사로 옷을 사 입었겠는가? 학기 중에 전학 왔으니 1년짜리 개근상도 못 받은 내가 불쌍해 보였는지 어머니는 나의 손을 잡고 어디론가 걸어갔다. 중국음식점이었다. 그 당시 짜장면은 최고의 외식이었다. 어머니는 당신 짜장면 반을 내게 덜어 주며 그렇게 나의 졸업을 축하해 주었다. 지금도 나는 가끔 짜장면이 먹고 싶을 때가 있다. 그럴 때마다 오래전 돌아가신 우리 어머니의 기억에 눈물이 맺히곤 한다.

한 시간 뒤에 둔내 면내에 도착하면 허기도 있을 테니 벌써 입안은 군침이 돌았다. 둔내 면내는 크진 않지만 아늑하고 소박한 시골 장터의 느낌이었다. 번잡한 걸 싫어하는 나는 조그만 읍내, 면내에 오면 정서적으로 안정감이 느껴진다. 우선 나는 둔내 면내를 한 바퀴 돌아보며 시골 면의 분위기를 느껴 보았다. 걷다 보니 역시 맘이 차분해졌다. 이제 짜장면

집을 찾아보기로 했다. 면내는 터미널을 중심으로 일이백 미터 내에 모든 게 있어 중국음식점은 금방 찾을 수 있었다. 둔내터미널 맞은편에 있었다. 아침 6시 50분에 출발하여 13km를 걸었고 황고개 동산교회에서 한 시간 머물다 왔으니 오전 11시 조금 넘은 시간이었다. 점심이 약간 이르긴 하나 허기도 느껴지고, 오후에는 오늘의 두 번째 고개인 해발 890m의 청태산 고개를 넘어야 하기에 든든히 먹어야 했다.

짜장면은 바로 나왔다. 곱빼기의 양이었다. 밑바닥까지 긁어 비운 내가 안쓰러웠는지 주인이 방금 한 밥이 있다며 준다고 하는데 짜장면의 양이 너무 많아 더 먹을 수가 없었다. 알고 보니 주인은 내가 국토횡단하는 걸 알고서 면을 곱빼기로 담은 것이었다. 중국집 주인은 장평 가는 청태산 넘는 길을 자세히 가르쳐 주었다. 그는 산이 꽤 높고 경사가 길게 이어져 걷기에 만만치 않으니 조심해서 넘으라 했다.

중국음식점 주인의 말을 증명하듯이 청태산은 만만치 않은 산이었다. 청태산은 해발 1,194m이며 청태산터널(영동 제1터널)은 해발 890m로 둔내 면내에서 9km 지점에 있다. 나는 본격적으로 오르막이 시작될 5km 정도를 어느 정도의 속도로 걸을 것인지 계산했다. 그리고 짜장면으로 충분히 속은 채웠기에 청태산을 넘으며 먹을 간식을 점검하고 먹는 물도 보충했다.

첫 번째 해발 500m의 황고개는 쉽게 넘었다. 하지만 두 번째는 890m다. 지금부터는 한낮의 더위를 이기며 청태산을 넘어야 한다. 아침 신체 상태가 아주 좋을 때 10km 평지는 2시간 10분이면 걷는다(4.6km/1h). 하지만 같은 거리를 고갯길 등의 조건이나 늦은 오후 피로가 쌓인 상태에서는 3시간이 걸리는 때도 있다(3.3km/1h). 890m의 오르막인 데다가 한낮의 더위를 고려하여 나는 청태산 고개 정상까지 2시간 20분에 걷기로 했다(3.9km/1h). 다시 점검해 본 나의 신체는 청태산을 올라가도 된다고 허락했다.

장거리 도보에서 거리별 시간 안배는 나의 신체를 그에 맞게 스스로 조종할 수 있다는 얘기와도 같다. 나는 하루 계획을 세울 때 대개 10km 단위로 시간을 안배했고 오전과 오후, 저녁 시간대의 목표에 차이를 두었다. 예를 들면 같은 거리를 오전에는 100이라는 시간이 걸린다고 보면 오후는 20이 더 걸리는 120, 저녁 시간대나 밤은 40이 더 걸리는 140으로 설정했다. 따라서 오전에 충분한 거리를 걸어야 했고 그러기 위해서는 아무리 늦어도 아침 7시 전에는 출발하는 것이 내가 이번 국토종횡단에서 준수해야 할 원칙 중 하나였다.

충청도의 산이 엄마의 치마폭 같은 푸근함이라면 강원도의 산은 살아 움직이듯 용맹스러운 산이다. 청태산에 오를수록 상쾌한 공기가 코에 와 닿았다. 걸어 올라가면서 발아래 산을 두고 성취감을 맛보며 걸으니 계단을 차근차근 오르는 기분이었다. 완만한 고개는 길게 이어졌지만 오고 가는 차량과 손인사를 할 정도의 여유도 느껴졌다. 지금 '왜 살지?' 하는 상념은 이제 없다. 그냥 걷고 있다.

이 도로는 영동고속도로가 개통되기 전에는 수많은 차가 다녔던 도로이기도 하다. 새로 난 고속도로가 아무리 좋다지만 청태산 가는 길 주변 경관만큼은 따라오지 못하리라.

우측에 청태산자연휴양림을 두고 계속 오르니 청태산을 관통하는 영동제1터널이 나왔다. 나는 해발 890m의 청태산터널로 들어갔다. 터널 안은 차량이 뜸하고 터널 갓길도 좁았다. 곳곳이 파여 걷기에도 조심스

해발 890m에 있는 청태산 영동제1터널

러웠다. 나 말고 누가 여길 또 걸어가겠나 싶었다. 국토종단 7일 차 대전에서 옥천 가던 길의 대전터널이 생각났다. 고속도로에 길을 비켜 주고 쓸쓸히 남아 있는 터널은 쇠잔한 노인의 모습처럼 비쳐 터널 안을 걷는 나의 맘을 애잔하게 했다.

터널을 지나니 내리막길은 오르막보다 경사도가 심해 두 발이 저절로 내디뎌졌다. 그러니 올라오는 사람은 꽤 힘들지 싶다. 자전거를 끌고 낑낑대며 올라오는 라이더가 보였다.

해발이 높은 곳이다 보니 곳곳에 고랭지 채소를 수확하는 광경이 눈에 띄었다. 주로 감자와 브로콜리, 배추였다. 산등성이 브로콜리밭에서 일하는 일꾼들은 죄다 할머니들이었다. 할머니들이 수확한 걸 길가로 옮기는 건 남자의 몫인데 젊은 남자가 없다 보니 외국인들이 그 자리를 대신했다. 베트남에서 왔다는 한 남자는 온 지 1년 되었다는데 서툴지만

청태산 고지대에서 브로콜리를 수확하고 있는 할머니들

한국말도 제법 했다. 힘들지 않냐고 물었더니 힘은 들지만 돈 벌어서 좋단다. 걷는 나를 보고 가끔 힘들지 않냐고 묻는 사람들이 있었다. 같은 대답이다. '나도 얻는 게 있으니 걷는다'

청태산로 내리막길은 차량도 보기 힘들 정도로 도로가 한적했다. 면온리 도착 전 2, 3km는 청태산로가 영동고속도로와 나란히 가기에 가끔 가족과 함께 차를 몰고 동해안에 갔던 기억이 떠올랐다. 나란히 가는 영동고속도로가 길게 차가 막혀 있어 내 걸음이 고속도로 차량을 앞서고 가니 별거 아닌 거에 신바람이 났다.

영동고속도로와 멀어지며 다시 청태산로를 걸어 진조리다. 이곳은 횡성군을 벗어난 평창군 봉평면이다. 진조로를 걷는데 너무나 한적하니 이럴 땐 말동무라도 있으면 좋겠다는 생각이 든다. 혼자 걸으며 친구가 없는 건 아니다. 내 그림자는 24일간의 도보여행에서 늘 나와 함께한 친구다. 가끔 나는 그림자와 얘기하며 외로움을 달래곤 한다.

강원도는 내년 초 평창올림픽 준비로 온 도로가 공사판이었다. 여기저기 고속철도, 도로확장 마무리 공사 중이었다. 고속철도를 설치하기 위해서는 터널을 뚫거나 높게 교각을 세워 철로를 만드는데 철로가 당연히 일직선으로 뻗어야 하기 때문이다.

청태산을 다 내려와 진조리 마을에서 나는 성황당이 얼마나 마을 깊숙이 신앙으로 자리 잡고 있나 다시 한번 실감했다. 진조리 마을 앞에는 오래된 성황당이 있었다. 이곳으로 고속철로가 지나가야 해서 성황당은 옮겨지고 주변 소나무가 모두 베어지게 되었다. 하지만 마을 어르신들이 성황당은 절대로 못 옮긴다며 45일간 데모하여 고속철로를 10m 밀어내서 성황당을 살려냈다는 진조리 마을 어른의 얘기였다.

인생을 살면서 우리는 많은 어려움을 겪는다. 그럴 때마다 우린 의지할 뭔가를 찾는다. 때론 그게 가족이기도 하고, 때론 종교이기도 하고. 성황당은 오랫동안 우리 곁에서 그 역할을 해 왔다.

나는 평창군 봉평면 면온리를 지나 유포리 금당계곡으로 접어들었다. 30km를 넘게 걸었고 시간은 오후 5시를 넘기고 있었다. 청태산고개는 예정 시간대로 넘었다. 하지만 890m의 고개가 수월하진 않았다. 피곤함이 밀려왔다. 점심의 짜장면이 소화가 다 되었는지 약간의 허기도 느껴졌다. 배낭에 있는 것을 다 꺼내서 먹으며 걸었다. 빵, 초코바, 사탕. 앞으로 8km를 더 가야 오늘의 목적지 평창군 장평리다.

지금의 내 상태로는 장평리까지 두 시간 만에 도착하는 건 힘들 것 같았다. 두 다리의 반응 외에 배낭의 무게도 신체의 나쁜 신호 중 하나다. 배낭이 갑자기 무겁게 느껴질 때는 피로가 쌓였다는 신호다. 오전의

8km와 늦은 오후의 8km는 체감적으로 틀릴 수밖에 없다. 지금 내가 그렇다. 늦은 오후 남은 두세 시간을 도보에 집중하여 목적지에 도착하려면 많은 생각을 하지 않는 게 좋다. 불필요한 생각은 때론 피로를 가중하는 요인이 된다. 특히 부정적인 상상은 더욱 그렇다. 긍정적인 사고는 장거리 도보자가 가져야 할 가장 기본적인 마음가짐이다. 일상도 그러하니 장거리를 걷는 것은 또 다른 인생인 셈이다.

금당계곡 초입에서 나는 다시 어린 시절의 나를 만났다. 다 쓰러져 가는 폐교, 초미니 학교 등매초등학교. 지금은 버들개마을 체험학교로 운영되고 있는데 그마저도 제대로 운영이 안 되는지 운동장엔 잡풀이 무성하고 사람 드나든 흔적이 오래인 듯했다. 어젯밤 내가 야영했던 정금초등학교보다 더 외진 곳이었다. 운동장 잡풀이 우거진 화단 한쪽에 이승복 동상이 서 있었다. 이 동상이 한때는 반공 이데올로기의 상징이었다는

폐교 등매초등학교의 이승복 동상

게 믿기지 않았다. 이 폐교는 교실도 몇 칸 안 되는 초미니 학교라 어린 시절의 기억이 나의 발길을 한참 머물게 했다. 어린 시절 바닷가 마을 학교가 이랬다. 한 학년에 한 반밖에 없었으니까.

용평면 장평리에 도착하니 밤 8시였다. 8km를 두시간 반 넘게 걸어 목적지에 도착했다. 날이 어둑해져서 빨리 텐트 칠 곳을 찾아야 했다. 장평리 동네가 작아 찾고 말 것도 없었다. 장평터미널 뒤쪽의 속사천변 공터를 알아두고 가까운 식당에서 저녁을 먹었다. 저녁을 먹은 후 편의점에 들렀다. 내일모레 비가 쏟아진다는 일기예보가 있기에 내일 배낭을 집으로 부치고 뛰어서 주문진항까지 가는 게 가능한지 알아봐야 했다. 나는 내일 아침 출발 전에 어려운 결정을 해야 했다.

장평터미널 화장실에서 간단히 세수하고 터미널 뒤 공터에 텐트를 쳤다. 강원도 깊이 걸어 들어온 용평면 장평리 조그만 마을은 밤 9시가 되자 대부분 가게도 문을 닫았다. 내일모레 비가 많이 올 거라는 일기예보에만 온통 신경이 쓰여 내일 아침 일어나 판단을 해야 한다는 생각뿐, 다른 생각할 겨를 없이 곧바로 잠이 들었다.

오늘 나는 38.7km를 3.8km/1h(식사, 쉬는 시간 제외)로 걸었다.

제22장

대관령을 뛰어서 넘다

■ 22일 차. 2017년 7월 1일

강원도 평창군 장평리 – 대관령 – 강원도 강릉시 주문진항 (80.1km)

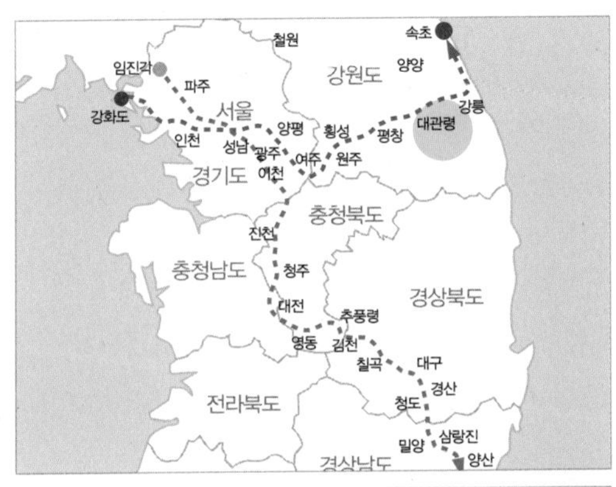

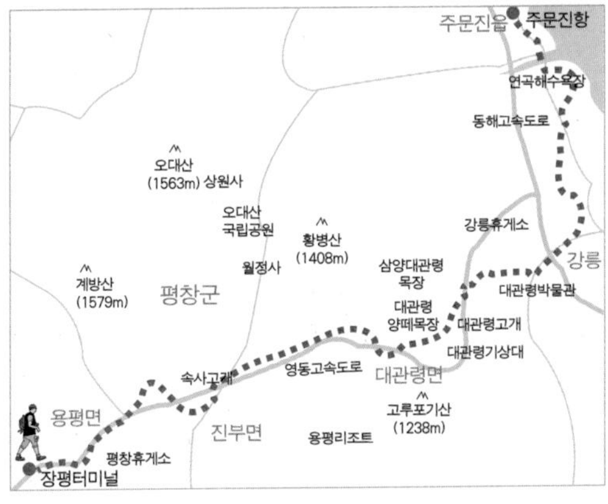

오늘은 일찍 일어날 수밖에 없었다. 남은 3일을 어떻게 할 건지 결정을 해야 했다. 아침 5시에 일어났다. 일어나자마자 내일 날씨부터 검색했다.

내일 비가 안 온다면 지금까지와 같이 배낭을 메고 남은 3일간 40여 킬로미터씩 129km를 걸을 것이요, 만약 내일 폭우가 쏟아진다면 오늘 배낭을 집으로 부치고 최소한의 짐만 갖고 뛸 생각이었다. 비 안 오는 오늘은 80km를 뛰어가고, 비 오는 이틀 동안 비를 피하며 쉬엄쉬엄 49km를 걷자는 변경된 계획이었다.

날씨를 검색해 보니 내일 비 올 확률은 90%, 비 올 게 거의 확실했다. '그럼 짐을 부치자' 다행히 오늘은 비 소식이 없다. 야영 장비를 거두고 5시 반에 장평리에 하나 있는 편의점으로 가서 짐을 부쳤다. 짐이 부피가 있으니 박스 두 개로 나눠 포장했다. 내가 부치지 않은 것은 휴대전화, 충전기, 보조배터리, 카드지갑, 선크림, 바람막이 점퍼, 일회용 우비였다.

21일간 함께했던 배낭이 없어지니 동행이 떠난 것 같이 허전했다. 남긴 물건을 담을 조그만 배낭은 없었다. 그렇다고 그걸 손에 들고 뛸 수도 없고. 우선 급한 대로 편의점에서 비닐봉지를 얻어 담고 테이프로 동여맨 후 옷핀으로 등 뒤 옷에 고정했다. 하지만 휴대전화와 보조배터리가 무게가 제법 있으니 뛸 때마다 등에 고정한 비닐봉지가 출렁출렁했다. 마라톤처럼 빨리 뛰기는 힘들었다. 그래도 배낭 무게와는 비할 바가 안 되니 그럭저럭 뛸 수는 있었다. 나는 서서히 뛰면서 국토종횡단 22일 차에 미친 도전을 시작했다.

오늘 80km의 도전은 이번 국토종횡단을 위해 4개월간 준비하는 과정에서 100km 울트라마라톤을 뛰어 본 경험이 있기에 가능했다. 하지만 그때와 지금은 상황이 많이 다르다. 미친 도전이지만 100km보다는 짧은 80km니 죽기야 하겠냐는 생각으로 모든 것을 결정했다.

21일간 내 어깨를 짓눌렀던 배낭이 없는 게 그나마 나를 뛸 수 있게 만들었다. 장평리를 벗어나며 속도를 내어 뛰기 시작했다. 아침에 편의점에서 도시락을 먹었기에 속은 든든했다. 하지만 찢어질 듯한 비닐 짐과 한 손의 생수 외엔 어떤 것도 몸에 지닐 수 없었기에 한편으로는 불안한 맘이었다.

3km 정도 뛰다 보니 좌측에 영동고속도로 평창휴게소가 보였다. 두 달 전 아내와 두 딸과 함께 동해안 가던 길에 들렀던 곳이다. 아내가 아침 일찍 일어나 김밥을 쌌고 우린 점심때 이곳 평창휴게소 야외 벤치에서 김밥을 맛있게 먹었다. 우리 가족 네 명이 앉았던 벤치가 보였다. 나는 힘들 때마다 가족을 생각하며 용기를 얻었다. 오늘의 무모한 도전에 불안감이 없진 않지만 평창휴게소의 추억이 나에게 용기를 불어넣어 주었다.

마지막 고비, 미친 도전

나는 오늘 80km를 12시간 안에 뛸 계획을 세웠다. 1시간에 6.7km씩 뛰면 된다. 평소 연습 때 10km를 1시간에 뛰었던 나로서는 오히려 너무 천천히 뛰는 거 아닌가 하는 생각이 들 정도였다. 하지만 결과적으로 이건 큰 착오였고 자만이었다. 나의 신체는 이미 21일간의 도보로 지쳐 있었고, 뛰기에도 맞지 않는 옷차림에 달리다가 허기진 배를 채울 먹을거리나 물도 전혀 준비가 안 되었었다. 마라톤 배낭이 없으니 그런 걸 준비해 봐야 소용도 없었다. 거기다가 오늘도 두 개의 고개를 넘어야 하는데 꽤 높은 고개였다. 속사고개 777m와 대관령고개 832m. 그런 높은 고개를 뛰어갈 때는 평지보다 1.5배 이상의 시간이 걸리는데 '별일 없겠지' 하는 막연한 과신으로 나는 결국 만신창이 몸이 되어 거의 탈진 상태로 오늘의 목적지 강릉시 주문진항에 밤 10시가 넘어 도착하게 된다.

진부로 가기 위해서는 속사고개를 넘어야 한다. 나는 대관령고개만 알았지 속사고개가 이렇게 높고 험한지 몰랐다. 해발 777m의 고개에 경사가 급해 애초에 쉬지 않고 뛰어서 넘는다는 건 불가능했다. 속사고개 오르막이 시작되어 중간 정도부터는 뛰다 걷다 할 수밖에 없었다. 오늘 80km를 뛰어야 하는 나는 이제 시작이라 나중 체력도 생각해야 했다. 고개 정상이 어찌나 멀고 경사가 급한지 배낭이 없는 게 천만다행이다 싶었다.

장평리에서 속사고개 정상까지는 약 13km. 두 시간 남짓 걸렸다. 속사고개 중간부터는 뛰다 걷다를 반복하다 보니 결코 뛴 속도라고 할 수 없었다. 그래서 속사고개 내리막길에서는 두 다리에 가속도를 붙여 빠르게 뛰어 내려갔다. 몇몇 라이더들이 힘겹게 페달을 밟으며 고개를 올라오고 있었다. 어떤 라이더는 자전거를 끌고 올라오며 이게 진부령이냐고 물었다(나도 이 고개가 속사고개라는 것은 다 내려와서 동네사람에게 물어봐서야 알았다). 나는 쉼 없이 단숨에 뛰어 고개를 내려왔다. 마치 오르막에서 까먹은 시간을 보충이라도 하겠다는 듯이 5km 정도를 순식간에 뛰어 내려오니 25분이 채 안 걸렸다. 그렇게 빨리 뛰다 보니 등에 붙어 있던 비닐 짐은 너덜너덜해져 더는 멜 수가 없게 되었다. 다 헤진 비닐 짐을 손에 들어야 했다. 이렇게 들고는 도저히 뛸 수가 없었다. 다른 방도를 찾아야 했다.

천천히 뛰며 어떻게 해야 하나 고민하다가 우선은 테이프로 헤진 비닐 봉지라도 다시 얽어매 보려고 진부면 내 조금 못미처 길가의 택배 사무실로 들어갔다. 사정 얘기를 들은 나이든 택배기사가 비닐로 해야 또 얼마 못 간다며 과일 쌌던 보자기를 주면서 초등학교 때 책보 매듯이 어깨에 동여매고 뛰어 보라 했다. 그 기사의 말이 옳았다. 나는 이 보자기를 3일 내내 배낭 대신 유용하게 사용했다. 비록 내 차림새는 이상했지만, 이 보자기는 이번 1,000km 도보에서 또 하나 기억에 남는 추억을 만들어 주었다.

진부면에서는 오대산 방향의 이정표가 여기저기 있었다. 오대산이 워낙 유명한 산이기도 하니 많은 사람이 차량으로 오기 때문이다. 나는 오대산 월정사 이정표만 보고 뛰었다. 배낭을 메고 걸을 때는 길이 헷갈리면 검색을 하며 확인하고 했는데 지금은 보자기에 휴대전화를 싸서 둘러맸으니 뛰면서 꺼내 보는 것은 뛰는 행동을 중지한다는 의미였다. 그러니 웬만해선 이정표만 믿고 달렸다. 23km는 넘게 뛰어왔고 배도 고프기에 길가 메밀 국숫집에서 배를 채웠다. 시간은 오전 10시 31분. 점심이 아니라 간식이었다. 울트라마라톤에서는 중간에 수시로 먹어야 뛸 수 있다. 오늘은 끼니 수와 관계없이 허기지고 식당이 보이면 시간에 구애받지 않고 먹을 생각이었다. 메밀국수에 시원한 국물까지 다 마시니 배가 출렁거려서 바로 뛰기가 거북했다. 나는 5분 정도 천천히 걸었다.

평창올림픽 도로확장 공사로 강원도 내륙의 도로는 엉망이었다. 공사현장 도로를 요리조리 피하며 나는 다시 뛰기 시작했다. '오대산 월정사, 오대산 월정사' 속으로 외치며 한참을 뛰는데 이상한 느낌이 들었다. 오대산이 아니라 대관령을 가야 하는데 이 길이 맞나 싶었다. 결국, 2km 정도를 엉뚱한 데로 뛴 것이었다. 내가 뛰어온 길은 지난 이틀간 걸어왔던 6번 국도였다. 이 길로 가도 주문진항은 나온다. 하지만 나는 국토횡단에서는 꼭 대관령을 넘고 싶었다. 월정삼거리(평창군 진부면 간평리)에서 지금 왔던 6번 국도가 아닌 456번 국도로 달렸어야 했다. 되돌아갈 생각을 하니 아찔했다.

하지만 다시 돌아 나와야 했다. 그만큼 대관령은 나의 머릿속에 큰 이정표였다. 국토종단에서 추풍령이 그랬듯이. 되돌아 월정삼거리로 왔는데도 대관령이라는 표지가 없었다. 맞겠거니 하며 456번 국도를 뛰다 보니 '횡계 12km'라는 이정표가 보이고 조금 더 뛰니 '대관령면 하늘 아래 첫 동네 평창동계올림픽 개최지'라는 입간판이 보였다. 우리가 흔히 대관령으로 아는 그곳은 대관령면 횡계리였다.

횡계리로 가는 길은 대관령을 올라가는 완만한 고갯길이 이미 시작된 지점이었다. 횡계리 자체가 해발 700m에 있다. 나는 완만하고 길게 이어진 도로를 따라 뛰었다. 보자기를 어깨에 멘 것이 남들이 보기에는 우스꽝스럽게 보일지 모르지만 그건 지금 내가 신경 쓸 게 아니었다. 나는 보자기 배낭을 몸에 잘 부착하여 3일간을 버티며 최종 목적지 속초에 닿

456번 국도 대관령 가는 길

는 게 목적일 뿐이었다.

대관령고개는 라이더들이 눈에 많이 띄었다. 대관령고개는 우리 맘속에 누구나 한 번쯤 디뎌 보고 싶은 곳임이 틀림없다. 오늘 드디어 그 고개를 넘는다. 횡계리에 도착한 시간은 오후 12시 47분. 장평리를 출발하여 속사고개를 넘어 진부면을 지나 23km 지점에서 메밀국수를 먹은 후 거기서부터 다시 뛰어 횡계리까지 13km. 나는 36km를 거침없이 달려왔다. 오대산길에서 되돌아 나온 거리를 생각하면 꽤 빠른 속도로 달렸다. 배가 또 고팠다. 횡계리에서 뭔가를 또 먹어 줘야 했다. 뛰는 건 걸을 때보다 체력 소모가 훨씬 심해 금방 배가 고프다. 그래서 나는 먹는 곳이 보이면 무조건 조금이라도 먹어야 했다. 앞으로도 64km를 더 달려야 한다.

황태국밥으로 점심을 하며 40여 분을 쉬었다. 식당의 손님들이 신기한 표정으로 나를 쳐다봤다. 나는 그들의 시선을 애써 외면하고 나와서 다시 뛰기 시작했다. 456번 국도를 뛰고 또 뛰었다. 횡계리에서 대관령고개까지의 길은 평평하다고 느낄 정도로 아주 완만한 오르막길이었다. 횡계리에 도착했을 당시 나는 이미 상당히 높은 곳에 와 있었다.

저 멀리 대관령 풍력발전기가 보였다. 거기가 바로 대관령휴게소. 대관령휴게소는 토요일을 맞아 인근 양떼목장을 가거나 트레킹을 즐기려는 사람들로 북적였다. 대관령휴게소는 영동고속도로가 개통되기 전에는 엄청나게 많은 차량이 몰렸으리라는 것을 휴게소 크기로도 알 수 있었다. 지금은 한쪽만 사용하고 반대쪽은 커다란 주차장인데 텅 비어 있었다. 여기서 100m 앞이 대관령이다. 나는 할 일 없이 휴게소를 기웃거리는 여유까지 부리며 잠시 숨을 고른 후 대관령고개 정상으로 천천히 달렸다. 드디어 대관령.

22일 동안 많은 고개를 넘었지만 가장 감격스러운 순간이었다. 여기는

832m 대관령 정상

출발지 평창군 장평리로부터 42km 지점. 대관령고개 정상 832m 높이에 서 있는 지금 시간은 오후 2시 3분. 식사 시간과 쉬는 시간을 빼고 42km를 시속 6.9km로 달렸으니 속사고개와 대관령고개를 고려하면 잘 달려왔다. 뛰다 보니 천천히 뛰더라도 쉴 수는 없었다. 두 번의 식사로 1시간 35분을 쉰 것을 제외하고는 나의 두 다리는 계속 움직였던 것이다. 이젠 남은 거리는 38km. 이제부턴 대관령 내리막길로 수월할 테니 저녁밥은 오늘의 목적지 주문진항 도착해서 먹으면 된다. 그리고 가는 도중 대관령고개 넘어 강릉시에서 만날 길가 편의점에서 허기를 간단히 해결하며 계속 뛰어가기로 했다. 그러면 밤 9시 전에는 도착할 것 같았다. 넉넉잡아 7시간이면 목적지 주문진항에 도착할 수 있을 거라는 계산이었다.

하지만 이 계산은 대관령을 뛰어 내려가면서부터 뒤틀리기 시작했다. 내리막을 뛰던 내 두 다리가 제대로 작동하지 않았기 때문이다. 갑작스러운 오른쪽 허벅지의 경련이었다. 대관령의 내리막은 경사가 급한 곳의 경사도가 최대 13%로 다리를 내딛기가 더욱 힘들었다. 그러다 보니 내리막길이 평지보다 느렸다. 결국 나는 허벅지 근육통이 심하면 잠시 서서 쉬다가 나아지면 다시 걸으며 내리막길을 뛰지 않고 걸어 내려왔다. 속사고개를 뛰어 내려왔던 오전과는 너무나 다른 상황이었다. 당황스러웠지만 빨리 걸을 수도 없었기에 그저 한 발 한 발 천천히 내디딜 수밖에 없었다.

대관령고개 정상에서 대관령박물관까지 10km 거리를 엉금엉금 기다시피 내려왔다. 이럴 때는 쉬는 게 최선이다. 하지만 이번 국토종횡단의 두 번째 철칙, '당일 목적지는 당일에 꼭 간다'를 지켜야 했다. 이미 주문진항 도착 시간은 예정보다 늦어질 게 뻔했다. 걷다가도 이왕 뛰기로 한

굽이굽이 돌아 걸어 내려오는 대관령 고갯길

오늘이니 어떻게든 뛰어 보자는 객기로 뛰어 보기도 했다. 하지만 대관령 내리막길에서는 도저히 뛸 수가 없었다. 두 다리는 나에게 '그만 뛰세요'라고 계속 외치고 있었다. 나는 정말 힘들게 대관령고개를 내려왔다.

평지에 이르니 오히려 걷는 것이 좀 괜찮았다. 나는 강릉시 성산면사무소부터 다시 뛰기 시작했다. 강릉시청이 보였다. 시간은 저녁 6시를 넘어가고 있었다. 나는 60km를 뛰며 걸으며 완전히 나를 다 소진해 버렸다. 남은 20km를 어떻게 갈 것인가. 사실 방법은 없었다. 뛰든, 걷든, 기어가든, 두 발로 가는 것뿐이었다.

강한 정신력이란 이럴 때 필요했다. 청년이라고 외치며 출발했던 임진각에서의 첫날 다짐이 떠올랐다. 만류하던 아내의 얼굴도 떠올랐다. 결국, 여기서 멈추면 나는 이후에 다시는 걷겠다는 말을 하지 못할 것이다. 꿈을 멈출 수는 없었다. 그래서 뛰어야 했다. 나는 주문진을 향해 다시

늦은 밤까지 걷고 있는 동해대로

뛰기 시작했다. 어둠이 깔리고 있었다.

58년의 삶에서 나는 알게 모르게 많은 어려움을 만났고 그걸 극복하며 살아왔다. 그런 시간이 나를 더욱 강인하게 만들었다. 앞으로도 시련은 있겠지. 지금은 당면한 이 시련부터 이겨내야 했다. 나는 주문을 외웠다. '네가 정말 청년이라면 다시 뛰어라'

강릉시 오죽헌을 오른쪽에 두고 돌아 뛰어 강릉과학일반산업단지를 지날 때 시간은 이미 밤 8시를 넘었고 사위는 어두워 자동차 불빛에 기대 조심해서 뛰어야 했다. 7번 국도 동해대로를 밤에 달리는 건 매우 위험했다. 그만큼 차량도 많고 차들도 빨리 달렸다. 주문진항은 6km 남았다. 가끔 지나는 차들이 나에게 위험하니 이 길로 뛰지 말라는 듯 상향등을 올렸다 내렸다 했고, 내 옆을 지날 땐 경적까지 울려 댔다. 하지만 나는 뛸 수밖에 없었다. 오늘의 목적지 주문진항까지는 이 길이 가장 빠른 길이기 때문이었다.

주문진항은 평소 같으면 닫았을 어시장 가게들이 토요일 관광객을 맞느라 밤 10시가 넘은 시간에도 불빛을 환하게 비추고 있었다. 불이 꺼져 쓸쓸한 주문진항의 밤이 아니길 다행이었다. 오늘 대관령고개를 내려오면서부터 그만큼 힘들고 쓸쓸했다.

나는 주문진항 가로등길을 따라 걷다가 밥집을 찾아 들어가 저녁을 해결했다. 너무 탈진하니 입맛도 없었다. 곰치국에 밥을 말아 꾸역꾸역 한 그릇 비웠다. 평지를 뛰면서는 허벅지 근육 경련은 사라졌지만, 근육이 굳은 뻣뻣한 느낌은 아직도 남아 있었다. 사우나 뜨거운 탕에 들어가 근육을 풀어 주어야 했다. '그래도 잘했어. 청년!' 나는 중얼거리며 주문진항 끝에 있는 사우나로 향했다. 지금 중요한 것은 걸었든, 기었든, 내가 주문진항에 와 있다는 사실이었다.

미친 도전은 16시간 만에 나를 강원도 평창군 용평면 장평리에서 강릉시 주문진항으로 옮겨 놓았다. 나는 보따리 짐을 둘러매고 허벅지 고통을 이겨내며 80km를 뛰었다. 사실 나는 오늘 정상적인 마라토너의 몰골은 아니었다. 한마디로 미친 짓이었다. 하지만 어떤 도전은 미치지 않으면 해낼 수 없다.

나는 오늘 80.1km의 거리를 6.3km/1h(식사, 쉬는 시간 제외)로 뛰어 대관령고개를 넘어 주문진항에 왔다. 앞으로 다시는 이런 몰골로 뛸 일도 없겠지. 나의 얼굴엔 잔잔한 미소가 번졌다.

제23장
빗속의 동해안 길

■ 23일 차. 2017년 7월 2일
강원도 강릉시 주문진항 – 강원도 양양군 하조대해수욕장 (21.4km)

어제 80km 미친 도전의 성공으로 1,000km 국토종횡단의 9부 능선을 넘었다. 주문진항 사우나에서 나는 아침 9시까지 깊은 잠에 빠졌다. 성

공에 대한 보답으로 나를 아침 늦게까지 잠자게 놔뒀다. 아침에 일어나 보니 밖에는 세찬 비가 몰아치고 있었다. 남은 이틀은 날씨가 어떻든 문제없다. 남은 거리는 49km. 어제 80km를 뛰어서 해냈다는 사실에 1,000km가 성큼 다가와 있다고 생각하니 깊은 안도감이 느껴졌다.

세차게 몰아치는 비가 그치기를 잠시 기다렸다. 나는 오전 10시에 주문진항을 떠나 오늘의 목적지인 양양 하조대해수욕장으로 향했다.

아침은 주문진항 근처의 편의점에서 해결했다. 오늘 저녁에는 고향 후배가 나를 맞으러 하조대해수욕장으로 올 예정이라 점심도 간단히 해결할 생각이다. 주문진항에서 하조대해수욕장까지는 21.4km로 그리 먼 거리는 아니다. 이 정도 거리는 22일간 내가 걸은 것에 비춰 보면 눈 감고 걸어도 될 정도의 거리였다.

어젯밤에는 밤 바닷가를 즐길 여유도 없었다. 너무 지치고 힘들었기에 밥집을 찾다 본 주문진항이 고작이었다. 그래서 주문진항을 떠나며 나는 항구 가까이서 걸어갔다. 잠시 그친 비 사이에 비친 주문진항의 바다 풍경은 아름답기 그지없었다. 주문진항은 사람 사는 냄새가 난다. 보통 사람들의 삶이 그대로 보이는 항구다. 어릴 적 살던 바닷가 마을 어머니, 아버지들의 모습이 주문진항에도 있었다.

어젯밤 너무 힘들고 피곤했지만 밤 10시 넘어 주문진항에 도착했을 때 내가 느낀 감동은 엄청났다. 주문진항에는 아직도 어제의 흥분이 남아 있는 듯했다. 그대로 두고 가자니 아쉬워서 나는 아직도 주문진 항구를 서성이고 있었다.

시간이 오전 10시 반이 넘었고 언제 또 비가 쏟아질지 모르니 이제 그만 주문진항을 떠나야 했다. 오늘은 온종일 비가 온다는 예보니 비 안

흐린 날씨의 주문진항 아침

올 때 빨리 걷고, 비 올 때는 비를 피해 쉬어야 한다. 온종일 비가 내려 빗속을 걸어야 한다면 21.4km도 쉽지는 않다. 가랑비가 흩뿌리기 시작했다. 나는 보자기 배낭에서 우비를 꺼내 입었다. 보자기 안에는 휴대전화, 충전기, 보조배터리, 카드지갑이 있다.

소돌바위 쪽으로 걸으면서 나는 주문진항과 작별했다. 주문진항 바로 위쪽이 소돌바위 해변이다. 마을이 소가 누워 있는 모습 같다고 해서 붙여진 이름이다. 동해안을 걷는다는 건 걸음걸음이 낭만이다. 그래서 많은 사람이 동해안을 걷는다. 아직은 큰비가 안 오니 동해안 길을 걸으며 낭만을 느끼기에 충분했다. 바다에는 낭만도 있지만 꿈도 있다. 우리는 답답할 때 가끔 바다를 찾는다. 23일 차 내가 지금 걷고 있는 동해안 해안도로는 꿈을 만드는 길이었다.

나의 옷차림은 어제와 같지만 오늘내일 이틀은 뛰지 않아도 된다. 천천히 걸어도 될 만큼 나는 이미 속초에 가까이 와 있었다.

지경해수욕장을 지나 동해안 해안도로를 따라 걷는데 흩뿌리던 비가 세찬 비로 변해 쏟아지기 시작했다. 마침 내가 걷고 있는 곳이 해안가 민가와 멀리 떨어져 있어서 비 피할 곳도 없어 나는 비를 맞으며 계속 걸었다. 배낭을 메고 이 비를 맞는 상상을 하니 아찔했다. 어제 아침 짐을 부치고 80km를 하루에 뛰어 남은 이틀간의 거리를 줄인 나의 판단은 결국 옳은 결정이었다.

갈수록 빗줄기가 굵어져 앞이 안 보일 정도였다. 더는 걸을 수가 없었다. 어디서라도 비를 피해야 했다. 바닷가 소나무 숲에 정자가 하나 보였다. 나는 무작정 뛰어 정자로 올라갔다. 그곳엔 이미 네 명의 나그네가 비를 피하고 있었다. 친구 부부로 서울에서 당일로 이곳에 놀러 왔다가 비

세차게 내리는 비를 피하게 해 준 동해안 바닷가 정자

를 피하는 중이었다. 그들은 정자에서 가스 불로 조개와 소라를 삶고 있었다.

비좁은 정자에 다섯 명이 앉았으니 어쩔 수 없이 얼굴을 마주해야 했다. 조개와 소라를 삶아 소주를 곁들이던 그들이 멀뚱히 앉아 있는 나에게 소주를 한잔 권했다. 소주는 정중히 거절하고 소라 몇 개에 뜨끈한 국물을 마셨다. 뜨끈한 국물이 배 속의 창자를 타고 찌릿하게 내려왔다.

두 남자 중 한 명은 나와 동갑내기였다. "왜 이렇게 걷냐?" "하루에 얼마나 걷냐?" "잠은 어디서 자냐?" 물어보는데 옆에 있던 그의 아내가 그런 걸 뭘 묻냐고 핀잔주었다. 질문에 내가 답을 하지 않아도 된 게 다행이었다. 부부끼리 있는데 남모르는 객이 한 명 끼어 있으니 그들도 여간 불편한 눈치가 아니었다. 내가 먼저 일어나야 했다. 나는 잘 먹었다는 인사를 하고 정자를 내려와 다시 걸었다. 비가 멈추진 않았지만 머쓱하게 그 자리에 있는 것보다는 나았다. 비는 좀 잦아들어 걸을 만은 했다.

동해안 해안도로를 걷다 보면 어느 곳은 도로가 폐쇄되어 해안을 멀리 돌아 안쪽으로 걸어가게끔 되어 있었다. 그런 곳은 대개가 해안가 철책이 드리워진 출입금지 지역이었다. 동해안 북쪽 해안도로에는 분단의 비극이 아직도 남아 있었다. 국토횡단 둘째 날 김포 한강어구에서 본 철책을 반대편 동해안 해변에서도 보니 우리나라가 마치 거대한 철책 안에 갇혀 있는 건 아닌지 착각이 들었다. 이 땅에서 철책이 사라질 날이 언제일지…….

나는 동해안 해안도로를 걸어 북쪽으로 남애해변을 거쳐 광진해변, 죽도해변을 따라 계속 걸었다. 비는 계속 뿌렸고 운동화와 양말은 이미 젖어 물이 흥건했다. 하지만 오늘은 배낭 없이 걷는 것이라 젖은 운동화는

아직도 분단의 상처를 안고 있는 동해안 철책

그다지 신경 쓰이지 않았다. 충분히 예상했던 비이기도 했다. 오늘 주문진항 출발은 많이 늦었다. 오전 10시 넘어 출발했으니까. 비를 피한다고 무조건 쉬다 보면 저녁 6시 전에 하조대해수욕장에 도착이 쉽지 않을 듯했다. 그러니 웬만한 비에는 걸어야 했다. 1,000km 마지막 날은 나와 같이 걷고 싶다며 고향 후배 김태주가 오늘 저녁 6시에 하조대해수욕장에서 날 기다리기로 했다. 그는 오늘 나와 함께 하조대해수욕장에서 하루를 묵을 예정이다. 23일간 응원해 주고 24일 마지막 날은 나와 함께 걷겠다고 찾아와 준 그가 고마울 따름이었다.

기사문해변을 앞에 두고 38휴게소 편의점에 들렀다. 편의점 창가에 앉아 편의점 커피와 빵으로 점심을 대신했다. 비는 그치지 않고 계속 내렸다. 편의점 의자에 앉아 창밖의 동해안 바닷가를 보며 쉬었다. 38휴게소라면 이곳이 한국전쟁 이전에는 38선 경계 지점이고 지금 걸어갈 위쪽은 북쪽 땅이었다는 뜻이다. 첫날 임진각에서 만났던 할아버지가 생각났다. 할아버지는 정말 살아생전에 북에 있는 누이를 만날 수 있을까…….

임진각, 자유의 다리, 강화해변 철책, 동해안 철책, 그리고 휴전선. 아직도 우리는 곳곳에 분단의 상처를 안고 살아가고 있다. 주문진항에서 여기 38휴게소까지는 17km. 하조대해수욕장까지는 4km 정도 남았다. 비를 피하며 천천히 걸은 것도 있지만 평소 걸은 거리의 반밖에 안 되는 짧은 거리라 편안했다. 걷는 기분이 마치 동해안 피서 온 느낌마저 들었다. 어제 80km의 힘들었던 기억은 어느덧 온데간데없이 사라졌다. 허벅지의 근육통도 하루 만에 말끔히 사라졌다. 어제의 미친 도전은 결과적으로 지금 나를 편안히 걷게 했다. 도전은 늘 그만한 가치가 있다.

오후에도 비는 계속 내렸지만, 빗줄기가 더 굵어지지는 않았다. 운동화와 옷은 젖었지만 덥지는 않아 걸을 만은 했다. 하조대해수욕장에 막 도착했다는 그의 전화를 받았다. 그는 내일 단단히 걸을 채비를 하고 왔나 보다. 내일 걷기도 해야 하니 오늘 저녁은 회를 먹으며 보신을 좀 해야겠다는 것을 보니.

흐린 날씨였지만 하조대해수욕장 이정표는 선명히 보였다. 23일 차가 끝나 가고 있었다. 오늘은 끝났다는 성취감보다는 내일 하루 남았다는 기대감이 더 컸다. 하조대해수욕장에 도착하니 저녁 6시. 그가 예약한 호텔에서 샤워를 하고 얘기 나누다 보니 한 시간이 금방 지나갔다. 어제의 영웅담을 얘기하다가 머쓱해진 내가 저녁 먹으러 가자며 그를 일으켜 세웠다.

일요일 저녁 하조대해수욕장 횟집에는 우리밖에 없었다. 회에 소주 한 병을 시켜 먹으니 오랜만에 먹는 소주라 얼굴이 화끈하게 달아올랐다.

"이제 다 끝났다." 혼자 중얼거리는데 그가 들었는지 "내일 하루 더 남았잖아요?" 하며 소주 한 병을 더 시켰다. 우리 둘은 소주 두 병에 불콰해진 얼굴로 해변을 걸었다. 드디어 내일이 마지막 날. 언제 끝날까 하며 시작했던 23일 전 그날. 이제 하루 남았다. 내일은 이곳을 출발하여 속초항까지 27.5km를 그와 함께 걷기로 했다.

마지막이란 늘 여운이 있다. 잠자리에 들면서 내일을 생각해 보았다. 어떤 기분일까 생각하니 그냥 웃음이 났다. 내일이 기다려졌다.

그는 벌써 잠에 곯아떨어졌는지 코골이를 했다. 그 소리가 정겨웠다. 23일간 나는 늘 혼자였다. 지금은 다른 한 사람이 옆에 있다. 그의 코 고는 소리를 들으며 나도 잠을 청했다. 좀처럼 잠이 오지 않았다. 지난 시간이 떠올랐다. 곤지암, 추풍령, 낙동강, 부산역, 강화도, 양평, 횡성……. 나의 더듬이는 평창군 깊은 산골의 폐교, 등매초등학교에서 잠이 들었다.

나는 오늘 빗속에서 3.3km/1h로 21.4km를 천천히 걸었다.

제24장
1,000km의 끝

■ 24일 차. 2017년 7월 3일
강원도 양양군 하조대해수욕장 – 강원도 속초시 속초항 (28.7km)

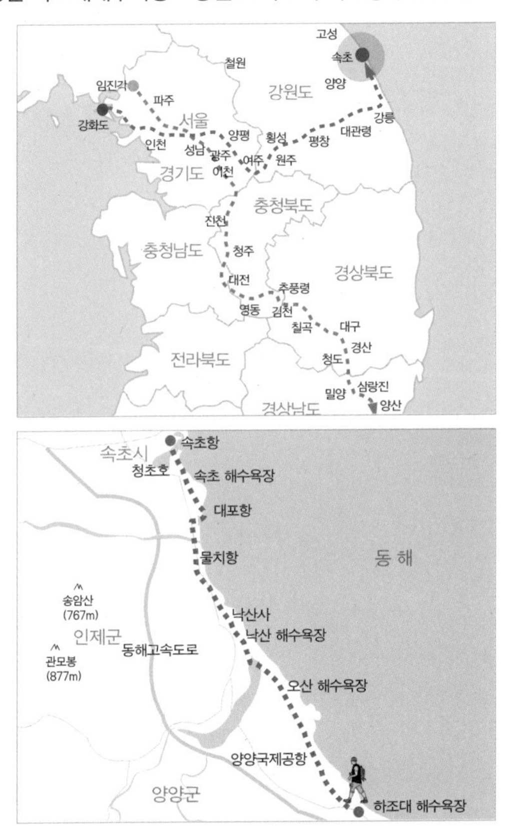

24일간 1,000km 국토종횡단의 마지막 날이 밝았다. 23일간 나는 총 972.5km를 걸었다. 처음 시작할 땐 '언제 그 먼 거리를 걸을까?' '내가

해낼 수는 있을까?' 생각했는데 드디어 그날이 왔다. 마지막 날의 아침은 덤덤했다. 아니, 차분했다. 나는 자고 있는 그를 깨워 호텔 1층 식당으로 내려갔다.

오늘 동해안의 아침 날씨는 어제와는 완전히 다른 비 온 뒤 청명함 그 자체였다. 꼭 한번 동해안 해안도로를 걸어 보고 싶었다는 그도 날씨까지 쾌청하니 기대감에 한껏 부풀어 있었다. 마지막 일정은 3일 전 변경한 계획에 의해 27.5km로 줄어든 거리였다. 아침 시간은 여유로웠다.

호텔의 아침은 꽤 풍성했다. 24일 동안의 도보여행에서 처음이자 마지막으로 만나는 호화 뷔페였다. 작은 호텔이지만 굉장히 세련된 아침 식사라 그와 나는 맘껏 아침 시간을 즐겼다. 우리는 어제 못다 한 이야기를 나누며 속초에서 맞을 대망의 피날레를 얘기했다.

우리 둘은 오전 10시 넘어 느긋하게 하조대해수욕장을 떠나 속초 방향으로 걷기 시작했다. 호텔 안에서 보던 것과 달리 햇볕이 따가웠다. 3, 4km를 같이 걷다가 나는 장난기가 발동했다. 동호해변을 조금 못미처 혼자 뛰기 시작했다. 그를 골탕 먹일 생각이었다. 오늘을 기다렸다는 듯이 그의 배낭에는 이것저것 잔뜩 담겨 있었다. 그래서 뛸 수가 없었다. 나는 여전히 보따리 맨 그 모습이고.

동호해변에서 낙산대교까지는 약 10km. 나는 쉬지 않고 낙산대교까지 단숨에 달렸다. 낙산대교 앞에 펼쳐진 설악산의 풍경은 산을 그대로 액자에 담아 옮겨 놓고 싶을 정도로 아름다웠다. 낙산대교를 건너 길가에 앉아 그를 기다리며 운무 속에서 춤추는 설악산을 바라봤다. 설악산은 구름을 따라 움직이며 다양한 춤사위를 뽐내고 있었다. 나는 산이 움직이는 걸 처음 봤다.

마지막 날을 축하하듯 운무 속에 춤추는 설악산

내가 기다리고 있는 낙산대교에 30분 뒤쯤 후배가 도착했다. 시간을 보니 뛰지는 못했지만, 무척이나 빠른 걸음으로 걸어온 듯했다. 하지만 그는 힘들어하기보다는 이렇게 걸어 보니 좋다며 넉살 좋게 웃었다.

둘이 걷다 보면 혼자 걸으며 느낄 수 있는 감상, 나만의 자유분방함을 누리기 어려운 점도 있다. 하지만 둘이 걸으면 확실히 걷는 게 수월하다. 서로 의지하고 말동무가 되기 때문이다. 이번 국토종횡단에서 많은 사람들이 나에게 묻곤 했다. 왜 혼자서 다니냐고. 심심하지 않냐고. 외롭고 심심하다고 느낄 때도 많다. 하지만 나는 진정한 나를 발견하고 싶다면 가끔은 혼자 걸어 보라고 권하고 싶다.

그와 나는 다시 친구가 되어 낙산대교에서 우측으로 돌아 낙산해수욕장으로 걸었다. 우리는 낙산사로 올라가 잠시 쉬었다. 둘이 있으니 얘기가 끊이질 않았다. 그만큼 앉아 있는 시간이 길다는 뜻이다. 낙산사에서 한참을 쉬다 일어나려는데 그의 종아리에 경련이 일어났다. 오전에 내가 달려온 길을 빠르게 걸어오느라 무리한 게 틀림없었다. 뭉친 다리 근육을 간단한 마사지로 풀어 주고 우린 다시 걸었다. 배낭은 서로 번갈아 가며 맸다. 별거 아닌 작은 것이라도 남을 배려한다는 건 참 아름답다. 나는 같이 걸으며 그의 보폭이나 속도를 배려했고 그도 23일간 걸은 나를 걱정해 주었다. 함께 걸으며 얘기를 나누다 보니 걸음걸이가 가벼워졌는지 그는 이후 아무 탈 없이 잘 걸었다. 우리는 걸으며 얘기하고, 얘기하며 걸었다. 오늘 걷는 게 무척이나 행복하다는 그의 말에 오히려 나는 오랜만에 만난 그가 더 고마웠다.

속초 하면 대포항이다. 주말 대포항을 기억하고 있는 나에게 평일 오전의 대포항은 너무나 한적한 모습이었다. 대포항 안으로 돌아 들어간 우리는 수많은 횟집 간판에 망설여졌다. 아침을 느긋하게 먹기는 했지만, 시간이 오후 세 시가 넘었으니 점심을 그냥 건너뛴 격이었다. 그와 나는 동행하며 힘든 줄 모르고 22km를 그렇게 걸어왔다.

우리는 오늘 아침 하조대해수욕장을 떠나며 피날레를 잠깐 얘기했다. 하지만 피날레는 둘이 마지막 날을 걷는 것으로 충분하다는 결론이었다. 대신 우리는 속초항에서 마침표를 찍은 후 아바이마을에 가서 순댓국을 먹기로 했다. 그래서 지금은 참아야 했다. 이곳에서 속초항까지는 약 7km. 우리는 대포항 안쪽으로 들어가 한 바퀴 돌아 뒷길로 나와 속초해수욕장 방향으로 걸었다.

속초해수욕장을 지나쳐 아바이마을로 들어섰다. 아바이마을의 갯배가 보였다. 갯배는 오래전 청호대교가 생기기 전 사용했던 뗏목 수준의 바

아바이마을에서 바라본 속초 해안

지선이다. 와이어를 끌어당기는 동력으로 이동하는데 이 배가 없으면 50m 정도 되는 거리를 5km 넘게 빙 돌아가야 했다. 이북에서 내려와 끈질긴 생명력을 이어간 아바이마을에 비하면 내가 걸은 1,000km의 도전은 아무것도 아니었다. 함경도에서 피난 내려와 인고의 세월을 견뎌낸 아바이들은 아직도 청년을 살고 있는지 모른다.

우리는 아바이마을을 지나 청호대교를 건너 속초항으로 걸었다. 어느새 속초항 속초해양수산사무소 앞에 도착했다. 드디어 24일간 1,000km 국토종횡단의 대장정이 끝났다. 오늘 걸은 거리는 27.5km, 24일간 총 걸은 거리는 1,015.3km. 지금 시간은 2017년 7월 3일 오후 4시 26분.

다시 세찬 비가 쏟아지기 시작했다. 희열도 잠시 허탈감이 밀려왔다. 나는 1,000km의 이번 도전을 통해 얻고자 한 게 무언가 잠시 생각했다.

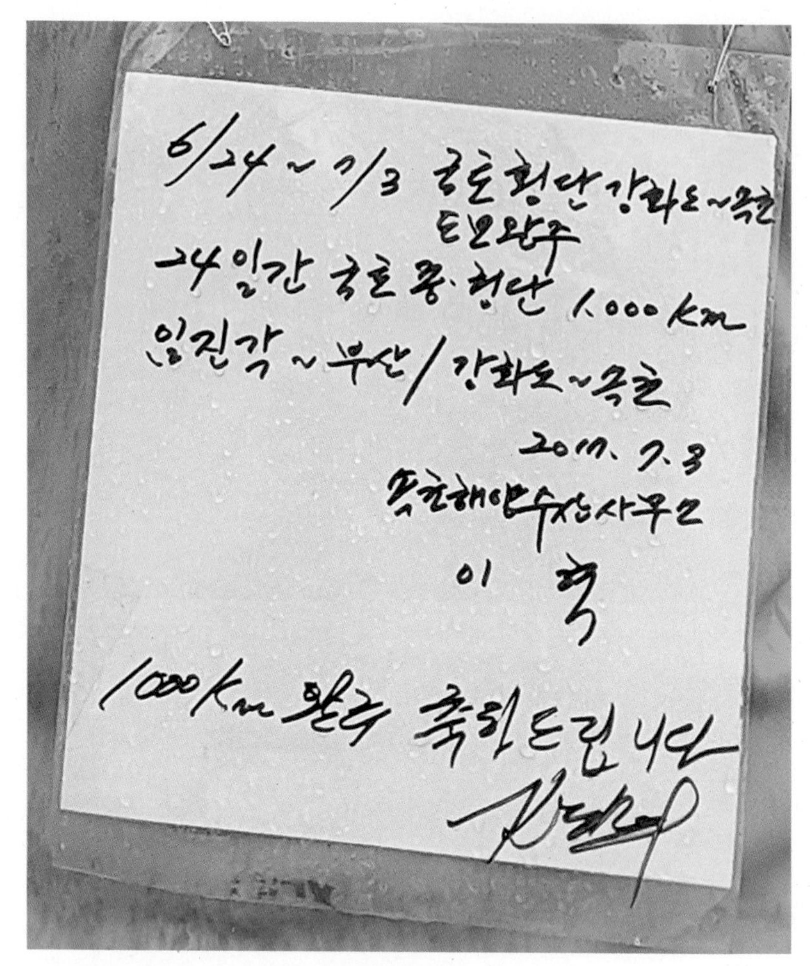

1,000km의 끝

역시 난 아무 답을 찾을 수가 없었다. 결국, 끝은 또 다른 시작을 의미한다. 그래서 나는 또 걸을 것이다.

나는 특별한 사람은 아니다. 단, 내 나이인 58세가 청년이라고 생각하는 사람이다. 우리는 나이가 들수록 도전을 두려워한다. 때로는 처한 환경을 탓하기도 한다. 하지만 도전이 없다면 결과도 없다. 한 청년이 1,000km를 도전하기로 맘먹고 24일간 걸었다. 두려움으로 시작한 출발은 도전을 겪으며 이겨내는 과정을 통해 새로운 자신감을 얻게 했다.

이제 나는 한 시간 뒤 서울 집으로 돌아간다. 속초항에서의 마무리는 이렇게 소박했다.

50대 청년, 대한민국을 걷다

발행일 | 1판 1쇄 2018년 3월 3일

지은이 | 김종건
주 간 | 정재승
교 정 | 정영석
디자인 | 배경태
펴낸이 | 배규호
펴낸곳 | 책미래

출판등록 | 제2010-000289호
주 소 | 서울시 마포구 공덕동 463 현대하이엘 1728호
전 화 | 02-3471-8080
팩 스 | 02-6008-1965
이메일 | liveblue@hanmail.net

ISBN 979-11-85134-45-1 03980

국립중앙도서관 출판시도서목록(CIP)

50대 청년, 대한민국을 걷다 : 혼자가 되었던 1,000km의 걸음과 24일의 시간 / 지은이: 김종건. -- 서울 : 책미래, 2018
p. ; cm

ISBN 979-11-85134-45-1 03980 : ₩14500

도보 여행[徒步旅行]
국내 여행[國內旅行]

981.102-KDC6
915.1904-DDC23 CIP2018005601